畜禽健康养殖与疾病防治技术宝典系列

兔健康养殖与疾病防治宝典

张丁华　王艳丰　编著

化学工业出版社
·北京·

《兔健康养殖与疾病防治宝典》共分8章，包括投资准备、基础知识、饲养管理、临床用药、临床诊断、疾病防治、经营管理和信息发布等，对兔养殖的现状及市场前景，养殖前的准备工作，养殖风险评估和效益分析，场址选择布局，兔场饲养用具、设备及相关配套设施，不同类型和生产阶段兔的饲养管理，兔常见病的诊断及防治技术，兔场经营管理及临床诊断、临床用药等都做了详尽叙述。采用“以点带面”的形式，注重通俗性，兼顾先进性和基础性；从养兔户的立场出发，以生产过程为顺序，以生产需要为重点，弱化了理论和宏观性内容，内容全面，循序渐进，浅显易懂；实用性、针对性和新颖性相结合，力争每一个点都能解决生产中的一个关键问题，注重细节，侧重于做。

《兔健康养殖与疾病防治宝典》可供规模化兔场员工、养兔专业户、饲料及兽药企业技术员及初养者等阅读、使用，也可供兔业科技工作者、农业院校的技术人员和师生阅读、参考。

图书在版编目（CIP）数据

兔健康养殖与疾病防治宝典/张丁华，王艳丰编著．—北京：化学工业出版社，2017.5

（畜禽健康养殖与疾病防治技术宝典系列）

ISBN 978-7-122-29242-1

Ⅰ.①兔… Ⅱ.①张…②王… Ⅲ.①兔-饲养管理②兔病-防治 Ⅳ.①S829.1②S858.291

中国版本图书馆CIP数据核字（2017）第048117号

责任编辑：尤彩霞　　装帧设计：张　辉

责任校对：王素芹

出版发行：化学工业出版社（北京市东城区青年湖南街13号　邮政编码100011）

印　　装：大厂聚鑫印刷有限责任公司

850mm×1168mm　1/32　印张9¼　字数264千字

2017年11月北京第1版第1次印刷

购书咨询：010-64518888（传真：010-64519686）

售后服务：010-64518899

网　　址：http://www.cip.com.cn

凡购买本书，如有缺损质量问题，本社销售中心负责调换。

定　　价：35.00元　

前言 FOREWORD

我国是世界第一养兔大国，兔肉、兔皮和兔毛总产量和出口量已连续多年居世界前列，2015年我国家兔出栏量、存栏量和兔肉产量分别达到5.202亿只、2.245亿只和87.4万吨，养兔成为农民增收、培育优势特色产业和促进农村经济发展的重要途径。国家兔产业技术体系研发中心2012年对全国26个省（自治区、直辖市）家兔养殖的调研表明，我国家兔存栏中，肉兔、獭兔和毛兔分别占63.27%、28.31%和8.4%。近年来，由于市场变化，肉兔和毛兔较原有占比进一步增加，獭兔占比则下降较多。因此，本书重点介绍肉兔的健康养殖与疾病防治技术，同时兼顾獭兔和毛兔。虽然近年来我国的养兔业得到了长足发展，但也存在诸多问题，如规模化养殖程度低、饲养水平相对落后、养殖设备简陋、机械化程度低、品种不能满足生产需要、标准化规模养殖体系不健全、疾病频发等。提高家兔标准化、规模化饲养水平，实现精细化管理，帮助养殖场（户）树立健康养殖观念，降低疫病发生风险，提高产品品质迫在眉睫。基于此，我们立足于家兔养殖的现状及存在的问题，以家兔养殖与疾病防治所需的关键技术为切入点编写了此书。

《兔健康养殖与疾病防治宝典》共分8章，包括投资准备、基础知识、饲养管理、临床用药、临床诊断、疾病防治、经营管理和信息发布等，对兔养殖的现状及市场前景，养殖前的准备工作，养殖风险评估和效益分析，场址选择布局，兔场饲养用具、设备及相关配套设施，不同类型和生产阶段兔的饲养管理，兔常见病的诊断及防治技术，兔场经营管理及临床诊断、临床用药等都做了详尽的叙述。采用“以点带面”的形式，注重通俗性，兼顾先进性和基础性；从养兔户的立场出发，以生产过程为顺序，以生产需要为重点，弱化了理论和宏观性内容，内容全面，循序渐进，浅显易懂；实用性、针对性和新颖性相结合，突出可操作性，力争每一个点都能解决生产中的一个关键问题；注重细节，侧重于做。

《兔健康养殖与疾病防治宝典》可供规模化兔场员工、养兔专业户、饲料及兽药企业技术员及初养者等阅读、使用，也可供兔业科技工作者、农业院校的技术人员和师生阅读、参考。

《兔健康养殖与疾病防治宝典》由河南农业职业学院牧业工程学院张丁华、王艳丰编著，笔者长期深入养殖一线，开展科技推广与培训，深知养兔过程中存在的问题，了解养兔者的需求，力争站在养殖者的角度去分析和思考问题，以解决养兔者的实际需求为编写原则。在编写过程中，得到了河南农业职业学院牧业工程学院领导及相关教师的指导和支持，得到了河南豫正生物科技有限公司相关人员的协助，并邀请河南农业职业学院牧业工程学院院长朱金凤教授、河南省农业科学院动物免疫学重点实验室邓瑞广研究员审稿，并对提出的意见逐一修改。由于编者水平所限，难免会有不足之处，敬请读者批评指正。

《兔健康养殖与疾病防治宝典》用药声明：书中提供的治疗方案仅供参考，具体用药应在兽医的指导下，视兔病情、发展经过、年龄和体重大小等因素决定用法、用量、用药时间及最佳治疗方案。出版社和作者对任何在治疗过程中所发生的对患病动物所造成的伤害和/或财产所造成的损失不承担责任。

编著者

2017年3月

目录 CONTENTS

第六章 疾病防治 ······ 177

一、养兔业的现状与发展前景

（1）存栏量大　我国是养兔大国，兔肉、兔皮和兔毛总产量和出口量已连续多年居世界第一位，养兔成为农民增收、培育优势特色产业和促进农村经济发展的重要途径。家兔按其经济类型分为肉用型、毛用型、皮用型、皮肉兼用型、实验型和观赏型6种，其中以肉兔最多，皮兔（獭兔）次之，毛兔第三，实验兔和观赏兔数量较少。2015年我国家兔出栏量、存栏量和兔肉产量分别达到5.202亿只、2.245亿只和87.4万吨，分别比2014年增长3.31%、0.50%和6.04%。

（2）品种结构多样化，以肉兔为主　从兔养殖的品种结构来看，肉兔占据举足轻重的地位，其次是獭兔。根据国家兔产业技术体系研发中心2012年的调研，当年家兔出栏量中，肉兔、獭兔和毛兔分别占73.3%、26.5%和0.19%，年末存栏中肉兔、獭兔和毛兔分别占63.27%、28.31%和8.4%。

（3）养殖区域比较集中　从区域结构来看，我国肉兔养殖主要集中在四川、重庆等西南地区以及山东和河南等地；獭兔则主要在山东、河北、四川、河南和山西等中部和北部区域；毛兔主要在山东、浙江、江苏、四川和安徽等地。近年来陕西、甘肃和内蒙古等地的家兔养殖也得到较快发展。2013年我国家兔出栏排前五位的是四川（39.53%）、山东（12.40%）、重庆（8.90%）、河南（8.22%）和江苏（8.02%）等

省市，五省市出栏量合计占全国家兔出栏量的77.07%，前十位的省份出栏量占全国出栏量的91.57%。特别是四川和山东两省的出栏量合计占到全国出栏量的51.93%。

（4）规模化、集约化养殖比例进一步提升　我国兔业传统特点是养殖规模小、地域分散、生产环节之间相互配套差，大部分养兔户的养殖规模在100只左右繁殖母兔。近年来，养殖规模增加至200～300只繁殖母兔。养兔大户或小规模兔场饲养的繁殖母兔数达到500～800只，甚至1000只以上。从产业配套来说，过去各个环节之间相对独立，联系松散；近年来出现了大量的全产业链式企业，如四川哈哥兔业、青岛康大兔业等，不仅从事育种，也从事饲料生产、养殖、屠宰、加工和贸易，极大地提高了产业的集约化水平。

（5）市场前景　养兔投资小、见效快、周期短、易普及、收益大。兔肉具有“四高四低”的特点，即高蛋白、高赖氨酸、高卵磷脂、高消化率和低脂肪、低胆固醇、低尿酸、低热量，其综合营养价值高于其他肉类如猪肉、牛肉和鸡肉等。目前，我国生产的兔肉绝大多数外销，随着人民生活水平提高，兔肉消费需求会明显增加。毛兔养殖少，价格仍看好。兔皮特别是獭兔皮，色泽鲜艳，不易脱毛，华贵大方，是制作裘皮服装的原料，兔皮下脚料可做兔工艺品；兔肝、兔脑、兔血、兔胆都是医药的好原料；兔粪是优质的有机肥料，而且经加工后，还能作为猪、鸡的高蛋白质颗粒饲料，其粪球利用率达100%。因此，养兔市场潜力较大，发展空间广阔。

二、兔场建设投资预算与效益分析

养兔业与饲养其他动物相比，投资小、见效快、收益大、周期短、投入产出比高，对饲养人员技术要求相对较低，因此，风险相对低一些。如果在掌握一定技术后，能准确把握市场规律，饲养规模由小及大，经济效益还是不错的。但是，养殖行业都存在一定的风险，特别是市场风险，家兔行情亦存在着一定的波动。如果市场预测和把握不好，就会出现不赚钱甚至亏本的情况。

由于不同地区的社会经济条件存在差异，再加上各养殖户的养殖品种或品系、规模、种兔价格、单位生产水平、繁殖成活率、饲料价

格、人员工资、管理费用、财务费用、场地租赁费用、固定资产折旧、皮毛肉产品质量及销售价格、销售费用等不同，各个地区的养殖成本也各不相同。由于影响因素诸多，每个地区不同时期的价格也有差异，因此，不同时期、不同地区每只家兔的养殖收益也各不相同。在此主要侧重于介绍核算方法，实际应用时最好事先做市场调查，以最新数据为准。

（一）獭兔养殖效益分析

下面以50组（250只獭兔）种兔为单位计算。

1.獭兔养殖成本

（1）兔舍建造成本　兔舍建造成本（元/年）＝单栋兔舍建造价格×栋数÷使用年限。养殖50组繁殖獭兔需100m^{2}兔舍2栋，每栋兔舍建造成本5000元，使用年限按15年计，平均每年需投入成本为667元。旧房改造可节约此项费用。

（2）兔笼成本　兔笼成本（元/年）＝每套兔笼价格×套数÷使用年限。种兔为单兔单笼，商品兔根据月龄确定每笼养殖数量。兔笼为3层重叠式结构，每套12个笼位，50组繁殖獭兔及其商品兔共需兔笼100套，380元/套，兔笼使用年限为10年，平均每年成本3800元。

（3）引种成本　引种成本（元/年）＝每只种兔价格×数量÷使用年限。引种价格按180元/只，种兔使用年限一般为3年，平均每年引种成本为15000元。

（4）产仔箱成本　产仔箱成本（元/年）＝产仔箱价格×数量÷使用年限。250只繁殖獭兔需产仔箱100个，每个产仔箱价格为30元，可使用10年，平均每年的投入成本为300元。

（5）饲料成本（每年按365d计算）

① 种兔饲料成本　繁殖獭兔每天吃0.1kg精料，价格为3元/kg，每年需消耗饲料成本27375元。

② 商品兔饲料成本　1只商品兔从出生到出栏消耗精料约9kg，饲料价格为3元/kg，年出栏按7200只獭兔计，每年需消耗饲料成本194400元。

饲料总消耗（元/年）＝种兔饲料成本＋商品兔饲料成本＝27375元＋194400元＝221775元。

（6）药物及防疫费　成年种兔3元/（只·年），商品兔1元/只，共计7950元。

（7）人工费用　250只繁殖獭兔饲养管理仅需1人，工资按3000元/月计，每年需付劳动力成本36000元。

综上所述，养殖50组（250只獭兔）獭兔每年约投入28.55万元。

2.养殖效益（不含种兔，以2016年8月价格为例）

（1）商品兔整只出售　每只商品兔质量为2.5kg，市场价格为15元/kg，每只商品兔可卖37.5元。出栏量为7200只，年产值为27.0万元，年收益为−1.55万元（亏损状态）。

（2）皮、肉分离出售　獭兔皮：每只獭兔的板皮平均可卖15～20元。獭兔肉：每只獭兔可产肉1.5～2kg，獭兔肉的市场价格为23元/kg，獭兔肉可卖35元左右。将獭兔皮肉分离出售，每只獭兔可卖50元左右，出栏量7200只，年产值36万元，年收益为7.45万元。

（二）肉兔养殖效益分析

以100只基础母兔规模的兔场为例，公母比例1∶5，种公兔数量为20只。

1.固定投资

（1）兔舍投资（注：兔笼规格不同，占用面积也不同）

① 种兔舍面积　仔母种兔笼或种兔笼长200cm、宽60cm、高150cm，占地面积：$2.0m \times 0.6m = 1.2m^2$，养种兔3只；120只种兔共需种兔笼40个（120个笼位），占地面积：$1.2m^2 \times 40 = 48m^2$。兔笼占地面积为有效面积，有效面积按80%计算，种兔舍建筑面积为：$48m^2 \div 0.8 = 60m^2$。

② 商品兔舍面积　商品兔笼长120cm、宽50cm、高150cm，共3层，占地面积：$1.2m \times 0.5m = 0.6m^2$，可养商品兔9只。按90%繁殖率，平均每胎产仔7～8只，100只基础母兔1个批次的总产仔数为：$100 \times 8 \times 0.9 = 720$只。720只商品肉兔需兔笼数量为：720只÷9只/个＝80个，占地面积：$0.6m^2 \times 80 = 48m^2$，兔笼占地面积为有效面积，有效面积按80%计算，商品兔舍建筑面积：$48m^2 \div 0.8 = 60m^2$。

为实现良好周转及落实全进全出饲养制度，需建设2个相同面积的商品兔舍。兔舍总建筑面积：$60m^2 + 60m^2 \times 2 = 180m^2$。按400元/$m^2$计算，兔舍投资为：400元/$m^2 \times 180m^2 = 72000$元。

（2）笼位投资［注：一般种兔笼与商品兔笼的比例为1∶（4～5）］

① 种兔笼位　包括兔笼、产仔箱、料槽、饮水器等，平均每个笼位40元。种兔笼位投资：40元/个×120个＝4800元。

② 商品兔笼位　包括兔笼、料槽、饮水器等，平均每个笼位30元。商品兔笼位投资：30元/个×540个＝16200元。

总投资＝兔舍投资＋笼位投资＝72000元＋4800元＋16200元＝93000元。

注：计算兔舍面积时，是按理想状态计算的，100只母兔同时配种，同时分娩，实际上是做不到的。母兔每年产5～6窝，每窝出生之后恢复需要2个月左右，此处计算的兔笼是理论数值。实际在计算兔笼数量时，是按种兔笼与商品兔笼的比例1∶4～1∶5计算的，应该是120∶480～120∶600，生产中根据经验多取540左右。

2.利润分析

（1）引种费用　购买2.5kg繁殖母兔每只100～150元，按120元/只计算，120只费用为14400元。

（2）饲料费用

① 种兔饲料费用　每只种兔每天平均采食颗粒饲料量为130g，种兔全年采食饲料量：130g/（只·d）×365d×120只÷1000＝5694kg，种兔饲料平均价格2.6元/kg，种兔饲料费用：2.6元/kg×5694kg＝14804元。

② 商品肉兔饲料费用　全年按90%的繁殖率，平均窝产7～8只仔兔，年产5～6窝，商品肉兔70日龄出栏，出栏成活率85%，出栏平均体重2.5kg，饲料报酬3.2∶1，饲料平均价格2.5元/kg。

出栏肉兔饲料费用为：2.5kg×2.5元/kg×3.2×100只×0.9（繁殖率）×6窝×8只×0.85（成活率）＝73440元。

③ 死亡兔饲料费用　每只死亡兔饲料费用按出栏兔的50%计算，死亡兔饲料费用为：2.5元/kg×2.5kg×3.2×100×0.9×6×8×0.15×0.5＝6480元。

全场全年饲料费用　种兔饲料费用＋出栏商品兔饲料费用＋死亡兔饲料费用＝14804元＋73440元＋6480元＝94724元。

（3）防疫费　种兔每年每只防疫费2元，商品兔每只0.5元，共计2076元（120只×2元＋3672只×0.5元），人工费、电费等副产品抵消。

（4）出售商品兔收入　商品兔市场价格按15元/kg计算，出售商品兔收入为：15元/kg×2.5kg×100×0.9×6×8×0.85＝137700元。

全年利润＝总收入－总投入＝137700元－14400元－94724元－2076元＝26500元。

注：新建兔场需要投资多少钱，取决于生产规模、饲养模式、自动化程度、建造规格、建筑材料选择、建筑结构（彩钢或砖混）、饲料来源、地区价格差异等因素。

三、家兔养殖的风险

家兔与其他家畜养殖一样，都存在一定的风险。主要表现在：

（1）市场风险　主要包括市场需求变化、政策时效性变化和同业竞争三个方面，它们都具有渐进性、规律性、可测性、可控制的特点。如2013～2014年，肉兔价格波动较大，2013年上半年明显下滑，最低降至14元/kg左右，第二季度开始回升，11月达到21元/kg左右，到年末降至18元/kg左右。2014～2015年也呈现出类似情况，基本维持在14～20元/kg之间。同时，獭兔价格由2013年1月份的31.60元/kg下滑到2015年6月的21元/kg，其间有所波动，2013年年末价格上涨到27.74元/kg。獭兔皮价格在2013年上半年较为平稳，7月中旬之后开始有较大下滑，平均价格在38元/张左右，2014～2015年獭兔皮统货价格基本在每张25～32元、一级獭兔皮在每张40～50元之间波动。进入2013年上半年因“拔毛风波”，兔毛价格一时出现明显下跌，但较快即恢复并一直保持在200元/kg左右。面对市场风险，养殖户要积极了解国家的宏观政策和经济形势，要以平和的心态对待行情变化。当风险来临时，要对整个养殖周期的每个环节进行总结，进一步加强管理，合理控制成本和投入。良好的经营管理和经营环境的营造可以降低此类风险造成的损失。

（2）疾病风险　疾病风险具有不确定性，是造成养殖业高风险的重要因素。养兔最大的风险就是疾病，如兔瘟、巴氏杆菌病、大肠杆菌病、产气荚膜梭菌病、葡萄球菌病、皮肤真菌病、球虫病、螨病等。疾病不仅能导致兔生产性能下降，严重时还会诱发死亡，极大地损害养殖户的利益，给产业带来很大风险，造成巨大经济损失。

（3）技术风险　主要指由于养殖者自身技术水平、管理经验和经营技巧的差异，造成兔病发生率、生产水平、经济效益的不同结果所带来的风险，直接影响养殖者的收益、投资信心，甚至生活水平。如果养殖技术或经验不足，一旦发病，兔会出现生产性能下降甚至大批死亡，给养殖者造成巨大的经济损失。

（4）政策风险　农业政策中的《全国节粮型畜牧业发展规划（2011—2020年）》，鼓励优先发展牛、羊、鹅、兔等节粮型畜牧产业，这是在国家层面首次明确提出的对家兔产业的发展规划。《中国食物与营养发展纲要（2014—2020）》、环保评价政策、禁养政策及贸易自由化等政策变化经过传导最终会影响兔产品的价格。

（5）环境风险　一是自然灾害因素，如地震、水灾、风灾、冰雹、霜冻等气象、地质灾害对家兔生产会造成损失，从而带来风险；二是国民的肉类消费观念也会影响兔肉消费量；三是国家陆续出台的相关法律和法规，如《环境保护法》、《畜禽规模养殖污染防治条例》、《中华人民共和国食品安全法（修订草案）》、《中华人民共和国土地管理法》到2015年的中央1号文件《关于加大改革创新力度加快农业现代化建设的若干意见》等，无一不在倒逼兔产业加速转型升级。

（6）资金风险　由于缺乏足够的资金保障使得家兔养殖不能顺利开展，从而形成资金风险。

四、养兔前的准备工作

家兔养殖前期要从场舍、用具、技术、饲料、防疫、购种等方面做好准备工作。

（1）兔舍准备　兔舍应选择地势高燥、平坦、背风向阳、地下水位低（2m以下）、排水良好、场地宽敞的地方。兔舍内应清洁卫生、干燥，冬暖夏凉，空气新鲜，有一定数量和大小的窗户，以保证光照充足和空气流通。笼养兔舍以采用水泥地面为佳，也可采用三合土（石灰∶碎石∶黏土＝1∶2∶4）夯实或砖砌地面，但排粪沟必须用防酸水泥抹面。房顶应有一定厚度，隔热保温性能好。建筑面积大小适宜，经济耐用。

（2）用具准备　包括饲养设备（各种兔笼、产仔箱、保定箱、运输笼、喂料车等)、饲喂设备（饮水器或水槽、食槽、草架等)、饲料加工设备（饲料粉碎机、混合机、制粒机等)、供暖设备、通风设备、粪便处理设备、卫生防疫设备（竹扫帚、铁锨、平锨)、运输工具（架子车或独轮车）等。

（3）技术准备　家兔虽然饲养周期短、周转快、成本低、效益好，但对饲养管理、疾病防治等关键技术要求较高，投资家兔生产若不掌握兔的生长发育规律和生理特点、不使用科学的饲养技术，就难以获得最佳效益。

（4）饲料准备　要使家兔充分发挥其生产潜力，就必须供给含各种营养物质全面而且均衡的饲料，包括精饲料和青粗饲料（秸秆、干草、树叶及牧草等)。饲料要根据家兔各个生长阶段的营养需要来进行配合和选择使用。饲养家兔之前，一定要充分考察当地的饲草资源，就近解决饲草问题。否则，靠长途运输、高价购买来解决饲草问题将得不偿失。

（5）防疫准备　购入的仔兔、种兔必须要做好防疫，需按免疫程序接种兔瘟、巴氏杆菌病、产气荚膜梭菌病等疫苗，并准备好驱虫药物。

（6）购兔准备　引种前要全面、多方位地了解供种货源，掌握相关的基本知识。购买仔兔、种兔时要注意：①要到有经营资格即有《种畜禽生产经营许可证》的单位购买；②坚持比质、比价、比服务；③坚持就近购买；④把好仔兔、种兔的质量关、价格关和结构关。

（7）资金准备　养兔需要一定的流动资金，用于购买种兔及饲料、兽药、疫苗、水电、工资等费用支出，其中用于购买种兔、饲料的费用占较大比例。

（8）心理准备　养兔风险大，既有疾病风险，又有市场风险，有时会亏本或利润较低，所以养殖者要做好心理准备，减少投机心理。总之，养兔有风险，入行需谨慎。

（9）模式准备　养兔前一定要选择好生产经营模式，是规模化养殖、规模化分单元养殖模式，还是农户庭院养殖模式，或是合作社模式、“基地+农户”模式、种养结合生态养殖模式、工厂化养殖模式等。每种模式各有其特点，养殖者在进行家兔的规模饲养前，应根据自身的经济实力、技术条件、管理水平、饲草资源等来确定生产经营模式。

五、兔场场址的选择

兔场场址选择应以健康养殖、卫生防疫、经济便利、生态和可持续性发展为原则，符合当地土地利用和村镇建设发展计划要求，考虑农牧业发展规划、农田基本建设规划以及今后的需要，留有发展的余地。

（1）地形地势　应选择地势高燥、背风向阳，平坦开阔、有适当坡度（以3%～10%为宜，最大不超过25%），排水和通风良好、地下水位低的地方建场，朝向以坐北朝南或坐西北朝东南为宜。地势过低容易造成潮湿环境，不利于体热调节以及家兔的健康和生产性能的发挥。地形要开阔、平整和紧凑，不要过于狭长和边角太多，以便缩短道路和管线长度，节约投资和便于管理。特别是要避开西北方向的山口和长形谷地。

（2）土质良好　要求土质透气、透水性能好，易干燥，抗压性强，未被病原体污染，以沙壤土为好。此类土质导热性差，土壤温度相对稳定，不仅有利于家兔的健康，也利于圈舍的建造，并能延长兔舍的使用年限。

（3）交通便利　兴建兔场应选择交通便利的地方，特别是集约化程度较高的兔场，如饲料、产品、粪污废弃物等运输量大，对外界联系密切，因此，必须保证交通方便。一般来讲，场址应距离村镇不小于500m，距交通道路不小于300～500m。

（4）便于防疫　兔场位置既要考虑交通运输便利，又要考虑兔群防疫和人类居住环境的卫生。一般要远离交通干线和市场、屠宰场等500m以上，离一般公路和居民区200m以上。若兔场的周围有鸡场则至少要相隔100m。应远离污染源（如屠宰场、畜产品加工厂、化工厂、造纸厂、制革厂、牲口市场和其他养殖场）和噪声源（如汽车站、火车站、石子厂等）。场区应设围墙与外界隔开，避免闲杂人员和猫、狗入内，以利于防疫安全。

（5）水源充足　养兔生产中需要消耗较多的水，除兔群饮用外，其他如冲洗场地、兔舍、设备、道路，消毒，工作人员使用，绿化等都需要消耗一定量的水。因此，一个理想的兔场，必须要有水量充足、水质良好、便于取用的水源，以供兔饮水、清洁卫生用水等。饮水的

水质要符合《无公害食品—畜禽饮用水水质》(表1-1)。

表1-1　畜禽饮用水水质安全指标(NY 5027—2008)

项目		标准值	
		畜	禽
感官性状及一般化学指标	色	≤30°	
	浑浊度	≤20°	
	臭和味	不得有异臭、异味	
	总硬度(以$CaCO_3$计)/(mg/L)	≤1500	
	pH	5.5～9.0	6.8～8.0
	溶解性总固体/(mg/L)	≤4000	≤2000
	硫酸盐(以SO_4^{2-}计)/(mg/L)	≤500	≤250
细菌学指标	总大肠菌群/(MPN)100mL	成年畜≤100,幼畜和禽≤10	
毒理学指标	氟化物(以F^-计)/(mg/L)	≤2.0	≤2.0
	氰化物/(mg/L)	≤0.2	≤0.05
	砷/(mg/L)	≤0.20	≤0.20
	汞/(mg/L)	≤0.01	≤0.001
	铅/(mg/L)	≤0.1	≤0.1
	铬(六价)/(mg/L)	≤0.10	≤0.05
	镉/(mg/L)	≤0.05	≤0.01
	硝酸盐(以N计)/(mg/L)	≤30	≤30

(6)供电稳定　规模化、集约化养兔离不开稳定的电力供应。兔舍照明、饲料加工、机械通风、饮水供应、粪便清理、环境消毒以及生活等都离不开电。

(7)防止污染　兔场选址应参照国家有关标准的规定,避开水源地保护区、旅游区、自然保护区、环境污染严重区、发生重大动物传染病疫区、候鸟迁徙途经地和栖息地、山谷洼地易受洪涝威胁的地段等。

六、兔场的布局

兔场要根据自己的生产方向和经营特点合理规划场地,精心布局建筑物，以最经济的投资、最紧凑的生产线、最便捷的生产条件，实现最高效的生产。规划和布局应本着因地制宜和科学管理的原则，以整齐、紧凑、提高土地利用率和节约基建投资，经济耐用，有利于生产管理和便于防疫、安全为目标。

1.分区规划

场区依据主导风向和污水排向，依次设有生活管理区、生产辅助区、生产区、隔离区和无害化处理区。各区功能界限明显，并用防疫隔离带或墙隔开。

（1）生产区　位于生产辅助区的下风向处，包括种兔舍、繁殖舍、育成舍、幼兔舍及育肥舍。繁殖舍靠近育成舍，幼兔舍或育肥舍应靠近兔场一侧的出口处，要用围栏或围墙隔离。大门口设立门卫传达室、消毒室、更衣室和车辆消毒池，严禁非生产人员出入场内，出入人员和车辆必须经过消毒室或消毒池进行消毒后方可入内。

（2）生活管理区　位于场区主导风向的上风处及地势较高处，包括管理人员、技术人员及职工的办公用房和生活用房。管理区是场区管理和对外业务的窗口，与社会联系频繁，造成疫病传播的机会极大，因此，要以围墙分隔，单独设区，严格管理，认真消毒、防疫。

（3）生产辅助区　位于生活管理区的下风向处或与生产区平行，包括饲料加工车间、饲料库、供水、供电设施等。

（4）隔离区　位于生产区的下风处。包括兽医诊断室、病兔隔离室及相应设备。

（5）无害化处理区　设在隔离区下风向的地势低洼处。

2.道路规划

生产区的道路应净道和污道分开，以利卫生防疫。净道用于人员出入和运输饲草、育肥兔、种兔、兔产品等清洁品，污道用于运送粪便污物、病死兔等。场外的道路不能与生产区的道路直接相通。场内道路应硬化处理，宽度根据用途和车宽而定。

3.场区绿化

兔场植树、种草绿化，可以改善场区小气候、净化空气和水质、降低噪声等。场区院墙外种植1～3排长势快、木质好、树叶大的树种（如悬铃木、杨树、桐树等）；兔舍之间的间距应在5m左右，种植1

排树冠大、枝条长、病害少、通风好的树种（如柿树、核桃树、枣树等）；道路两旁设绿化带，种植一些低牧草（如酢浆草、三叶草等）。

4.兔场排污

一般可在道路一侧或两侧设明沟，沟壁、沟底可砌砖、石，也可将土夯实做成梯形或三角形断面，再结合绿化护坡，以防塌陷。隔离区要有单独的下水道将污水排至场外的污水处理设施中。

5.兔舍布局

兔舍通常应设计为东西成排、南北成列，尽量做到整齐、紧凑、美观。生产区内兔舍的布置，应根据场地形状、兔舍的数量和长度，酌情布置为单列、双列或多列。要尽量避免横向狭长或竖向狭长的布局。若场地条件允许，生产区应采取方形或近似方形的布局。兔舍长轴以东西向为主，偏转不超过15°；兔舍之间平行排列，间距不少于兔舍高度的3～4倍。中、大型兔场，兔舍间应保持10～15m的间距。按当地主导风向进行布局时，兔舍的排列顺序依次为：种兔舍、繁殖兔舍、幼兔舍、育成兔舍和生产兔舍。

七、兔舍的类型及建筑要求

（一）兔舍类型

兔舍类型主要依据饲养的目的、方式、规模及经济实力而定。按兔笼在舍内的排列可分为单列式、双列式、三列式及多列式等；按墙体构建分类主要有敞开式、半敞开式、封闭式及棚式等；按屋顶样式可分为单坡式、双坡式、圆拱式、半钟楼式和钟楼式等。

1.按屋顶样式分类

（1）钟楼式　兔舍通风透光性好，夏季防暑效果好，但冬季不利于防寒保温，并且构造复杂、造价高。适合于高温高湿地区。

（2）半钟楼式　在屋顶向阳面设有“天窗”，一般背阳面坡较长，坡度较大；向阳面坡短，坡度较小。舍内采光、防暑优于双坡式兔舍。其采光面积取决于天窗的高矮、窗面材料和窗的倾斜角度。夏天通风较好，但寒冷地区冬季不易保温。

（3）单坡式　一般跨度小，结构简单，造价低，光照和通风好，适合小规模兔场。

（4）双坡式　一般跨度大，常见于双列式和多列式兔舍。

2.按兔笼在舍内的排列分类

（1）单列式　兔笼呈一字排列，靠墙设饲喂通道，跨度较小，结构简单，省工省料，造价低廉，操作方便，舍内环境污染少，不适于机械化管理。

（2）双列式　沿兔舍纵向布置两列兔笼，笼门有相对和背向两种。兔笼有三层或两层重叠式，面对面的兔笼后侧各设一条0.8m宽的粪尿清扫沟，中间过道宽1.2～1.5m；背靠背的两列兔笼之间则设粪尿沟，两外侧设过道。此种兔舍建设面积利用率高，保温性好，光照充足，夏季凉爽，冬季保暖，且笼位单位成本低于单列式。

（3）多列式　舍内兔笼的排列有3列或4列。兔舍地面利用率高，安装通风、供暖和给排水等设施后，可组织集约化生产，一年四季皆可配种繁殖，有利于提高劳动生产率。缺点是在无通风设备条件下兔舍通风和透光不理想，舍内湿度大，空气中有毒有害气体浓度高，易感染呼吸道疾病，不利于繁殖和疫病防治。

3.按兔舍墙体构建分类

（1）封闭式　兔舍四周有墙无窗，呈封闭状态，舍内的通风、温度、湿度和光照，完全依靠相应的设备由人工控制或自动调节，并能自动喂料、饮水和清扫卫生等。优点是生产水平、劳动效率较高，不受季节影响，可进行全年稳定、高效的生产，有利于防止各种疫病传播；缺点是一次性投资较大，运行费用较高。目前主要应用于种兔饲养和集约化兔场。

（2）开放式　兔舍一面或两面无墙，兔笼后壁相当于兔舍墙壁。优点是通风良好，阳光充足，饲养管理方便，造价低廉；缺点是防寒能力较差，不利于环境控制。在江苏、浙江及南方某些地区较为多见。

（3）室内笼饲兔舍　兔舍四周墙壁完整，上有屋顶（人字形或钟楼式屋顶），南、北墙均设有窗户和通风孔，东、西墙设有门和通道。优点是通风良好，管理方便，有利于环境调控；缺点是兔舍湿度较大，有害气体浓度较高。在无通风设备和供电状况不稳定的情况下，不宜采用这类兔舍。

（4）棚式兔舍　兔舍四周无墙，只有顶棚，靠立柱支撑，有的地区采用仿温室结构建造，棚顶加横梁，梁上铺塑料薄膜，薄膜用绳索或其他重物固定，棚内置笼舍。优点是通风透光，空气新鲜，光照充足，结构简单，造价低廉；缺点是只能起到遮阳避雨的作用，无法进行环境调控，仅适用于冬季较为暖和或四季如春的地区使用。

（5）组装式兔舍　这种兔舍是在封闭式兔舍的基础上设计的，不过将兔舍的墙壁和门窗改为活动的，夏季天热时可局部或全部取下，成为开放式或棚式兔舍；冬季为防寒保暖又可重新组装，成为严密的封闭式兔舍。优点是适宜于不同地区、不同季节使用，灵活方便，便于对舍内环境进行调节和控制；缺点是兔舍构件要求质量较高，必须坚固、轻便、耐用、保温隔热性能良好。

（二）兔舍建筑要求

（1）符合兔的生物学特性　建筑材料要坚固耐用，并有防止家兔打洞逃跑的措施；能够防雨、防潮、防暑降温、防兽害及防寒等。

（2）考虑投入产出比　在满足家兔生理特点的前提下，尽量减少支出，以便早日收回投资。在设计兔场时，要考虑资金回收期。一般而言，小型兔场1～2年，中型兔场2～4年，大型兔场4～6年，应全部收回投入。选材要因地制宜，就地取材，经济实用。

（3）干燥保温　兔舍内应干燥，冬暖夏凉。要求墙壁、天棚等结构的导热性小，耐热，防潮。

（4）采光性好　由于冬春季节风向多偏西北，兔舍以坐北朝南或朝东南为好。兔舍要有一定数量和大小的窗户，以保证太阳光线直接射入和散射光线射入。

（5）便于防疫消毒，排水设施良好　兔舍内要设置排水系统。排粪沟要有一定坡度，以便在打扫和用水冲洗时能将粪便顺利排出舍外，通往蓄粪池；也便于尿液随时排出舍外，降低舍内湿度和有害气体浓度。

（6）坚固耐用　一是基础要坚固，一般比墙体厚度宽10～15cm，埋置深度在当地土壤最大冻结深度以下；二是墙体要坚固，要抗震、防水、防火、抗冻和便于消毒，同时要具备良好的保温隔热性能；三是屋顶和天花板要严密、不透气；多雨多雪和大风较多的地区，屋顶坡度适当大些；四是地板要致密，平坦而不滑，耐消毒液及其他化学物质的腐蚀，容易清扫，保温隔热性能好；地板要高出舍外地面

20～30cm；五是兔笼材料要坚固耐用，防止被兔啃咬破坏。

八、兔舍的设计与规划

兔舍设计时要尽量满足家兔对各种环境卫生条件的要求，符合生产流程要求和卫生防疫需要，应结实牢固、造价低廉，尽量做到就地取材。

1.兔场建筑面积确定

兔场占地面积要根据饲养种兔的类型、饲养规模、饲养管理方式和集约化程度等因素而定。一般计算兔场面积时，以1只母兔及其仔兔占建筑面积0.8m^{2}计算，兔场的建筑系数约为15%，500只基础母兔的兔场需要占地约2700m^2［500（只）×0.8（m^2）÷0.15］。或兔舍总建筑面积按1只母兔及其仔兔占地1.2～1.5m^2、1只基础母兔规划占地8～10m^{2}计算。每栋兔舍或单元饲养基础母兔一般不超过500只。

2.兔舍常用建筑参数及结构要求

见表1-2。

表1-2　兔舍常用建筑参数及结构要求

项目	建筑参数	结构要求
建筑材料		一般以砖、木、钢筋、水泥结构为好
纵墙间距	相邻两兔舍纵墙间距为15～20m	
高度	檐高2.5～2.8m，炎热地区和实行多层笼养则加高0.5～1m	高度应根据笼具形式和气候特点而定，寒冷地区兔舍宜低，炎热地区和多层笼养兔舍可适当加高
长度	一般不超过50m	根据生产定额，以一个班组的饲养量确定兔舍长度
跨度	双列式4.5m左右，三列式6m左右；一般跨度控制在12m以内	根据笼具放置形式而定
墙体	厚24～37cm	砖混结构，坚固耐用、耐腐蚀、光滑平整、易清洗消毒、保温隔热
墙裙	高1m	从地面算起
门	高2.0～2.2m，宽1.0～1.5m；人行便门高1.8m，宽0.7m	兔舍两端墙上各设便门一个，上风向为净道门，下风向为污道门，大小以方便饲料车和清粪车出入为宜

续表

项目	建筑参数	结构要求
窗户	1.5m×1.5m或1.5m×1.8m，窗台距地面高度lm；地脚窗30cm×40cm，安装铁丝网	大小应能保证兔舍采光系数（窗户的有效采光面积与舍内地面面积之比）1∶10～1∶15；入射角不小于25°，透光角不小于5°
屋顶	屋顶高度与屋的跨度之比为1∶（2～5）	选用隔热和保温性能好的材料（玻璃棉、聚乙烯泡沫塑料、油毡等），并有一定的厚度，结构简单，经久耐用
地面	舍内地面宜高出舍外20～30cm，向外有1%坡度	以水泥地面较好，平整、坚实，防潮
粪尿沟	有承粪板的兔笼，粪尿沟宽25～35cm，无承粪板的以粪尿不落在道路上为宜。粪尿沟深度以起始端5～10cm，按坡度为1%～1.5%确定终端深度	一般以水泥抹制或在表面镶贴瓷砖，不透水、表面光滑
暗沟	管道呈3%～5%的坡度	一般用圆形水泥管或烧制瓷管连接而成
通道	内设净道和污道，净道宽不小于1.2m，污道宽以方便清粪车出入为宜	两侧要有坡面

九、养兔需要的饲养用具与设备

1.兔笼

可用砖瓦、水泥、金属网制成。形式可为平列式、重叠式、阶梯式和活动式，以重叠式固定兔笼为主。大型品种和种公兔笼宽65～70cm、深60cm、高45cm，长毛兔、獭兔商品兔笼宽60cm、深50cm、高35cm，仔兔补饲笼宽45cm、深50cm、高30cm。育肥兔笼可用专门的商品兔笼或种兔笼代替，也可用单层床式笼实行分群饲养。不同类型兔笼单笼尺寸见表1-3，市售兔笼的种类和规格见表1-4。

（1）笼门　一般为转轴式左右开启，向右侧开门。应装于笼前，要求启闭方便，关闭严实，无噪声，不变形。笼门宽30～40cm，高与笼前高相等或稍低。可用竹片、打眼铁皮、镀锌冷拔钢丝等制成。如果用铁丝网，网眼直径1～1.5cm；如果用木条嵌装铁丝，每2根间隔2cm。

表1-3　不同类型兔笼单笼尺寸

饲养方式	种兔类型	笼宽/cm	笼深/cm	笼高/cm
室内笼养	大型	80～90	55～60	40
	中型	70～80	50～55	35～40
	小型	60～70	50	30～35
室外笼养	大型	90～100	55～60	45～50
	中型	80～90	50～55	40～45
	小型	70～80	50	35～40

表1-4　市售兔笼的种类和规格

兔笼类型	种兔笼	商品兔笼	仔母兔笼
规格	3层9笼位： 180cm×60cm×150cm 3层12笼位： 180cm×50cm×150cm 3层12笼位： 200cm×50cm×150cm	3层9笼位： 120cm×50cm×150cm 3层12笼位： 180cm×50cm×150cm 4层16笼位： 120cm×50cm×160cm 4层24笼位： 180cm×50cm×160cm	3层12笼位（6个母兔笼位，6个仔兔笼位）： 200cm×60cm×45/30cm 180cm×60cm×45/30cm

注：不同公司生产的产品尺寸有所不同，也可订制。购买时请事先咨询。

（2）笼壁　要求平滑，坚固防啃，以免损伤兔体和钩脱兔毛。活动笼可用木架钉竹条或安装铁丝网，固定笼可用砖泥结构。如果用砖砌或水泥预制件，需预留承粪板和笼底板的搁肩（3～5cm）；如果用竹木栅条或金属网条，则以条宽1.5～3.0cm、间距1.5～2.0cm为宜。

（3）笼底板　一般用竹片或镀锌冷拔钢丝制成，要求平而不滑，坚固有弹性，宜设计成活动式。竹片条宽2.5～3.0cm，间距1.2cm，厚0.8～1.0cm。活动笼也可用金属网制成，网眼宽约1～1.5cm。

（4）承粪板　宜用水泥预制件或玻纤板，要求防漏防腐，便于清理消毒。承粪板应向笼体后延8～12cm，前后倾斜角度为15%～20%。笼底板与承粪板之间的距离，前面为5～10cm，后面为20～25cm。

（5）支撑架　多层兔笼一般由3层组装排列而成，总高度在1.8m以下。笼层间组装支撑和连接的支撑架，要求坚固、弹性小、不变形，多为金属材料。最底层兔笼离地25～35cm。

2.饲喂设备

（1）饲槽　要求坚固耐啃咬，易清洗消毒，方便投料、采食，不易扒料和污染。可用镀锌板（翻转式饲槽、抽屉式料槽）、陶瓷（陶土圆形饲槽使用较普遍，可以向陶瓷厂定做，口径为15cm、高5～8cm，底部厚重，既不易翻倒，又便于清洗）、水泥（可以是圆盆状，也可以是长方形，制作简便，成本较低，但表面粗糙、不便清洗，又较笨重）、竹（用粗竹筒劈成两半，除去节，两端分别钉在两块梯形木块上，使之不易翻倒；梯形木块上端宽10cm左右、底边宽16cm左右、高6cm左右，饲槽的长度可任意确定）等制作。形式最好为自动式，方便加料和采食。自动饲槽可用金属或塑料制成，分为育肥兔自动饲槽、母仔兔自动饲槽和三联育肥兔自动饲槽，该饲槽由加料口、贮料仓、采食槽和隔板组成。

① 翻转式饲槽　外口的宽度大于笼门的饲槽口，其底部焊接一根钢丝，伸出两端各2cm左右，用作转轴，卡在笼门饲槽口的两侧卡口内，用于翻转饲槽。喂料时，将安装在饲槽口上方的活动卡子卡住饲槽即可。

② 抽屉式料槽　形状如半个圆盆，圆形面向里、平面向外安装在笼门的饲槽口内。在饲槽一侧外缘焊接一根钢丝，与饲槽垂直，上下两端各伸出1.5cm左右，用作转轴，卡在笼门饲槽门的一侧，用于转动饲槽。饲槽的另一侧安装一个活动搭扣，喂料后将饲槽扣在笼门上作固定。

（2）草架　分固定式和翻转式。群养兔用的草架可钉成长100cm、高50cm、上口宽40cm，用木条、竹片钉成“V”字形，木条或竹片之间的间隙为3～4cm，草架两端底部分别钉上一块横向木块，用以固定草架，以便平稳放置在地面上。笼养兔的草架一般固定在笼门上，也呈“V”字形，草架内侧间隙为4cm，外侧为2cm，可用金属丝、木条和竹片制成。

（3）产仔箱　又称巢箱。通常在母兔产仔前放入笼内或悬挂在笼门外。多用木板、纤维板或硬质塑料制成。目前，我国各地兔场多采用木制产仔箱，分为平放式和悬挂式。

① 平放式　一种是敞开的平口产仔箱，多用1～1.5cm厚的木板钉成40cm×26cm×13cm的长方形木箱，箱底有粗糙锯纹，并留有间隙或开有小洞，使仔兔不易滑倒并有利于排除尿液，产仔箱上口周围需用铁皮或竹片包裹。另一种是缺口产箱，可竖立或横倒使用，产仔、哺乳时可横侧向，以增加箱内面积，平时则竖立以防仔兔爬出产仔箱。

② 悬挂式　多采用保温性能好的发泡塑料或轻质金属等材料制作。悬挂于兔笼的前壁笼门上，在与兔笼接触的一侧留有一个大小适中的方形缺口，其底部刚好与笼底板齐平。产仔箱上方加盖一块活动盖板。

3.供水设备

规模化兔场多采用自动饮水系统。兔用乳头式自动饮水器由乳头、三通、固定板、固定拉簧组成，密封性好，使用方便，持久耐用。一般乳头高度为15～18cm，向下倾斜10°左右。一般家庭养兔，可就地取材，用前面介绍的陶制饲槽、水泥饲槽作盛水器。陶制饲槽和水泥饲槽价格低，易清洗，但容易被兔脚爪或粪尿污染，每天至少需要加一次水，比较费时费工。

4.饲料设备

包括粉碎机和颗粒机。饲料加工间和饲料库的配置应符合保证生产、加速周转和合理储备的原则。

5.照明设备

开放式兔舍一般采用自然光照。密闭式兔舍、集约化兔场应采用人工光照或人工补充光照，光源以白炽灯光较好，每平方米地面3～4W，灯高离地面2.0～2.5m。

6.通风设备

主要有排风扇等。商品兔舍一般采用自然通风方式，兔舍跨度大时采用机械通风。

7.消毒设备

主要有水洗清洁、喷雾消毒和火焰消毒。水洗清洁设备一般选高压清洗机或由高压水泵、管路、带快速连接的水枪组成的高压冲水系统。消毒设备一般选机动背负式超低量喷雾机、手动背负式喷雾器、踏板式喷雾器。在疫情严重的情况下，可选火焰消毒器。

8. 清粪设备

中小规模养殖场多采用笤帚、铁锨等工具将兔粪收集成堆，然后通过人力装车运走。

大型兔场，机械化程度较高，一般采用自动清粪设备，主要有刮板式清粪机和水冲式清粪两大系统。

9. 附属设备

（1）消毒设施　应分别在兔场大门口、生产区入口处及兔舍门口设置消毒池和消毒间等。消毒池应为防渗硬质水泥结构。大门口消毒池的宽度应与大门口宽度基本相等，长度为进场大型机动车车轮周长的1.5倍，深度为15cm左右，池顶可修盖遮雨棚，池四周地面应低于池沿。兔场门口应设门卫、传达室、更衣室、消毒室和消毒池。

（2）饲料库　应选在离每栋兔舍的位置都较适中的方位，而且位置稍高，干燥通风，利于成品料向各兔舍运输。

（3）干草棚　用于储存各种青干草，以备冬天使用。干草棚数量和干草储备量多少可依据饲养模式和兔的数量而定。

（4）兽医室、病兔舍　应设在兔场下风向且相对偏僻的一角，便于隔离，减少空气和水污染传播。

（5）运输笼　仅作为种兔或商品兔途中运输使用，一般不配置草架、饮水器和食槽等。此类笼具要求制作材料轻，装卸方便，结构紧凑，坚固耐用，透气性好，规格一致，下有承粪板，并能适用各种消毒方法。

十、兔的饲料来源与质量鉴别

家兔的饲料包括精饲料和粗饲料两大类。粗饲料包括优质干草、秸秆、青绿多汁饲料、树叶类等，可以直接购买，也可以购买原料自己调制。精饲料的来源主要有以下两种方式：

（1）直接购买市售的饲料　目前，市场上生产、销售家兔饲料的厂家比较多。包括预混料（1%、2%、4%，分为獭兔、肉兔、长毛兔及母仔兔专用预混料）、浓缩料（分为獭兔、肉兔、长毛兔）、全价配合饲料（包括毛兔、獭兔和肉兔等，分为母兔、生长兔、仔兔、母仔全程等阶段）等。不同公司生产的预混料、浓缩料和全价配合饲料，

划分阶段可能有所不同。养殖户可以根据市场口碑、饲料价格和实际情况自行选择。

（2）根据饲料配方自己配制　根据相关研究与实践已证明效果好的饲料配方及饲料类型，自己购买相关饲料原料及添加剂，自行配制，价格相对便宜。

在购买饲料时，一定要注意质量鉴别，方法如下：一看饲料有无产品质量合格证；二看有无饲料标签。饲料标签在包装袋的封口处，是强制性国家标准，是饲料生产企业给使用者的质量信息，内容包括产品的成分、质量、所执行的标准等。具体要注意以下信息：①是否标有“本产品符合饲料卫生标准”字样。所有饲料产品必须符合国家饲料卫生标准。②是否标注生产日期。③是否标明产品成分分析保证值项目。④是否标明生产该产品所执行的标准编号。⑤是否标明原料组成。⑥是否标注添加药物和“含有药物饲料添加剂”字样。在饲料中不得直接添加兽药，必须制成药物饲料添加剂后，方可添加，还必须标明其化学名称、含量、使用方法及注意事项。⑦一个标签是否只标示一个饲料产品。不可一个标签上同时标出数个饲料产品。需要指明饲喂对象和饲喂阶段的，还必须在饲料名称中予以表明。⑧饲料标签不得在流通过程中变得模糊不清甚至脱落。⑨保质期的标注是否正确。一般而言，饲料的保质期至多3个月，保质期标注过长是对用户的欺骗，还有的标签上的标注与包装袋说明不一致。⑩对饲料添加剂、添加剂预混合饲料等产品是否标明有效的生产许可证号、产品批准文号。生产饲料添加剂、添加剂预混合饲料产品的企业必须经农业部批准，取得生产许可证，许可证有效期5年，超过有效期限，视为违法生产。三看保质期。凡超过保质期及未注明保质期的配合饲料，不要购买。四看原料色泽。根据原料的色泽，色泽是否一致均匀，颗粒度是否均匀，是否有结块、发霉现象，可大致判断饲料是否稳定，但色泽不是决定饲料好坏的唯一标准。

十一、幼兔和种兔的来源

家兔的来源有两种途径，分别是自繁自养和外购。种兔和幼兔购买必须从正规合法、信誉度高、有经营许可证，并且可以从国家工商

行政管理总局的《全国企业信用信息公示系统》（http://gsxt.saic.gov.cn/，注：查询时只需输入“养兔”或“公司名称”等关键字，再输入验证码即可）或在当地有良好信誉度及较好口碑的种兔场购买；也可登录国家种畜禽生产经营许可证管理系统（http://www.chinazxq.cn/）查询各地的种兔场，不管从哪一个兔场购买，兔场都必须具备《种畜禽生产经营合格证》和《动物防疫条件合格证》。

十二、个人养兔数量的确定

一个人能养多少兔，与其自身能力、饲养水平、机械化程度、饲养方式及资金投入等有关，在备足饲草饲料的前提下，一个人可以饲养150～200只能繁母兔。机械化养兔或自动化养兔则饲养量较大，每人可饲养能繁母兔600只以上。

十三、商品兔及其产品的销售渠道

（1）成立或加入养兔专业合作社，与其签订销售合同，由其回收，统一销售。

（2）与肉兔、毛兔、獭兔经纪人或收购商建立联系，由其将相关产品（活兔、兔皮、兔毛、兔肉）销往全国各地。

（3）通过当地农牧产品批发市场或家兔交易市场，销售至周边地区及全国各地，把生产的产品由生产场家直接销售给消费者。

（4）可以与酒店、学校食堂、工矿企业、超市等大型消费场所进行合同销售，少部分经批发零售供给当地消费者，以销售冷冻兔肉为主。

（5）自己对家兔进行深加工或销售给食品企业、屠宰加工企业、龙头企业，与其签订家兔销售订单。

（6）本场繁殖的幼兔可以直接销售给本地或周边养兔场。

（7）“互联网+”模式，积极入驻天猫、苏宁易购、1号店等，利用网络、微信等与客户联系，拓宽销售渠道。

十四、学习养兔技术的途径

（1）图书期刊（如《兔健康养殖与疾病防治宝典》、《中国养兔》、《黑龙江畜牧兽医》、《北方牧业》、《四川畜牧兽医》等）。

（2）视频资料（CCTV7科技苑、农广天地的《伊拉肉兔配套系养殖技术》、《林下养兔：要想多生母兔、喂食有讲究》、《伊拉兔：长得快、出肉率高》、《兔的人工授精技术》、《康大1号肉兔配套系的养殖技术》、《豫丰黄兔的养殖技术》、《养兔赚钱三法》、《肉兔优良引进品种介绍》、《福建黄兔养殖技术》等）。

（3）网络学习　如输入“兔养殖技术”或相关关键词，点击百度搜索；专业网站：如农广天地、兔e网、养兔专家咨询系统、兔专家系统、东兔养兔论坛等。

（4）实地考察（如去兔场实地参观学习、交流，最好到大型兔场打工半年，或义务帮工一段时间。有条件的要经常参加全国性或区域性的养兔会议，或者参加专家举办的养兔技术培训）。

（5）与相关高校、科研院所（如河南农业职业学院动物疫病快速诊断中心等）联系，请求技术指导或进行咨询。

十五、当前养兔业存在的主要问题

1. 肉兔养殖业存在的问题

（1）规模化养殖程度低　目前，我国肉兔养殖业正处于一个由粗放型向集约化、由小规模散养型向规模化、由家庭副业型向专业化、由传统型向科学化方向转变的过渡时期，疫病频发，基础设施落后，规模化养殖水平亟待提高。

（2）龙头企业量少，实力弱，品牌不强，效益不佳　目前国内肉兔龙头企业较少，规模化养殖程度低；养殖量大时，兔收购价格下跌，打击养殖户的积极性，直接导致养殖量骤减；货源减少，现有企业不能满负荷生产，产品销售受阻，也影响企业品牌的建设，企业效益降低。

（3）饲养水平相对落后　肉兔饲养的技术含量较高，饲料配方、选种、营养、环境等环节至关重要。与猪、牛、羊相比，兔更难饲养，管理不当易造成大批死亡，饲养风险大。

（4）重引种轻培育　我国肉用兔的育种体系尚需完善，再加上个别养兔户缺乏品种标准知识，盲目引种，种兔群的结构模糊，血缘关系不清，从而导致其后代因高度近交而退化，直接影响养殖效益。

2.獭兔养殖业存在的问题

（1）种兔品质退化严重　由于2005年前后，国内引进养殖德系、美系獭兔后出现过严重炒种现象（一只种兔炒到近1000元），而没有在培育新品种和科学饲养等方面下功夫，导致近年来国内獭兔养殖出现品种退化，饲养规模小，兔皮产量少、品质差。

（2）经营管理不够规范　国内獭兔养殖尚未形成产业链，没有完整的繁育、饲料加工、疫病防控、产品营销体系和专门的法规及技术等，主要以市场调控和养殖经营主体自发组织为主，故经营管理中缺少监管；部分地区虽做了一些跨地区联合开发、产销一体化开发等模式的探索与实践，但因其受市场开拓不力、产销环节配合不紧密、组织松散而责权利不清等因素制约，经营管理效果均不理想。

3.毛兔养殖业存在的问题

（1）品种不能满足生产需要　我国目前的毛兔产毛量虽已显著提高，但兔毛产量提高与绒毛品质不成正比，产量提高甚至导致绒毛品质降低，再加上某些地区片面追求产毛量的选育而忽视了绒毛品质，使得原有的一些绒毛型品种由于产毛量低而濒临灭绝；同时，粗毛、两型毛比例上升，兔毛原料变粗，不仅出绒率低，而且细度无法通过梳理和变性恢复，已无法满足优质兔绒产品的生产要求。因此，培育出适合生产兔绒的绒毛型长毛兔新品种（系）是当前亟待解决的问题。

（2）规模化程度低　大多地区以家庭中小规模为主，硬件投入不足，科技水平较低，难以进行标准化兔舍改造。而较为规模化的企业其现代化程度也远远低于家禽、生猪等规模化企业，因而难以带动整个产业的发展。

（3）设施简陋，环境控制能力差　当前，许多养兔场采用简易的兔舍和笼具，夏季不利于防暑降温，冬季无法保温，很少考虑到动物福利问题，严重影响了毛兔生产性能的发挥，生产效率大大降低。随着国家环保政策的出台，养殖行业面临着环境污染的生存压力，如何在各大畜牧业的激烈竞争中，发挥家兔小型草食动物的优势，合理处理粪污，有效利用能源，保护甚至改善生态环境，是所有家兔养殖户都需要考虑的问题。

（4）成本高，高效剪毛器械未普及　目前，规模化的毛兔养殖场，

仍沿用传统的剪毛方式即人工剪毛，高效剪毛器械未普及，剪毛效率低、人工成本高。

（5）兔毛质量有待提高　目前养殖企业普遍存在为追求短期效益，缩短养毛期，导致兔毛长度质量标准下降，严重影响兔毛分疏工艺，并最终导致服装掉毛、起球等现象；重剪毛多，造成条干不匀、成品掉毛现象；绒毛型长毛兔兔毛细度变粗、含粗过高、绒毛不纯、杂质含量高等现象。

此外，在生产实际中，市场秩序也存在不规范的问题，如商贩在兔毛的收购和运输时，不能够严格执行国标的规定，多做统货收购，做不到优质优价。

十六、养兔投资多大规模合适

随着畜牧业规模化、标准化的发展，传统的、粗放的发展模式逐步向专业化、集约化和商品化生产转变。然而，不少养殖者却陷入“有规模才有效益”的误区中。微观经济学理论指出：规模才能产生效益，但规模达到一个临界点后其效益会呈反方向下降。养殖行业亦是如此，并非规模越大效益越好，只有最佳规模才会有最佳效益。

目前，我国的兔场规模划分为五个类型（以繁殖母兔为基础），分别是散户规模（100只以下）、大户规模（100～500只）、中型规模（500～1000只）、大型规模（1000～10000只）和超大型规模（＞10000只）。其中大户规模是目前我国兔业养殖规模中的主流或主体，其数量最多、效益最佳，基本不用雇工或少雇工，主要依靠家庭剩余劳动力；中型规模以500～1000只基础母兔为主体的兔场，多数是在大户规模基础上发展而来，是大户规模中的佼佼者，由自己动手养兔发展到雇佣一定的劳动力，其养殖数量在不断增加，效益十分可观。总之，无论是家庭养殖户还是规模养殖户，都应该从实际出发，确定适合的养殖规模，在发展初期应该因地制宜、由小到大。同时，最重要的是要考虑市场需求和价格的关系，以当地需求和消费能力为导向，结合产品销路，合理规划养殖规模，使规模化养殖达到最佳的规模效益。

十七、养兔业的未来发展方向

转变养兔观念，变革饲养模式，走标准化、规模化、健康化、可持续发展之路是我国家兔养殖的未来发展方向。

（1）规模化　综合考虑资源禀赋、环境承载能力等因素，科学规划规模养殖场的结构和布局，因地制宜发展适度规模养殖，推进标准化生产，提高养殖水平，增加养殖效益。家庭规模养殖具有饲养管理水平高、资金较为充裕、抵御市场风险的能力较强的特点，将成为市场竞争的主体，小规模散养将逐渐退出市场，企业经营的大规模养殖场也在不断涌现，规模化是兔业发展的必然趋势。

（2）标准化　按照品种良种化、养殖设施化、生产规范化、防疫制度化和粪污无害化等“五化”要求，建设标准化规模养殖场、家庭牧场和专业合作社，提高设施化和集约化水平。目前，我国养兔业正处于从传统养兔向现代养兔转型的关键时期，标准化养殖是现代养兔的发展方向和必由之路。要走标准化养殖，就必须先制定各种行业标准、技术规范等，为标准化养殖指明方向。兔舍的布局规划、环境指标、笼具和笼底板大小参数等亟须制定行业统一标准。

（3）产业化　家兔产业未来是一个技术、资金密集型的朝阳产业，永恒的产业。传统小规模散养户将快速退出市场，一大批业主、大企业和财团纷纷进入养兔行业，政府也出台了一系列引导、扶持产业化发展的政策。“公司＋农户”成为发展的基本模式。随着养兔业的发展，在一些地区出现了由经济、智力和管理能力的企业间强强联合形成的紧密型的产业化模式，或优势互补的“公司＋农户＋基地”的松散型或契约型的社会化产业化模式。今后这种机制将不断完善，并发挥越来越大的作用。

（4）专业合作社　扶持家庭牧场和合作社、协会等农民专业合作组织的发展，提高养兔的组织化程度，实现统一供种、统一供料、统一技术指导、统一防疫、统一培训等“五统一”。通过专业合作社运营管理，可以实现“经营规模化、生产标准化、产品安全化、营销品牌化、管理民主化”，加快传统养兔业向现代化养兔业转变，促进养兔业快速发展。

（5）生态化　家兔生态循环养殖是按照“种养结合”原则，推广应用“兔—沼—林、兔—沼—果、兔—沼—菜、兔—沼—草”等发展模式，实现各种农业资源的循环、集聚和再利用，加快推进农业增效、

农民增收和畜牧业的转型升级，是现代畜牧业的发展方向。

十八、建规模化兔场需要的手续

（1）要到当地土地部门咨询养殖场占地的性质　新建养殖场禁止占用基本农田，要符合乡镇土地利用总体规划。养殖户首先需本人提出申请，写明养殖地点、规模、投资等情况，经村、镇审批后，在当地国土资源所办理登记备案手续。

（2）新建规模养殖场要符合动物防疫条件和环保要求　要到县级以上畜牧兽医行政主管部门和环保局申报，由相关部门组织人员进行现场实地考察，依据有关法律法规要求，做出答复。合格后发放《动物防疫条件合格证》和环评批复手续。

（3）土地、防疫、环保等条件达到要求后，即可建场。

（4）养殖场建成投产后，到当地畜牧部门登记备案。

（5）要在县工商局办理工商登记证。

（6）要在县质量技术监督局办理组织机构代码证并作法人登记。

不同的地区，办理程序可能不同。具体办理时，可咨询当地各业务管理部门。在许多农村地区，只要有合适的场地，即可上马开始小规模家兔养殖。

十九、兔场的环境评价

根据《畜牧法》（中华人民共和国主席令第四十五号）第三十九条的规定，畜禽养殖场、养殖小区的规模标准由省级人民政府根据本行政区域畜牧业发展状况制定。畜禽养殖场、养殖小区应纳入环评范围，按照《建设项目环境影响评价分类管理名录》（环境保护部令第2号）的有关规定执行。要求各地促进畜禽养殖业与环境保护协调发展，新改扩建畜禽养殖场，必须进行环评。

（1）向当地环保部门提交书面申请。

（2）上交相关手续，包括发改部门的立项手续、国土部门的土地审批手续和工商部门核准的工程名称等。

（3）委托有资质的环评机构做相关环境影响评价，出环评报告表或报告书，然后经专家组进行评审，最后交环保部门进行审批。

（4）批复后，在当地所在县（市、区）环保部门的监管下，按照环评进行施工建设。

具体的相关手续可以到所在地环保局进行咨询。

二十、目前我国对养兔的补贴政策

目前，国家对养兔没有相关的补贴政策，但各地畜牧、农业等部门出台了一批相关的扶持政策。如广西、四川等地在实施“精准扶贫”过程中，由政府统一集中采购种兔，然后将其发放给贫困户饲养。重庆市忠县《肉兔产业资金补助办法》中规定：①年出栏肉兔10000只以上规模的标准化肉兔养殖示范场，一次性补助15万元。其中兔舍等土建工程补助12万元、设施设备购置补助1.4万元、引种补助1.6万元；②年出栏肉兔1000只规模的肉兔养殖示范户，一次性补助0.6万元。其中购置兔笼补助0.3万元、引种补助0.3万元；③以兔肉为主要原料进行烹饪加工特色菜肴的餐饮企业，年加工销售肉兔达到5000只以上的，一次性补助3万元；④贩运销售肉兔的企业、个人或其他肉兔经销组织，年销售量达10万只以上的，一次性补助5万元。重庆市开县的扶持政策中规定：当商品肉兔市场价格低于成本价7.5元/斤时，对肉兔规模养殖农户出售的商品肉兔按2.50元/只给予补贴。还有农业部的“一村一品”特色产业项目中规定：特色畜禽兔、水貂、狐狸、貉，对购买苗种补贴100元/只。各地情况有所不同，具体可向当地农牧等部门咨询。

第二章　基础知识

一、家兔的生物学特性

1. 生活习性

（1）昼静夜动　家兔多是由野兔长期驯化而来，仍然保留昼静夜动的习性。白天多静伏笼中，闭目养神；夜间十分活跃，频繁采食和饮水。夜间采食和饮水约为全部日粮和饮水的60%，故在饲养管理中必须合理安排饲养日程。夜间添足草料和饮水，尤其在夏季要重视夜间饲养和管理。

（2）胆小怕惊　兔属体小力弱动物，缺乏抗御敌害能力，且有胆小怕惊的特性，如遇突然的刺激、异常声音，就竖起耳朵，惊惶失措，乱蹦乱跳，引起食欲不振，母兔流产、咬伤或残食仔兔等。

（3）喜燥爱洁　家兔喜欢干燥清洁的环境，厌恶潮湿、污秽，兔舍内适宜的相对湿度应在60%～65%，过于潮湿影响其生长发育。

（4）怕热耐寒　家兔因缺乏汗腺，全身被毛浓密，主要靠呼吸散热，在潮湿炎热的环境下散热困难，故怕热；具有较强的抗寒能力，但低温对仔兔和幼兔同样也有不良影响。饲养兔（长毛兔）的适宜温度是15～25℃，长期的高温会影响其生长发育和繁殖性能，甚至会导致中暑死亡。

（5）视觉退化，嗅觉发达　兔的视觉迟钝，在生产管理中不必注意人的服装颜色，但家兔的嗅觉特别发达，能嗅到饲料是否新鲜、仔兔身上是否有异味。腐败有味的饲料，家兔不采食。管理上，在寄养仔兔时，要往仔兔身上抹些哺乳母兔的尿或用哺乳母兔窝边草擦拭。

（6）合群性差，争斗性强　兔性格孤僻，喜欢独居，如果群养，不论公母或同性别的成年兔经常发生争斗和咬伤，特别是公兔之间或新组建的兔群之间争斗尤为严重，所以成年兔应以一兔一笼为好。

2. 采食习性

（1）食性广　兔是草食动物，以植物的根、茎、叶、种子为食物，喜欢吃多汁饲料和颗粒料。因此，养兔应以草食为主，混合日粮制成颗粒料最适宜。

（2）啃食性　兔经常啃咬食盆、门、柜等硬物。因此，在饲养中应经常喂些坚硬的作物茎秆，让其啃咬。在兔笼建造材料和设计上要注意坚固且耐用，以防咬坏。

（3）挑食性　兔常常在饲料中挑选自己喜食的饲料，对不喜欢的饲料，往往用前爪扒出食槽。因此，为防止扒食或挑食，饲料要充分混匀，有条件时最好喂颗粒料，选用有倒沿的食槽。

（4）惯食性　兔采食饲料有习惯性，如果突然更换饲料，则出现采食减少，甚至拒食。因此，在饲养过程中，如果要变换饲料成分，应分批增减，使兔有一个过渡期，逐渐习惯采食。

（5）食粪性　兔有吞食自己粪便的习性。兔排泄两种粪便：一种是硬的颗粒粪球，在白天排出；另一种是软的团状粪便，在夜间排出。据测定，软粪的营养价值与盲肠内容物相似，远远高于硬粪。软粪一排出就被兔直接在肛门外吃掉，所以，一般情况下很少发现有软粪的存在。只有当兔生病的情况下才停止食粪。

二、兔的消化生理特性

兔属单胃草食动物，具有自己独特的消化系统、消化功能和消化特点。

1. 消化系统

包括消化器官和消化腺两部分。

（1）消化器官　包括口腔、咽、食道、胃、小肠（十二指肠、空肠、回肠）、大肠（盲肠、结肠、直肠）、肛门。

（2）消化腺　包括唾液腺、肝、胰腺、胃腺和肠腺，消化腺分别

把腺体分泌的消化液由导管输送到消化道的相应部位。

消化道中的肠道（尤其是小肠段）很长，为体长的8～10倍（280～300cm）。盲肠发达，长约50cm，直径大、可容纳较多的糊状糜料，糜料在盲肠微生物的生化作用下，除可合成新的蛋白质和B族维生素外，部分形成软粪，其余则进入结肠进一步消化吸收（水分），残渣在结肠和直肠作用下形成粪便，经肛门排出，整个消化历时48～72h。

2.消化特点

（1）对粗纤维的消化率较高　兔属单胃草食动物，消化道长而复杂，容积很大，能依靠盲肠中的微生物和发达的球囊组织，很好地利用高纤维饲料。

（2）能充分利用粗饲料中的蛋白质　对青粗饲料中的蛋白质有较高的消化能力。研究表明对苜蓿干草中粗蛋白的消化率达70%以上，对低质量的饲用玉米颗粒饲料中的粗蛋白消化率可达80%。

（3）能耐受日粮中的高钙比例　对日粮中的钙磷比例要求不像其他畜禽要求那么严格（2∶1）。即使钙磷比例在12∶1，家兔仍可维持正常的生长速度。当日粮中的含钙量增加时血钙含量也随之增高，并能从尿中排出过量的钙。但日粮中的含磷量则不宜过高，当含磷比例超过1%时，会降低饲料的适口性而影响采食。

三、兔生长阶段划分及生长发育规律

（1）仔兔（出生至断奶，断奶时间：肉兔28～35日龄，獭兔35日龄，长毛兔40日龄）　仔兔出生时，体表无毛，耳、眼闭塞，各系统发育较差，尤其是体温调节功能和感觉功能更差。3～4d绒毛长出，11～12d开眼，开始有视觉。21d时出窝吃饲料。体重增加也很快，一般初生时为40～60g，生后1周体重可增加1倍以上，4周龄时其体重约为成年体重的12%，8周龄时体重约为成年体重的40%，8周龄后生长速度逐渐下降。家兔品种（系）、性别不同，生长速度也不同。8周龄前的增重公、母兔差异不明显，8周龄后，母兔生长速度大于公兔，故成年母兔体重一般大于成年公兔体重。

（2）幼兔（断奶至3月龄）　由于断奶后的20d内仔兔由吃奶转变为吃料，由产仔箱内的小环境转变为笼内的大环境，自身的防御系统

和消化系统功能尚未健全，该阶段的家兔最难养，尤其是新养兔者较难过好这一关。若提供给幼兔的生存环境差，饲料营养不全，喂量不合适，则该阶段的幼兔最容易出现问题且死亡率较高。渡过这一关后，对幼兔进行育肥，90日龄的肉兔均能长到2.5kg以上出栏。獭兔和毛兔生长发育趋于稳定状态。

（3）青年兔（3～6月龄） 对肉兔来说，大多数商品兔已出售，留作种用的后备兔按常规饲养管理即可，只是生长速度比幼兔要慢，日增重在20g左右。对于獭兔和毛兔，还应加强饲养管理，供给有利于皮毛生长的饲料，注意预防疾病，提高出栏率和产毛量。

（4）成年兔（＞6月龄） 6月龄的公兔配种1～2次后，停止配种，体重还可增加；7月龄后公兔体重趋于稳定，可连续配种。6月龄母兔即可配种，怀孕母兔体重猛增，第一胎产后母兔体重比孕前增加700g左右，第二胎产后母兔体重趋于稳定。

四、兔的换毛形式及特点

家兔的毛长到一定时期就会衰老脱落，被新毛所代替，这一过程称为换毛。

1.换毛形式

（1）年龄性换毛 主要发生在未成年的幼兔和青年兔。家兔一生有两次年龄性换毛，第一次在出生后30日龄开始到100日龄结束；第二次在130日龄开始到190日龄结束。掌握这一特性，对养獭兔宰兔取皮意义重大。獭兔的第一次年龄性换毛于100日龄左右结束，这时的獭兔毛的密度及平整度均好，这也是部分收购商在此期收购商品獭兔的原因所在。此时被毛虽完美，但板皮厚度薄，韧性差，鞣制过程中易破损，制品不耐摩擦，商品质量差、价值低；第二次换毛发生于150～180日龄，此时被毛短、平、细、密、亮、弹性好，皮张厚，经济价值高，是屠宰取皮的最佳时期。

（2）季节性换毛 一般发生在春季（4～5月份或3～4月份）和秋季（8～10月份），主要发生于成年兔。由于各地气候温度、光照、营养水平等条件不同，再加上家兔年龄、健康状况和饲养水平等因素的影响，时间会有提前或延迟。家兔换毛期间对外界气温条件变化适

应能力差，体力消耗大，抵抗力弱，易患感冒等疾病。因此，在季节性换毛期间应加强饲养管理，供给营养丰富而全价的饲料，停止配种繁殖，注意预防疾病。

2.换毛特点

秋季换毛先由颈部的背面开始，紧接着是躯干的背面，再延伸到身体两侧及臀部。春季换毛与秋季换毛的顺序相似，惟颈部毛在夏季连续不断地脱换。獭兔无论是季节性还是年龄性换毛，特点大致相同，即一般始于颈部上方、前躯背部位置，沿背部向腹部、头部至尾部逐渐延伸，换毛层层递进，在新毛和原有毛之间形成1cm左右的换毛带（换毛岭），此换毛带逐渐向前后肢、腹部移动直至腹中线，至此换毛完毕。

3.盖皮的形成

盖皮是指在獭兔没有完成换毛前，在原有毛已经脱落、新毛还未长出的情况下形成的各种不规则形状的皮块，皮块与周围的毛长短分明，一般会呈现条状分界线，有直线型、环型、波浪型。导致盖皮形成的因素很多，如营养不良、代谢障碍、年龄过大、疾病等。一旦盖皮出现，獭兔的经济价值便大大降低。

五、家兔的常见品种与选择

（1）家兔常见品种　目前，常见的国内外优良家兔品种见表2-1。在我国饲养较多的品种主要有伊拉肉兔配套系、新西兰兔、加利福尼亚兔、青紫蓝兔、比利时兔、安哥拉兔、獭兔及福建黄兔等。

（2）家兔品种选择　从事养兔生产，首先应考虑当地的市场需求、市场现状、市场潜力和销售渠道，了解经济效益，以确定养殖家兔的经济类型。肉兔和毛兔市场较稳定，风险较小。肉兔销售渠道广，投资小，生产周期短。毛兔生产周期长，投资较大，产品易保存，经济效益高。獭兔生产周期长，销售渠道不畅，高温地区不宜养殖，市场波动大，其产品（裘皮和肉）成批量生产，具有明显的季节性。

（3）生产中常见的杂交组合　常见肉兔杂交组合有：比利时兔（♂）×新西兰兔（♀）、比利时兔（♂）×加利福尼亚兔（♀）、新西兰兔（♂）×加利福尼亚兔（♀）、齐卡兔（♂）×比利时兔（♀）、新西兰兔（♂）×哈白兔（♀）等（注：♂表示父本，♀表示母本）。

表2–1　常见的家兔品种

	品种名称	产地	外貌特征	生产性能	优缺点
肉兔品种	新西兰兔	美国	著名的中型肉用兔品种。除白色外，还有红黄色和黑色，其中以白色饲养量多、分布广、生产性能好。体型中等，成年母兔体重4.0～5.0kg，公兔4.0～4.5kg。头圆额宽，耳宽厚且直立，耳尖钝圆；背宽，腰肋肌肉丰满，后躯发达，臀圆。四肢粗壮有力，脚底有粗毛，浓密，耐磨，可防脚皮炎，很适于笼养	繁殖力强，平均每胎产6～8只。早期生长速度快，2月龄体重1.5～2.0kg，3月龄体重2.5kg以上	饲料报酬高，肉质好，产肉率高，屠宰率可达55%。但毛皮品质欠佳，耐粗饲性较差，对营养和饲料管理条件要求较高。南方春夏季仔幼兔成活率低
	加利福尼亚兔	美国	中型肉用兔品种。体型中等，成年公兔体重3.6～4.5kg，母兔3.9～4.8kg。颈粗短，耳小且直立，眼红色；胸部、肩部和后躯发育良好，肌肉丰满。绒毛浓密，秀丽美观，被毛整体为白色，两耳、鼻端、四肢下部及尾部为黑褐色。黑色部位的颜色随气温、季节、年龄和营养水平有变化。高温和夏季毛色稍浅，低温和冬季颜色变深；仔幼兔和老龄兔颜色稍浅，青壮龄兔颜色深；低营养水平颜色浅	早期生长快，日增重高，3月龄可达2.5kg以上。繁殖力强，窝产仔数平均7～8只，泌乳力强，母性好，仔兔育成率高，具有“保姆兔”的美誉，仔兔断奶成活率高达90%	较耐粗饲，抗病力强，肉质好，产肉率高，屠宰率高达55%以上，是商品兔生产中优秀的杂交母本

续表

	品种名称	产地	外貌特征	生产性能	优缺点
肉兔品种	比利时兔（弗朗德巨兔）	比利时	酷似野兔，体格健壮、成年体重，中型2.7～4.1kg，大型5.5～6.0kg，重的可达9kg。头型似“马头”，颊部突出，额宽圆，鼻梁隆起，颈短粗；颌下有肉髯，但不发达；眼黑色，耳较长，耳尖有光亮的黑色毛边；被毛深红带黄褐或深褐色；体长而清秀，腿长，体躯离地面较高，被誉为兔族中的“竞走马”；胸腹紧凑，骨骼较细，肌肉较丰满	胎均产仔8只左右，断奶成活6～7只，40d断奶体重达1.2kg，90日龄体重为2.5kg，屠宰率52%左右	生长速度快，适应性强，耐粗饲，泌乳力强，胴体大，净肉量高。与本地兔杂交的纯收益较本地兔提高80%以上
	伊拉兔配套系（A、B、C、D系）	法国	A、B系，全身被毛白色，唯口、鼻、双耳、四肢末端为黑色，即加利福尼亚兔毛色，AB（A×B）为父系，成年体重5.2kg；C、D系全身被毛白色，CD（C×D）为母系，成年体重4.6kg，年产仔60只	ABCD（AB×CD）为商品兔，外貌特征呈加利福尼亚兔毛色，30日龄断奶体重为800g，日增重43.8g，70日龄重2.5kg，屠宰率（带肝、肾）57%，饲料转化率为3.0：1	
	齐卡兔配套系（大型、中型、小型）	德国	①大型（德国巨型白兔，G系）：被毛纯白，红眼，两耳大而直立，头粗壮，体躯长而丰满；②中型（大型新西兰白兔，N系）：全身被毛洁白，红眼，头粗壮，耳朵短、宽、厚，体躯丰满，呈典型的肉用砖块型；③小型（德国合成白兔，Z系）：被毛白色，红眼，头清秀，耳短薄直立，体躯长	①大型：成年体重6～7kg，35d断奶体重1.0～1.2kg，90日龄2.7～3.4kg，35～90d料肉比为3.2：1；②中型：成年体重4.5～5.0kg，35日龄断奶体重700～800g，90日龄2.3～2.6kg，平均日增重30g，35～90d料肉比为3.2：1。年产5～6胎，每胎产仔7～8只；③小型：繁殖性能好，每胎产仔8～10只，年产60只，成年体重3.5～4.0kg	中型：对饲养管理条件要求较高；小型：幼兔成活率高，适应性强，耐粗饲，适宜作配套系的母本

续表

	品种名称	产地	外貌特征	生产性能	优缺点
肉兔品种	法国大白兔配套系（布列塔尼亚兔）	法国	父母代公、母兔被毛纯白，红眼，头较粗重，耳大且直立，躯体丰满结实，腰臀部肌肉发达，四肢粗壮	公兔性成熟期26～28周龄，成年体重5.5kg以上，28～70d的料肉比为2.8∶1，平均日增重42g，屠宰率58%。母兔性成熟期117±2d，成年体重4.0～4.2kg，年生产断奶成活仔兔55～65只，平均每胎产仔10.2只。商品代35d断奶体重900～980g，70d体重可达2.5～2.6kg，35～70d料肉比为2.7∶1，屠宰率59%，屠体净肉率85%以上	
皮肉兼用品种	日本大耳白兔	日本	有大、中、小3个类型。成年体重：大型兔5～6kg，中型兔3～4kg，小型兔2～2.5kg。头大小适中，额宽，面凸；耳大，耳根细，耳端尖。耳薄，形同柳叶并向后竖立，血管明显，适于注射和采血，是理想的实验兔；眼粉红色；颈较粗，母兔颌下有肉髯；被毛纯白，紧密而柔软。皮张面积大，质地良好	体格强健，较耐粗饲，适应性强，繁殖力高，年可繁殖5～6胎，平均产仔数8只左右，多的达12只。早期生长速度快，初生重60g，2月龄重1.4kg以上	泌乳量大，母性好，肉质佳，板皮良好；缺点是骨骼较大，胴体欠丰满，屠宰率44%～47%
	哈白兔	哈尔滨市	全身被毛白色，毛纤维较粗长，头方长。颊丰满；眼大有神，粉红色；耳长、大且直立，耳静脉清晰，耳尖钝圆；公、母兔均有肉髯；体型长，前后躯匀称；四肢粗壮，脚毛较厚	成年公兔体重5～6kg，母兔5.5～6.5kg；10周龄体重2.3kg，饲料转化率为3～11∶1；90日龄屠宰率（全净膛）53.5%。年产4～5胎，平均窝产仔8.83～11.5只，40日龄断奶体重1.082kg	泌乳能力强，耐粗饲，繁殖力强，生长发育快，产肉性能好

续表

	品种名称	产地	外貌特征	生产性能	优缺点
皮肉兼用品种	青紫蓝兔	法国	著名的皮肉兼用型品种。头粗短，耳厚直立。耳尖与耳背为黑色，尾底、腹下及眼圈为灰白色，体型较丰满，背部宽，臀部发达。分为小型（标准型）、中型（美国型）和巨型3种类型，成年体重分别为2.5～3kg、4～5kg、6～7kg，被毛整体为蓝灰色，耳尖和尾面为黑色，眼圈、尾底、腹下和额后三角区的毛色较淡呈灰白色	小型被毛匀净，色泽美观，偏向于皮用型品种。中型繁殖性能好，生长发育较快。40d断奶体重0.9～1.0kg，90d平均体重2.2～2.3kg，为皮肉兼用品种。巨型体型大，肌肉丰满，是偏向于肉用的巨型品种，但早期生长发育较慢，3～4月龄体重约2kg	
	太行山兔	太行山地区井陉县及威州一带	体型中等，成年体重3.5～4.0kg。体质结实、紧凑，脑门宽圆，头形清秀，背腰宽平，后躯发育较好，四肢健壮，母兔颌下有肉髯。兔有两种毛色，一种为黄色，眼球棕褐色，眼圈白色，腹毛白色；另一种被毛在黄色基础上，在背部、后躯、两耳上缘、鼻端及尾背部毛尖为黑色。眼球及触须为黑色	4月龄左右达到性成熟，每窝均产仔7～8只，初生个体重50～60g，断奶体重800g，乳头一般为4对，泌乳量3500g，仔兔断奶成活率为85%～92%。屠宰率53.39%	耐粗饲，适应性和抗病力都较强；板皮和被毛质量好，颜色自然美观
	塞北兔	河北、内蒙古、东北及西北等地	体型呈长方形，被毛以黄褐色为主，也间有纯白色和干草黄色或橘黄色3种。头大小适中，呈方形；眼眶突出，眼大而微向内陷；下颌宽大，嘴方正，鼻梁有一黑线；耳宽大，一耳直立，一耳下垂。故称为斜耳兔；颈部粗短，颈下有肉髯；肩宽广，胸宽深，背腰平直，后躯宽而肌肉丰满，四肢短而粗壮	成年体重5～6.5kg，每胎均产仔7～8只，初生窝重454g，初生个体重平均60～70g，泌乳力（3周龄窝增重）1.828kg。6周龄断奶窝重4.836kg，平均断奶体重820g。7～13周龄日增重24.4g，14～26周龄日增重29.5g；屠宰率青年兔为52.6%，成年兔为54.5%；饲料报酬为3.29 ∶ 1	适应性和抗病力强，皮张面积大，板皮有韧性，坚牢度好，绒毛细密

续表

	品种名称	产地	外貌特征	生产性能	优缺点
皮肉兼用品种	福建黄兔	福建省福州地区	头、背部和体侧为深黄或米黄色短毛被毛，从下颌沿腹部至胯部白色被毛呈带状延伸，头大小适中，呈三角形，公兔略显粗大而母兔较清秀，双耳小且稍厚钝圆，呈“V”字形，稍向前倾，眼大，眼虹膜呈棕褐色，胸部宽深，背腰平直，后躯发达呈椭圆形，四肢强健，后躯发达。后脚粗且稍长，善于跳跃奔跑及打洞	120日龄屠宰，全净膛屠宰率48.5%～51.5%,30～90日龄料重比（2.77～3.15）：1。105～120日龄（体重2kg）即可初配，最迟为150日龄左右初配。妊娠期30～31d，第二胎起窝产仔数6～9只，窝产活仔数5～8只，一年四季均可繁殖配种，一般年产5～6胎，年产活仔数33～37只，年育成断奶仔兔数为28～32只，种兔一般利用年限为2年	适应野外活动，野外生存能力强
	闽西南黑兔	福建省闽西龙岩市和闽南泉州市的山区地带	体躯较小，头部清秀。两耳短而直立，耳长一般不超过11cm，眼大、圆睁有神，眼结膜为暗蓝色。公、母兔颌下肉髯不明显，背腰平直，腹部紧凑，臀部欠丰满，四肢健壮有力。乳头4～5对。被毛多数为深黑色粗短毛，脚底毛呈灰白色，少数个体在鼻端或额部有点状或条状白毛，白色皮肤上带有不规则的黑色斑块	宰前活重1.4～1.6kg，全净膛屠宰率43%～48%，半净膛屠宰率47%～53%。属早熟小型品种，3.5～4.5月龄性成熟，公兔5.5～6.0月龄、母兔5.0～5.5月龄初配。妊娠期29～31d，窝产仔数5～8只，窝产活仔数4～7只，初生窝重172.09～303.35g，4周龄窝重1691.6～2372.2g，经产母兔年产5～6窝	
	豫丰黄兔	河南省	全身被毛黄色，腹部白色，头小清秀呈椭圆形，耳大直立，眼大有神，后躯丰满，成年母兔颈下有明显肉髯，四肢强壮有力，后肢粗壮而灵活	成年体重1.5～5.5kg，体长53.5～59.8cm，胸围34.9～40.8 cm。90日龄重2208～3142g，半净膛屠宰率55.42%，全净膛屠宰率50.65%，日增重33.9g。6月龄初配，妊娠期31d，窝产仔数7～12只，窝产活仔数7～11只、初生窝重440～586g，断奶窝重4806～6 806g，断奶成活率96.6%	

续表

	品种名称	产地	外貌特征	生产性能	优缺点
皮肉兼用品种	安阳灰兔	河南省安阳市	体型中等偏小，周岁体重平均为3.5kg。被毛青灰色，富有光泽，密度中等；头中等大小，眼呈靛蓝色；耳长而宽；部分成年母兔有肉髯；背腰长，背平直而略呈弧形。后躯发达；四肢强健有力	性成熟早，初情期在4月龄，6月龄初配。每胎均产仔8.4只，且均产活仔8.1只，平均初生个体重58.2g。3月龄平均体重2.1kg，4月龄平均体重2.7kg；2～5月龄期间增重速度快，6～7月龄增重速度下降，8月龄平均日增重30～50g；8月龄平均体重4.5kg，8月龄屠宰率为51%	耐粗饲，适应性强，耐热、耐寒，适宜于农村条件下饲养
皮用兔品种	力克斯兔（獭兔）	美国、德国和法国等	体型匀称而清秀，腹部紧凑，后躯丰满；头小而尖；眼大，不同的品系眼睛色泽不同，有粉红色、棕色、深褐色等；耳长中等，竖立呈“V”形；有些兔有肉髯；四肢强健。全身被毛呈现不同的颜色，共有20多种，被毛短而平齐、竖立、柔软而浓密。具有绢丝光泽，见日光不褪色。保暖性强。枪毛少且不露于被毛之上，被毛标准长度为1.3～2.2cm，理想长度为1.6cm	成兔体重3.5～4kg，体长38～46cm。年产5～7胎，每胎均产仔6～10只。4～5月龄时体重可达2.5kg左右，皮板面积可达900cm²以上。我国獭兔现有14种标准色型（海狸色、黑色、白色、青紫蓝色、加利福尼亚色、红色、蓝色、巧克力色、银灰色、紫貂色、海豹色、猞猁色、紫丁香色、花色）	对饲养条件要求较高，适应性差，易感染巴氏杆菌病、球虫病、疥癣病等。若饲养管理不当，会明显影响其生产性能，枪毛增多，被毛变长，体型变小，繁殖力下降
长毛兔品种	德系安哥拉兔	德国	全身被毛为白色，眼睛为红色，头较方圆或尖削略呈长方形；耳较大，绝大部分耳端有一撮长绒毛。耳背无长毛，有些是“全耳毛”，有些是“半耳毛”；面部绒毛不一致，有的无长毛，有的有少量额颊毛，有的额颊毛丰富；头毛的类型与其主要产毛量无相关性	体型较大，成兔体重3.5～4.5kg，最高可达5kg以上。属细毛型长毛兔，被毛浓密，有毛丛结构，不易缠结。产毛量高达0.9～1.2kg，最高可达1.6～2.0kg，毛质好，细毛量高（95%左右）。繁殖力中等，年繁殖3～4胎，每胎均产仔6～8只，42d断奶体重900～950g	繁殖性能较低，配种较困难。初产母兔母性较差，少数有食仔恶癖等。适应性较差，公兔有夏季不育现象

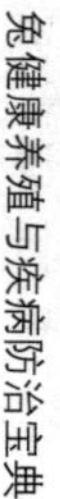

续表

	品种名称	产地	外貌特征	生产性能	优缺点
长毛兔品种	法系安哥拉兔	法国	体型较大，骨骼较粗重，成年体重3.5～4kg，体重大者可达6.5kg。全身被毛白色，头稍尖，耳大而薄，耳尖、耳背无长毛，额毛、颊毛、脚毛较短	属粗毛型长毛兔，一次剪毛140～190g，年产毛量600～800g，粗毛含量在15%以上。年繁殖4～5胎，每胎产仔数为6～8只	繁殖力高，泌乳性好，适应性、抗病力强
	中系安哥拉兔	中国的上海、江苏、浙江等省市	耳长中等，整个耳背和耳尖均密生细长绒毛，飘出耳外，俗称“全耳毛”；头宽而短，额毛异常丰盛，从侧面看，常看不到眼睛，从正面看，也只是绒球一团，形似“狮子头”，脚毛丰盛，趾间及脚底均密生绒毛，形成“老虎爪”。骨骼细致，皮肤稍厚，体型清秀	体型较小，成兔体重2.5～3kg。产毛量低，仅0.3～0.5kg，被毛稀。无毛丛结构，易缠结，粗毛含量为1%～3%。年繁殖4～5胎，每胎产仔数7～8只，高者可达15只	适应性强，耐粗饲，繁殖力高

注：各品种兔的详细资料，可以参阅国家家养动物资源平台。

六、兔的饲养方式

（1）笼养　最理想的饲养方式，特别是种兔，规模化兔场或养兔大户大多采用此种方式。优点是饲养管理比较细致，可以定时、定量供给饲料；可以控制配种繁殖，利于选种选配；便于隔离饲养，减少疾病传播。缺点是笼舍设备造价较高，管理费工，且兔运动量不足，影响兔群健康。根据笼位放置地点，可分为室内笼养和室外笼养两种。室内笼养是修建正规兔舍或简易兔舍，把兔笼放置在室内。优点是夏季易防暑，冬季易防寒，雨季易防潮，平时易防兽害。室外笼养是把兔笼全年放置在室外，笼顶设盖，笼内养兔。优点是通风良好，但防暑、防寒、防潮、防兽害等不如室内笼养。

（2）栅养　即小群饲养。一般在室外空地或室内用竹片、木棍或铁丝网围成栅圈，每圈占地8～10m^2，饲养20～30只。优点是饲养成本较低，管理方便，能使兔充分运动，空气清新和日照充足，促进生长发育；缺点是不能定量饲喂，疫病难控制，易发生咬斗现象，不适宜饲养种公兔和繁殖母兔，适用于饲养商品肉兔。为了保持兔舍的清洁卫生，室外场地应每天清扫；室内场地可采用垫草法，每当地面弄脏后，可垫草一层，待垫草达到一定厚度时，要彻底清除1次，然后重新垫草。兔舍要定期消毒，以减少疾病传染。栅内应设置采食和饮水器具，有条件的还可设置隔粪地板。

（3）放养　又称群养或散养，比较粗放。即把兔群长期散放在饲养场上，任其自由活动、采食、配种、繁殖。优点是节省人力、物力，饲养成本较低；能获得充足的阳光和新鲜空气，对生长和繁殖较为有利。缺点是无法控制配种、繁殖，容易引起品种退化；易感染多种疾病，发生咬斗现象。主要用于饲养商品肉兔。放养场地应地势高燥、土质结实，范围适当，每只兔占有面积应不少于1m^2。场地四周可用砖石砌成围墙，墙高1.5～2m，以防兔逃跑和害兽侵入。放养场地要求有充足的饲草，放养场地规模较大时，可划区轮流播种牧草，以提高草场利用率。场内可搭建草棚数个，供兔避雨和休息，棚内设置饲槽、水盆和草架，以便在天然饲料不足时补饲。

七、兔年龄鉴别与性别鉴定

1. 年龄鉴别

（1）青年兔　趾爪短而平直，有光泽，隐藏于脚毛之中。白色兔趾爪基部呈粉红色，尖端呈白色，且红多于白。门齿洁白、短小而整齐。

（2）壮年兔　趾爪粗细适中，平直，随着年龄的增长，逐渐露出脚毛之外，白色兔趾爪颜色红白相等。门齿白色、粗长、整齐。皮肤紧致。

（3）老年兔　趾爪粗长，爪尖钩曲，有一半趾爪露出于脚毛之外，表面粗糙无光泽，白色兔趾爪颜色白多于红。门齿厚而长，呈暗黄色，时有破损，排列不整齐。皮肤厚而松弛。

2. 性别鉴定

（1）仔兔　主要根据阴部的孔洞形状和距肛门的远近来区别。孔洞呈扁形，距肛门较近者为母兔；孔洞呈圆形，距肛门较远者为公兔。

（2）断奶幼兔　主要观察外生殖器。将幼兔腹部向上，用手轻压阴部开口处两侧皮肤，母兔呈“V”字形，下边裂缝延至肛门，无突起；公兔呈“O”字形，并可翻出圆柱状突起。

（3）中年兔和成年兔　中小型兔到3～4月龄时，阴囊内可摸到睾丸。大型兔需稍长些时间方可摸到睾丸，但也会在阴部出现粉红色且有皱褶的皮肤——阴囊。

八、兔的营养需要

家兔在生长、繁殖和生产过程中，需要多种营养物质，主要包括能量、蛋白质、矿物质、维生素及水分等。

1. 能量

兔生命活动和物质代谢所必需的营养物质。兔的一切生理过程包括采食、消化、吸收、生长、育肥、繁殖、泌乳、维持体温等都需要能量。兔所需的能量来源于碳水化合物、脂肪和蛋白质。其中，碳水化合物是能量的主要来源，富含碳水化合物的饲料如玉米、大麦、高粱等，都含有较高的能量。日粮能量不足，会导致家兔健康恶化，体脂分解过多导致酮血症，体蛋白分解过多导致毒血症。能量水平过高

会导致体内脂肪沉积过多，种兔过肥影响繁殖机能。在我国兔能量表示多采用消化能（DE）。日粮的能量水平直接影响生产水平。实践证明，兔能在一定能量范围内随日粮能量水平的高低调节采食量，以获得每天所需要的能量，即高能日粮采食量低，低能日粮采食量高。因此，日粮的能量水平是决定采食量的重要因素。这就要求在配合日粮时首先在满足能量需要的基础上，调整日粮中其他各种营养物质的含量，使其与能量有适当的比例。

2. 蛋白质

构成兔生命活动的基础物质，如肌肉、皮肤、被毛、内脏、神经、血液等都含有大量蛋白质。所需要的蛋白质必须从饲料中摄取而获得。日粮中蛋白质不足，会导致血红蛋白和免疫抗体合成减少，造成贫血，抗病力下降；蛋白质合成障碍，使体重下降，生长停滞；严重者破坏生殖机能，受胎率降低，产生弱胎、死胎。当蛋白质供应过剩和氨基酸比例不平衡时，在体内氧化产热，或转化成脂肪储存在体内，不仅造成蛋白质浪费，而且使蛋白质在胃肠道内引起细菌的腐败过程，产生大量的胺类，增加肝、肾的代谢负担。因此，在生产实践中应合理搭配兔日粮，保障蛋白质的合理供应，防止蛋白质不足和过剩。

蛋白质由氨基酸组成。在体内能合成，且合成的数量和速度能够满足机体营养需要，不需要由饲料供给的氨基酸，称为非必需氨基酸。在体内不能合成，或者合成的量不能满足机体营养需要，必须由饲料供给的氨基酸，称为必需氨基酸。兔的必需氨基酸有11种，分别是精氨酸、赖氨酸、蛋氨酸、组氨酸、异亮氨酸、苯丙氨酸、苏氨酸、色氨酸、缬氨酸、亮氨酸、甘氨酸等。蛋白质品质的高低取决于组成蛋白质的氨基酸的种类和数量。当蛋白质所含的必需氨基酸和非必需氨基酸的种类、数量以及必需氨基酸之间、必需氨基酸与非必需氨基酸之间的比例与兔所需要的氨基酸的种类和比例相吻合时，该蛋白质称为理想蛋白质，其本质是氨基酸间的最佳平衡。

3. 矿物质

构成骨骼、被毛、血液等组织不可缺少的成分，约占体重的5%，对兔的生长发育、生理功能及繁殖系统具有重要作用。兔不能在体内合成矿物质，只能从饲料中摄取。根据其在体内的含量分为常量元

素（钠、钾、钙、镁、氯、磷和硫等）和微量元素（碘、铁、铜、钴、锰、锌、硒等）。

（1）钙和磷　构成骨骼的主要成分。钙对维持神经、肌肉的正常生理功能，维持心脏正常活动，维持酸碱平衡及促进血液凝固等均有重要作用。饲料中钙磷适宜比例为2∶1。主要在小肠吸收，吸收量与肠道内浓度成正比，维生素D、肠道酸性环境有利于钙、磷吸收，而植物性饲料中的草酸、植酸因与钙、磷结合成不溶性化合物而不利于吸收。钙、磷缺乏或比例不当时，幼兔和成兔出现佝偻病和骨质疏松症。此外，缺钙还会导致痉挛、母兔产后瘫痪、泌乳期跛行。缺磷主要表现为厌食、生长不良等。一般认为日粮中钙水平1.0%～1.5%，磷水平为0.5%～0.8%为宜。

（2）钠、氯和钾　主要存在于体液中，具有调节渗透压，维持神经和肌肉兴奋，增加饲料适口性、增进食欲等作用。植物性饲料中钠和氯的含量较少，并且由于钠在兔体内无贮存能力，当缺乏钠和氯时，幼兔生长受阻、食欲减退、出现异食癖等。因此，必须经常从日粮中供给。一般生产中，兔日粮以食盐形式添加，水平以0.5%左右为宜。

植物性饲料中含钾多，很少发生缺钾现象。据报道，生长兔日粮中钾的含量至少为0.6%，若含量在0.8%～1.0%以上，则会引起兔肾脏疾病。

（3）铁、铜和钴　铁是血红蛋白、肌红蛋白以及多种氧化酶的组成成分，与血液中氧的运输及细胞内生物氧化过程有着密切的关系。缺铁时出现贫血，体重减轻，倦怠无神，黏膜苍白。一般每千克日粮铁的适宜含量为100mg左右。铜是体内细胞色素氧化酶等一系列酶的重要成分，还可调节葡萄糖和胆固醇代谢、骨骼矿化、免疫功能等。缺铜会发生与缺铁相同的贫血症。兔对铜的吸收仅为5%～10%，并且肠道微生物还将其转化成不溶性的硫化铜。一般在兔日粮中铜的含量以5～20mg/kg为宜。钴是维生素B_{12}的成分，维生素B_{12}能促进血红素的形成。仔兔每天对钴的需要量低于0.1mg。成年兔、哺乳母兔、育肥兔日粮中经常添加钴（0.1～1.0mg/kg），可保证正常的生长和消除因维生素B_{12}缺乏引起的症状。在实践中不易发生缺钴症。当日粮中钴的水平低于0.03 mg/kg时，会出现缺乏症。

（4）锰　与磷、钙代谢，骨骼生长、造血、免疫及繁殖有关。缺锰时骨骼发育异常，如弯腿、脆骨症、骨短粗症。锰还与胆固醇的合成有关，而胆固醇是性激素的前体，因此，缺锰影响正常的繁殖机能。据报道，每天喂给兔0.3mg的锰，骨骼发育正常；获得最快生长，每天需要1～4mg的锰；但每天喂给8mg的锰时，生长速度降低。

（5）锌　锌是体内多种酶的构成成分，直接参与机体蛋白质、核酸、碳水化合物的代谢。锌还是一些激素的必需成分或激活剂。缺锌时兔生长受阻，被毛粗乱，脱毛，皮炎，繁殖机能发生障碍。据报道，母兔日粮中锌的水平为2～3mg/kg时，会出现严重的生殖异常；在此水平下，生长兔2周后生长停滞；当每千克日粮含锌50mg时，生长和繁殖恢复正常。

（6）硒　具有保证生物膜的完整性，抗氧化，增强机体免疫力等作用。兔对硒的代谢与其他动物有不同之处，对硒不敏感。一般认为硒的需要量为0.1mg/kg饲料。

（7）镁　主要存在于兔骨骼和牙齿中，少量分布于软组织和血液中。除构成骨骼的主要成分外，镁还参与糖、蛋白质、遗传物质的代谢，维持神经与肌肉的正常机能等。兔缺镁导致过度兴奋而痉挛，幼兔生长停滞，成兔耳朵明显苍白和毛皮粗糙。当严重缺镁（日粮中镁的含量低于57mg/kg）时，兔发生脱毛现象或“食毛癖”及母兔妊娠期延长、产仔数减少。据试验，肉兔日粮中含有0.25%～0.40%的镁即可满足需要。一般情况下，日粮中镁的含量可以满足兔的需要，所以补饲镁的意义不大。

（8）硫　以含硫氨基酸形式参与被毛、蹄爪等角蛋白的合成；硫是硫胺素、生物素和胰岛素的组成成分，参与碳水化合物代谢；硫以黏多糖的成分参与胶原蛋白和结缔组织代谢。当兔日粮中含硫氨基酸不足时，添加无机硫酸盐，可提高肉兔的生产性能和蛋白质的沉积。如果在饲料中添加一定量的无机硫，则能减少兔对含硫氨基酸的需要量。当毛兔日粮中含硫氨基酸低于0.4%时，毛的生长受到限制；当提高到0.6%～0.7%时，可提高产毛量。

（9）碘　合成甲状腺素的原料，在基础代谢、生长发育、繁殖等方面有重要作用。兔日粮中最适宜的碘含量为0.2mg/kg。缺碘具有地方性。缺碘会发生代偿性甲状腺增生和肿大。在哺乳母兔日粮中添加高水平的碘（250～1000mg/kg）会引起仔兔死亡或成年兔中毒。

4.维生素

维生素是维持兔生长发育及体内正常代谢活动所必需的一类微量物质，可以调节机体代谢和碳水化合物、脂肪、蛋白质代谢，但需要量极少，常以毫克（mg）、微克（μg）计算。兔所需要的维生素根据其溶解性可分为脂溶性维生素（维生素A、维生素D、维生素E、维生素K）和水溶性维生素（包括B族维生素和维生素C）两大类。在集约化饲养的情况下，所需的各种维生素可以以添加剂形式补充，一般常用市售多种维生素制剂。主要维生素的作用、缺乏症及主要来源，见表2-2。

表2-2　主要维生素的作用、缺乏症及主要来源

名称	主要作用	缺乏症状	主要来源
维生素A	维持正常视觉和上皮组织的完整，促进骨骼发育，增强机体免疫力和抗病力	幼兔生长缓慢，发育不良；视力减退，夜盲症；干眼病、肺炎、肠炎、流产、胎儿畸形；骨骼发育异常，运动失调，神经性跛行、痉挛、麻痹和瘫痪等	青绿饲料、胡萝卜、黄玉米、鱼肝油
维生素D	调节钙磷代谢和骨骼发育	骨软化症、骨质疏松症、佝偻病和产后瘫痪	日光照射，在体内合成。鱼肝油，合成的维生素D_2、维生素D_3
维生素E	维持生物膜的正常结构和功能，促进合成前列腺素，调节DNA的合成等。维持正常的生殖机能、肌肉和外周血管正常的生理状态	骨骼肌和心肌变性，运动失调，瘫痪，脂肪肝及肝坏死，母兔不孕、死胎和流产，初生仔兔死亡率增高，公兔精液品质下降	植物油、青绿饲料、小麦胚、合成的维生素E
维生素K	促进肝脏合成凝血酶原，参与凝血	妊娠母兔胎盘出血，流产	青绿饲料、合成的维生素K
维生素B_1	维持正常碳水化合物代谢，维持神经、血液循环、消化系统的正常功能	神经炎、食欲减退、痉挛、运动失调、消化不良等	青绿饲料、糠麸类饲料、合成硫胺素

续表

名称	主要作用	缺乏症状	主要来源
维生素B_6	氨基酸脱羧酶等辅酶的成分，参与氨基酸、蛋白质代谢	生长缓慢，皮炎、脱毛，运动失调，痉挛	谷类饲料、酵母、动物性饲料
维生素B_{12}	对核酸的形成、含硫氨基酸代谢、脂肪和碳水化合物代谢有重要作用，参与红细胞的形成	生长缓慢，贫血，被毛粗乱，后肢运动失调，繁殖率降低	动物性饲料、维生素B_{12}制剂
生物素	羧化和羧基转移酶系的辅助因子。参与碳水化合物、脂肪酸合成，氨基酸脱氨基和核酸代谢	脱毛症、皮肤起鳞片并渗出褐色液体、舌上起横裂，后肢僵直、爪子溃烂，幼兔生长缓慢，母兔繁殖性能下降	动植物饲料

5. 水分

兔必需的重要养分。体温调节、营养物质的消化代谢、有机物质的水解、废物的排泄、内环境的稳定、神经系统的缓冲、关节的润滑等都需要水的参与。兔体内所含的水约占其体重的70%。兔所需要的水主要来源于饮水、饲料水和代谢水。兔缺水比缺料更难维持生命。饥饿时，兔可消耗体内的糖原、脂肪和蛋白质来维持生命，甚至失去体重的40%，仍可维持生命。但兔缺水5%时，会出现严重的干渴，食欲丧失，消化作用减弱，抗病力下降。损失10%的水时，引起严重的代谢紊乱，生理过程遭到破坏，如代谢产物排出困难，血液浓度和体温升高，仔兔生长发育迟缓，母兔泌乳量降低，兔毛生长速度下降。当兔体内水分损失20%时，可引起死亡。兔的需水量受机体代谢水平、生理阶段、环境温度、体重、生产方向及饲料组成等诸多因素的影响。家兔饮水量一般为采食干草量的2.0～2.25倍。

九、兔饲料的分类及选择

兔的饲料分为粗饲料和精饲料，在此主要介绍精饲料。市场上销售的兔饲料主要有浓缩饲料、添加剂预混饲料和全价配合饲料三类，适用对象包括肉兔、长毛兔和獭兔等。

（1）浓缩饲料（浓缩料）　由蛋白质饲料、矿物质饲料、微量元素、维生素、氨基酸和非营养性添加剂按一定比例配制而成的均匀混合物。浓缩饲料不能直接饲喂家兔，使用前要按标定含量配一定比例的能量饲料（如玉米、麸皮），成为全价配合饲料后才能饲喂。目前，市场上有肉兔、长毛兔和獭兔等专用浓缩料。由于浓缩料在配合饲料中的使用比例以及不同阶段家兔的营养需要不同，而且浓缩料的营养成分也有很大差异，养殖户可以根据自己的能量饲料（玉米、麸皮）和家兔的生理阶段酌情购买使用。

（2）添加剂预混饲料（预混料） 由一种或多种添加剂微量成分（微量元素、维生素、氨基酸、酶制剂、抗氧化剂和防腐剂等）组成的加有载体或稀释剂的均匀混合物，其用量一般占全价配合饲料的5%以下。虽然预混料在饲料中占的比例少，但是作用大，是配合饲料的核心。市场上的兔预混料有1%、2%、4%等系列，分为仔兔、幼兔、母（种）兔、产毛期等阶段，购回后不能直接饲喂。兔场如果自己有饲料加工设备，可以从信誉好的厂家购进2%、4%预混料，即可以省去购买多维和微量元素的麻烦，而且配出的饲料质量也有保障。如果原料购买不方便，可以直接购买浓缩饲料。选择有产品标签、产品说明书和产品合格证的正规厂家的产品。

（3）全价配合饲料 根据家兔营养需要量、原料营养成分、价格和资源，按照经计算机处理制定的营养完善、成本低廉的最佳配方进行加工配制而成。可直接饲喂家兔，所有营养成分均能满足家兔的需要。按成品形态区分，可分为粉状饲料与颗粒饲料。家兔大多饲喂颗粒饲料。市售的配合饲料分为幼兔、生长兔、长毛兔产毛期、母（种）兔、母仔全程等阶段。此类饲料目前使用较多。

十、兔常用的饲料原料和添加剂

饲喂家兔的饲料分为精饲料和粗饲料两大类。粗饲料包括干草、秸秆、荚壳、干树叶及其他农副产品等；精饲料由多种饲料原料组成，按兔常用饲料的营养成分大致可分为能量饲料、蛋白质饲料、矿物质饲料、维生素饲料及饲料添加剂等。

1.精饲料

（1）能量饲料 主要成分是碳水化合物，粗纤维含量低于18%，

粗蛋白质含量低于20%，包括谷实类（玉米、大麦、小麦、高粱等）、糠麸类（麦麸、米糠等）、块根块茎类（甘薯、胡萝卜、马铃薯等）及其加工副产品等，是兔用量最多的一种饲料，功能主要是提供能量。

① 玉米　最主要的能量饲料，可利用能量高，每千克干物质含代谢能13.89MJ，粗纤维少，消化率高，适口性好，脂肪含量高，可达3.5%～4.5%，有“能量之王”之称。玉米中亚油酸含量较高，可达2%，占玉米脂肪含量的近60%，是谷实类饲料中亚油酸含量最高的。但蛋白质含量较低，为7.2%～9.3%，平均8.6%。缺乏赖氨酸、蛋氨酸和色氨酸，钙、磷及B族维生素含量也较低。玉米水分含量过高，易腐败、霉变，而且容易感染毒性大的黄曲霉菌，饲喂后易造成兔中毒，特别是怀孕母兔，易引起流产和死胎，因此，在生产中应引起高度重视。一般在兔日粮中可加至20%～35%。

② 大麦　蛋白质含量11%左右，略高于玉米，代谢能仅为玉米的77%；氨基酸中除亮氨酸和蛋氨酸外，含量均高于玉米。钙、磷含量比玉米高，胡萝卜素和维生素D不足，其利用率低于玉米。适口性较差，粗纤维含量高，含有丰富的B族维生素和赖氨酸。在肉兔生长后期饲喂大麦有利于提高兔肉的品质。大麦可采用蒸汽压扁法、粉碎法、蒸煮法等加工手段，提高消化吸收率。兔日粮中大麦的添加量一般为20%左右。

③ 小麦　仅次于玉米的高能量饲料，适口性好，粗蛋白质含量较高（13%），代谢能约为玉米的90%，B族维生素含量丰富，但赖氨酸和苏氨酸含量低，粗脂肪和粗纤维含量也比较低，黏度大。含有丰富的木聚糖、β-葡聚糖等可溶性非淀粉多糖（SNSP），可以降低日粮的消化率，属于抗营养因子。因此，若日粮中加入较多的小麦，应添加淀粉多糖酶制剂。小麦中含有一种面筋蛋白，具有弹性，磨细的小麦在兔口腔和胃中均易形成糊状，影响适口性和在胃中的消化。

④ 高粱　淀粉含量与玉米相仿，粗纤维少，可消化养分高。能量稍低于玉米，蛋白质略高于玉米，但品质较差，消化率低。脂肪含量低于玉米，赖氨酸、蛋氨酸和色氨酸含量低。高粱中含有单宁，具有苦涩味，适口性较差，影响蛋白质及其他养分的消化。我国多数高粱品种的单宁含量为0.04%～3.29%。单宁主要存在于壳部，色深者

含量较高。一般在配合饲料中深色高粱不超过10%，浅色高粱不超过20%。断奶仔兔日粮中添加5%～10%的高粱有助于预防腹泻。

⑤ 麦麸　小麦加工成面粉后的副产品，是兔必备的能量饲料之一。特点是结构松散，体积大，生物可利用能量低，钙、磷含量比例不平衡。粗纤维含量较高，特别是含有大量的木聚糖、β-葡聚糖等可溶性非淀粉多糖，在饲料中大量使用能使饲料的消化率降低，代谢能值下降，生产性能降低。代谢能为7.1～8.0MJ/kg，粗蛋白质含量为15.0%～16.5%，B族维生素含量丰富，总磷含量0.9%～1.0%，其中植酸磷占总磷的70%。麦麸中含有一定生物活性的植酸酶，能提高饲料植酸磷的消化利用率。麦麸有轻泻作用。一般占兔日粮的10%～15%。

⑥ 米糠　稻谷的加工副产品，一般分为细糠、统糠和米糠饼。细糠是去壳稻粒的加工副产品。统糠是由稻谷直接加工而成。米糠饼为米糠经压榨提油后的副产品。细糠无稻壳，营养价值高，与玉米相似，但由于含不饱和脂肪酸较多，易氧化酸败，不易保存。统糠粗纤维含量高，营养价值较差。米糠饼的脂肪和维生素减少，其他营养成分基本保留，适口性及消化率均有所改善。

⑦ 块根、块茎及瓜果类　包括马铃薯、甘薯、木薯、胡萝卜、甜菜、南瓜等，含水量在70%以上。块根、茎含淀粉多，蛋白质低，矿物质少。黄色的块根、茎含胡萝卜素较多，其他B族维生素含量大致与谷物相同。钙、磷含量很低，无氮浸出物含量高，维生素含量不一，适口性和消化性好。多汁饲料蛋白质含量仅1%～2%，蛋白质品质不好。除胡萝卜外，其他薯类缺乏胡萝卜素。

（2）蛋白质饲料　粗蛋白含量大于20%，粗纤维小于18%的饲料为蛋白质饲料。分为植物性蛋白饲料（大豆、花生、菜籽、棉籽、葵籽、芝麻等饼或粕）、动物性蛋白饲料（鱼粉、肉骨粉、血粉、蚕蛹、羽毛粉等）及单细胞蛋白饲料（如饲料酵母等）等。

① 大豆饼（粕）　目前应用最广、用量最大、品质最好的植物蛋白质饲料，与玉米搭配喂兔可以弥补玉米氨基酸的不平衡，提高饲料利用率。含40%～48%的粗蛋白质，赖氨酸含量也高（2.4%～2.8%），B族维生素含量丰富，但缺少维生素A和维生素D，含钙量和蛋氨酸也不

足。同时，生大豆饼（粕）中含有抗胰蛋白酶，影响营养物质的消化吸收。但大豆经过加热处理后，可破坏大部分的抗营养因子，并且香味浓郁、适口性好，消化吸收率会大大提高。在以大豆饼（粕）为主要蛋白质饲料的日粮中要适当添加蛋氨酸。一般占兔日粮的5%～10%。

② 花生饼（粕）　蛋白质含量40%～48%，适口性好，硫胺素、烟酸、泛酸含量高，但含脂肪偏高，易霉变。氨基酸不平衡，赖氨酸和蛋氨酸含量低，而精氨酸含量很高。由于精氨酸与赖氨酸具有拮抗关系，两者在吸收和肾脏重吸收过程中存在着竞争，因而加剧了赖氨酸的不足。因此，花生饼（粕）适合与含赖氨酸高的玉米和鱼粉等饲料搭配使用，必要时还要补充赖氨酸。但花生是高脂肪蛋白质饲料，储存比较困难，在高温、高湿地区极易产生黄曲霉菌，因此，花生饼（粕）不易长期储存。一般占兔日粮的5%～15%。

③ 菜籽饼（粕）　油菜籽榨油后的产物，含粗蛋白质35%～38%，介于大豆饼（粕）与棉籽饼（粕）之间。富含蛋氨酸，但赖氨酸、精氨酸含量低，可以与棉籽饼（粕）搭配使用。另外，菜籽饼（粕）适口性差，且含有芥酸、硫代配糖体、芥子酶及单宁，会产生有毒物质。饲喂时喂量不能过多，最好先进行脱毒处理，脱毒的方法常用坑埋法或水浸法。菜籽饼（粕）一般在日粮中的添加量不超过7%。

④ 棉籽饼（粕）　棉籽除去棉毛、去壳榨油后的副产品，含粗蛋白质33%～44%。赖氨酸不足，蛋氨酸含量也低，精氨酸过高。含有棉酚、环丙烯脂肪酸、单宁和植酸，毒性较大。应用前需做去毒处理，并且要根据饲喂对象在用量上加以限制。在配合饲料中使用棉籽饼（粕）时应注意添加赖氨酸，最好与精氨酸含量低、蛋氨酸及硒含量较高的菜籽饼（粕）配合使用。一般占兔日粮的5%～7%。

⑤ 葵花籽饼（粕）　其营养价值取决于脱壳程度和加工工艺。蛋白质含量22%～32%，但必需氨基酸（尤其是赖氨酸）含量较低。干物质中粗纤维含量在20%左右，富含铁、锰、锌和B族维生素。适口性好，饲喂价值高，与大豆饼（粕）相当。

⑥ 芝麻饼（粕）　粗蛋白质含量达40%以上，蛋氨酸、色氨酸、精氨酸含量较高，尤其是蛋氨酸可达0.8%以上，是所有植物性饲料中蛋氨酸含量最高的饲料；但赖氨酸含量低，仅1.0%左右。钙含量为

1.9%～2.25%，远高于其他植物性能量饲料和饼（粕）类饲料。植酸磷含量较高，具有苦涩味，适口性差。一般占兔日粮的5%～12%。

⑦ 鱼粉　最理想的动物性蛋白质饲料之一。粗蛋白质含量高，一般在50%～65%，粗脂肪含量4%～10%。富含赖氨酸、蛋氨酸和色氨酸，但精氨酸含量较少。富含B族维生素，食盐含量高，钙磷含量丰富且比例适宜。使用鱼粉时要注意盐的含量和沙门氏菌污染。进口鱼粉品质较好，粗蛋白质含量在65%左右，含盐量低；国产劣质鱼粉蛋白质含量只有30%～42%，粗脂肪5%～12%，食盐含量高达3.0%～7.0%，组织胺、大肠杆菌、沙门氏菌含量严重超标。一般占兔日粮的2%～5%。

⑧ 肉骨粉　粗蛋白质含量一般为50%～60%，钙、磷和赖氨酸含量较高，且比较适当，富含B族维生素，但蛋氨酸和色氨酸含量低。肉骨粉中含有大量的钙、磷和锰。肉骨粉的营养成分及价值取决于原料组成、加工方法、脱脂程度及贮藏期等。脂肪含量高，易氧化酸败，易被大肠杆菌、沙门氏菌感染，所以宜在新鲜时使用。一般占兔日粮的5%～10%。

⑨ 蚕蛹粉　含脂肪高，应脱脂处理后使用。脱脂后称为蚕蛹渣（粕）。特点是蛋白质含量高，一般含粗蛋白质60%左右，其中蛋氨酸、赖氨酸和色氨酸含量较高，精氨酸含量较低，很适于与其他饲料配合使用。蚕蛹有一定的腥臭味，多喂会影响产品的味道。一般用量可占日粮的2%～8%。

⑩ 血粉　由动物鲜血制成，含粗蛋白质80%以上，且富含赖氨酸、精氨酸和铁，缺乏蛋氨酸、异亮酸和甘氨酸，适口性差，消化率低，喂量不宜过多。一般用量以3%左右为宜。

⑪ 羽毛粉　蛋白质含量高，达80%以上。胱氨酸含量高，异亮氨酸次之，但蛋氨酸、赖氨酸、组氨酸、色氨酸含量均很低，氨基酸极不平衡。以胱氨酸为基础形成的含硫蛋白质具有高度的稳定性，蛋白质品质较差，氨基酸消化率低。饲料中用量不宜大，一般占兔日粮的1%～3%。

⑫ 单细胞蛋白质及酒糟饲料　单细胞蛋白质是由某些单细胞有机体所获得的蛋白质，主要包括酵母、细菌、真菌和某些原生物。单细

胞蛋白质营养丰富、蛋白质含量较高，且含有18～20种氨基酸，组分齐全，富含多种维生素。其中饲料酵母是酵母菌经液态通风培养后干燥制得的产品，是一种优质的微生物蛋白饲料，粗蛋白质含量达40%～50%，除蛋氨酸和胱氨酸含量稍低外，其他必需氨基酸含量都较高，因此是一种很好的蛋白质、维生素补充饲料。但饲料酵母有苦味，适口性差，一般占兔日粮的2%～5%。有报道，在断奶至60日龄肉兔饲粮中添加6%～9%白酒糟，60日龄到出栏添加9%～12%比较合适。

（3）矿物质饲料　在矿物质中，兔对钙、磷的需要量最多。食盐可提高饲料的适口性，对兔的生理活动起着重要作用，主要有贝壳粉、石粉、磷酸氢钙、食盐等。

① 磷酸氢钙　白色或灰白色粉末，含钙22%～24%，含磷16.5%～18.0%，是生产中主要的饲料磷、钙来源。

② 食盐　配合饲料常用的钠、氯补充剂。植物中钠、氯含量较低，全植物性兔配合饲料必须补充食盐，用量为0.3%～0.5%。

③ 贝壳粉　新鲜贝壳（包括蚌壳、牡蛎壳、蛤蜊壳、螺蛳壳等）烘干后制成的粉，一般含碳酸钙96.4%，折合含钙量38.6%。贝壳粉只能作为钙的补充饲料。

④ 石粉　主要成分是碳酸钙，含钙量34%～38%，含少量铁、碘、镁。有的石粉含氟和砷，若超过饲料卫生安全标准则不能使用。一般占兔日粮的1%～3%。

⑤ 蛋壳粉　蛋壳经灭菌、干燥、粉碎而成，含钙量30%～37%。蛋壳在晒干粉碎前应经高压消毒。

⑥ 骨粉　由动物杂骨经热压、脱脂、脱胶后干燥、粉碎而成，其基本成分是磷酸钙。钙、磷比为2∶1，是钙、磷平衡的矿物质饲料。含钙30%～35%，含磷13%～15%，在日粮中用量为1%～2%。

⑦ 膨润土　一种有层状结晶构造的含水铝硅酸盐矿物质，含有铁、磷、钾、铝、铜、锌、锰、钴等20余种元素，具有营养、吸附、置换等功能。在兔日粮中添加1%～3%的膨润土，能明显提高生产性能，减少疾病的发生。

⑧ 麦饭石　属钙碱性岩石系列，能吸附有害有毒物质。含有27种

动物正常生长所需的元素，其中11种为主要元素，16种为微量元素，是酶、维生素、激素的组成成分。兔日粮中适宜添加量为1% ～ 3%。

（4）维生素饲料　指为兔提供各种维生素类的饲料。包括工业合成或提纯的单一和复合维生素。在家庭饲养条件下，家兔常喂大量的青绿饲料，一般不会发生维生素缺乏。在舍饲和采用配合饲料喂兔时，尤其冬、春枯草季节，青绿多汁饲料缺乏，常需补充维生素饲料。

2. 粗饲料

兔除每天所需的精饲料外，还需要一定量的粗饲料。主要包括干草、秸秆、秕壳、干树叶及其他农副产品。

（1）青干草　由野生或人工种植的青绿植物在结籽以前刈割地上部分，经自然或人工去除大部分水分制成。制作优良的干草呈绿色，基本保留了青绿植物的营养价值，并带有一种独特的清香味，含水量低于15%，能长期保存，是饲养兔的主要优质饲料之一。可分为禾本科、豆科及其他科青干草。豆科牧草的蛋白质质量和数量均高于禾本科牧草，而能量则基本相近。禾本科青干草与豆科青干草的主要区别在于禾本科青干草蛋白质含量低，钙含量不足，而胡萝卜素等维生素含量优于豆科。禾本科牧草可占日粮的30%左右。豆科青干草的特点是蛋白质含量高，纤维素含量低，钙含量丰富，饲用价值高，豆科青干草以人工栽培为主。在我国各地以苜蓿为主，草木樨种植面积也较多。苜蓿草粉和三叶草粉可占兔日粮的45% ～ 50%。

（2）青绿饲料　指水分含量高于60%的青绿多汁植物性饲料，主要包括天然牧草（以禾本科居多，菊科次之，其他为杂草，豆科较少）、栽培牧草（如紫花苜蓿、沙打旺、草木樨、红三叶等豆科牧草）、农作物的茎叶和藤蔓、各种杂草和菜叶、能被利用的灌木嫩枝叶、水生植物及块根、块茎类饲料等。

（3）作物秸秆　由茎秆和经过脱粒后剩下的叶子所组成的作物。粗纤维、木质素含量高，无氮浸出物、粗蛋白质含量低，矿物质含量不均衡，适口性差，直接饲喂则消化、利用率很差。大豆秸秆适宜用量为10% ～ 15%；玉米秸20% ～ 40%；麦秸5%以下；稻草秸秆6%以下；花生秧、甘薯藤20% ～ 35%。

（4）秕壳类　农作物籽实脱壳的副产品，包括谷壳、高粱壳、花

生壳、豆荚、棉籽壳、秕谷以及其他脱壳副产品，一般来说，秕壳的营养成分高于秸秆（稻壳、花生壳例外）。用于喂兔的秕壳类主要有豆荚、麦糠、棉籽壳和谷壳等。豆荚中最具有代表性的就是大豆荚，是一种比较好的粗饲料，饲用价值较好，适于兔利用，可占兔饲料的10%～20%。谷物类秕壳不宜超过8%，葵花籽壳10%～15%。

（5）蚕沙　又名原蚕沙、原蚕屎，是以蚕二眠到三眠时的粪便为主，由蚕屎、幼蚕脱的皮和残余桑叶的碎屑组成的混合物。经测定风干的蚕沙含有粗蛋白质12.09%、粗脂肪2.98%、粗纤维19.46%、灰分18.38%、钙4.78%和磷0.23%。在肉兔日粮中添加6%～24%蚕沙，可以提高兔肉嫩度，增加肌肉亮度和红度及降低脂肪含量的趋势，改善肉质。

（6）葛藤　俗称野葛、葛麻藤、鹿藿、黄斤、鸡齐等，属豆科葛属一种蔓生性多年生落叶藤本植物，主产于四川、湖南、浙江、河南、广东、广西、云南和陕西等地。据报道，在新西兰肉兔和獭兔基础日粮中添加10%～40%葛藤，可以提高生产性能，降低生产成本。

3.饲料添加剂

指配合饲料中加入的各种以促进兔生长和健康，提高饲料利用率，增强兔抵抗力的微量成分。其作用能提高饲料利用率，完善饲料营养价值，促进兔生长和防治疾病，减少饲料在贮存期营养物质损失，提高适口性，增进食欲，改进产品品质等。饲料添加剂分营养性（氨基酸、维生素、微量元素等）和非营养性（抗生素、微生态制剂、抗氧化剂、防霉制剂、驱虫保健剂、抑菌促生长剂等）两类。

（1）营养性添加剂

① 微量元素添加剂　兔需要补充的微量元素主要有铜、铁、锌、锰、硒和碘等。这类添加剂主要补充饲料中微量元素的不足。有单一的，也有复合的。一般饲料中的含量不计，另外用无机盐以添加剂的形式按兔的需要量补充到饲料中。要特别注意混合均匀，否则日粮中某一部分含量过多或过少均会给兔生长发育造成不良影响。使用的微量元素添加剂必须干燥。

② 氨基酸添加剂　主要有赖氨酸、色氨酸、蛋氨酸等。在兔饲料中添加0.1%的蛋氨酸，可以提高蛋白质利用率2%～3%，一般饲料中

蛋氨酸的添加量为0.05% ～ 0.1%，L-赖氨酸添加量为0.05% ～ 0.1%。

③ 维生素添加剂　主要用来补充饲料中维生素的不足，有单一制剂，也有复合制剂。一般而言，维生素添加剂可根据饲养标准和产品说明添加。具体应用时，还要根据日粮组成、饲养方式、兔的日龄、健康状况、应激与否等适当添加。目前生产上常用的为复合维生素添加剂，添加量一般为70 ～ 100mg/kg配合饲料。

（2）非营养性添加剂　指一些不提供基本营养物质的化合物或药物。在饲料中所占比例很小，其作用是多方面的。

① 抑菌促生长剂　主要有杆菌肽锌（40mg/kg饲料）、黄霉素等。

② 驱虫保健剂　主要是驱蠕虫类药物和抗球虫（氯苯胍、地克珠利、氯羟吡啶等）药物。

③ 饲料保护剂　主要是抗氧化剂和防霉剂等。

④ 中药添加剂　具有低毒、无残留、无副作用等特点，可增强抵抗力，降低应激反应，提高日增重，改善兔肉品质和风味。如在日粮中添加10%桑叶粉，可以改善兔肉的风味品质；添加12%菊叶粉，可以降低料重比，提高饲料转化率；在仔兔日粮中按1.5%比例添加下述中药（方Ⅰ：蒲公英50g、白头翁30g、苦参20g、秦皮20g、黄连20g、茵陈30g；方Ⅱ：党参、黄芪、白术、神曲、蒲公英、苦参各50g），可以有效预防早期断奶仔兔腹泻。

⑤ 微生态制剂　属于活菌制剂，专门用于动物营养保健，又称为微生物饲料添加剂，其作用主要是拮抗病原菌、产生消化酶、激活免疫系统功能，既减少胃肠道疾病的发病率、提高健康水平，又有明显的催肥作用。试验证明，在兔日粮中添加0.1% ～ 0.2%的益生菌（如芽孢杆菌、乳酸杆菌、双歧杆菌、枯草杆菌等），能提高兔的生长性能和增强免疫功能。

饲料添加剂的用量很少，养殖户一定要按产品说明书规定的添加量和使用方法使用。购买添加剂时，要看清产品名称、重量、主要成分、使用方法、生产日期、贮存期限等。

十一、兔的饲养标准

饲养标准是根据兔的不同品种、年龄、体重、生理状态、生产目

的与生产水平等，科学地规定每只兔每天应供给的各种营养物质的数量。目前，我国尚未制订兔的饲养标准。在生产中应用的主要为国外（法国AEC、美国NRC）推荐的营养需要量及国内有关科研院所、专家推荐或建议的营养需要量。

1. 安哥拉毛用兔营养需要量［《中华人民共和国专业标准（审定稿）安哥拉毛兔营养需要量》（1994年）］

见表2-3。

表2-3　安哥拉毛用兔营养需要量

营养指标	饲养阶段					
	生长兔（断奶至3月龄）	生长兔（4～6月龄）	妊娠兔	哺乳兔	产毛兔	种公兔
消化能/（MJ/kg）	10.50	10.30	10.30	11.00	10.00	10.00
粗蛋白质/%	16.00	15.00	16.00	18.00	15.00	17.00
可消化粗蛋白质/%	12.00	10.00	11.50	13.50	11.00	13.00
粗纤维/%	14.00	16.00	14.00	12.00	13.00	16.00
粗脂肪/%	3.00	3.00	3.00	3.00	3.00	3.00
蛋能比/（g/MJ）	0.21	0.19	0.20	0.22	0.19	0.23
蛋氨酸+胱氨酸/%	0.70	0.70	0.80	0.80	0.70	0.70
赖氨酸/%	0.80	0.80	0.80	0.90	0.70	0.80
精氨酸/%	0.80	0.80	0.80	0.90	0.70	0.90
钙/%	1.00	1.00	1.00	1.20	1.00	1.00
总磷/%	0.50	0.50	0.50	0.80	0.50	0.50
食盐/%	0.30	0.30	0.30	0.30	0.30	0.30
铜/（mg/kg）	3.00	10.00	10.00	10.00	20.00	10.00
锌/（mg/kg）	50.00	50.00	70.00	70.00	70.00	70.00
锰/（mg/kg）	30.00	30.00	50.00	50.00	50.00	30.00
钴/（mg/kg）	0.10	0.10	0.10	0.10	0.10	0.10
铁/（mg/kg）	50.00	50.00	50.00	50.00	50.00	50.00
维生素A/（IU/kg）	8000	8000	8000	10000	6000	12000

续表

营养指标	饲养阶段					
	生长兔（断奶至3月龄）	生长兔（4～6月龄）	妊娠兔	哺乳兔	产毛兔	种公兔
维生素D/（IU/kg）	900	900	900	900	900	1000
维生素E/（IU/kg）	50	50	60	60	50	50
烟酸/（mg/kg）	50	50			50	50
胆碱/（mg/kg）	1500	1500			1500	1500
吡哆醇/（mg/kg）	40.00	40.00			30.00	30.00
生物素/（mg/kg）					25.00	20.00

2. 美国NRC建议的兔营养需要量（1977年）

见表2-4。

表2-4　美国NRC建议的兔营养需要量

营养指标	饲养阶段			
	生长期	维持期	妊娠期	泌乳期
消化能/（MJ/kg）	10.46	8.79	10.46	10.46
粗蛋白质/%	16.00	12.00	15.00	17.00
总消化养分/%	65	55	58	70
粗纤维/%	10.00	14.00	10.00	10.00
粗脂肪/%	2.00	2.00	2.00	2.00
蛋氨酸+胱氨酸/%	0.60			
赖氨酸/%	0.65			
精氨酸/%	0.60			
组氨酸/%	0.30			
亮氨酸/%	1.10			
异亮氨酸/%	0.60			
苯丙-酪氨酸/%	1.10			
苏氨酸/%	0.60			
色氨酸/%	0.20			

续表

营养指标	饲养阶段			
	生长期	维持期	妊娠期	泌乳期
缬氨酸/%	0.70			
钙/%	0.40		0.45	0.75
总磷/%	0.22		0.37	0.50
镁/%	0.03	0.03	0.03	0.03
钾/%	0.60	0.60	0.60	0.60
钠/%	0.20	0.20	0.20	0.30
氯/%	0.30	0.30	0.30	0.20
铜/（mg/kg）	3.00			
锰/（mg/kg）	8.50	2.50	2.50	2.50
碘/（mg/kg）	0.20	0.20	0.20	0.20
胡萝卜素/（mg/kg）	0.83		0.83	
维生素A/（IU/kg）	580		1160	
维生素E/（IU/kg）	40		40	40
维生素K/（IU/kg）			0.20	
烟酸/（mg/kg）	180			
胆碱/（mg/kg）	1200			
吡哆醇/（mg/kg）	39.00			

3. 法国AEC建议的兔营养需要量（1993年）

见表2-5。

表2–5　法国AEC建议的兔营养需要量

营养成分	乳兔及泌乳兔	生长兔（4～11周）
消化能/（MJ/kg）	10.46	10.46
粗蛋白质/%	17.00	15.00
粗纤维/%	12.00	13.00
蛋氨酸+胱氨酸/%	0.65	0.60

续表

营养成分	乳兔及泌乳兔	生长兔（4～11周）
赖氨酸/%	0.75	0.70
精氨酸/%	0.22	0.20
组氨酸/%	0.40	0.30
亮氨酸/%	1.30	1.10
异亮氨酸/%	0.65	0.60
苯丙-酪氨酸/%	1.30	1.10
苏氨酸/%	0.90	0.90
色氨酸/%	0.65	0.60
缬氨酸/%	0.85	0.70
钙/%	1.10	0.80
总磷/%	0.80	0.50
食盐/%	0.30	0.30

4.南京农业大学等单位建议的家兔营养供给量

见表2-6。

表2–6　南京农业大学等单位建议的家兔营养供给量

营养指标	生长兔（3～12周龄）	生长兔（>12龄）	妊娠兔	哺乳兔	生长育肥兔
消化能/（MJ/kg）	12.12	11.29～10.45	10.45	10.87～11.29	12.12
粗蛋白质/%	18	16	15	18	16～18
粗纤维/%	8～10	10～14	10～14	10～12	8～10
粗脂肪/%	2～3	2～3	2～3	2～3	3～5
钙/%	0.9～1.1	0.5～0.7	0.5～0.7	0.8～1.1	1
磷/%	0.5～0.7	0.3～0.5	0.3～0.5	0.5～0.8	0.5
赖氨酸/%	0.9～1.0	0.7～0.9	0.7～0.9	0.8～1.0	1.0
蛋氨酸+胱氨酸/%	0.7	0.6～0.7	0.6～0.7	0.6～0.7	0.4～0.6
精氨酸/%	0.8～0.9	0.6～0.8	0.6～0.8	0.6～0.8	0.6

续表

营养指标	生长兔（3～12周龄）	生长兔（>12龄）	妊娠兔	哺乳兔	生长育肥兔
食盐/%	0.5	0.5	0.5	0.5～0.7	0.5
铜/（mg/kg）	15	15	10	10	20
铁/（mg/kg）	100	50	50	100	100
锰/（mg/kg）	15	10	10	10	15
锌/（mg/kg）	70	40	40	40	40
镁/（mg/kg）	300～400	300～400	300～400	300～400	300～400
碘/（mg/kg）	0.2	0.2	0.2	0.2	0.2
维生素A/（IU/kg）	6000～10000	6000～10000	6000～10000	8000～10000	8000
维生素D/（IU/kg）	1000	1000	1000	1000	1000

资料来源：杨正，现代养兔，北京：中国农业出版社，1999. 6.

5. 我国推荐的獭兔饲养标准

见表2-7。

表2–7　我国推荐的獭兔饲养标准

营养指标	生长兔	成年兔	妊娠兔	哺乳兔	毛皮成熟期
消化能/（MJ/kg）	10.46	9.20	10.46	11.3	10.46
粗蛋白质/%	16.5	15	16	18	15
粗纤维/%	14	14	13	12	14
粗脂肪/%	3	3	3	3	3
钙/%	1.0	0.6	1.0	1.0	0.6
磷/%	0.5	0.4	0.5	0.5	0.4
赖氨酸/%	0.6～0.8	0.6	0.6～0.8	0.6～0.8	0.6
蛋氨酸+胱氨酸/%	0.5～0.6	0.3	0.6	0.4～0.5	0.6
精氨酸/%	0.6～0.8	0.6	0.6～0.8	0.6～0.8	0.6
食盐/%	0.3～0.5	0.3～0.5	0.3～0.5	0.3～0.5	0.3～0.5
日采食量/g	150	125	160～180	300	125

十二、兔日粮配制及注意事项

1. 日粮配制

兔日粮配制一般有下列步骤：一是选择有代表性的兔，以该兔的营养需要来代表整个群体；二是从饲养标准中查找每日营养成分的需要量；三是从饲料成分及营养价值表查出现有饲料的各营养成分；四是根据现有饲料的营养成分进行计算，并以此进行配剂。日粮配制方法有方形法、试差法和电脑配方软件配制法等。生产中应用比较普遍的是试差法，既可以利用计算器手工计算，也可以利用Excel表格计算，方便快捷。此外，也可以利用电脑配方软件进行配制，但软件成本较高，适合于饲料企业使用，对于规模化兔场可以利用前两者。在此重点介绍试差法。

举例：用玉米、麦麸、豆粕、棉籽饼、磷酸氢钙、石粉、苜蓿草粉、甘薯藤粉等原料为生长育肥兔配制日粮。

（1）查兔饲养标准（表2-6），得到生长育肥兔的营养需要量（表2-8）。

表2-8　生长育肥兔的营养需要量

消化能/（MJ/kg）	粗蛋白质/%	粗纤维/%	钙/%	磷/%	赖氨酸/%	蛋氨酸+胱氨酸/%
12.12	17	9	1	0.5	1.0	0.5

（2）在兔饲料成分与营养价值表中查出所选原料的营养成分含量（表2-9）。

表2-9　饲料营养成分含量

饲料	消化能/（MJ/kg）	粗蛋白质/%	粗纤维/%	钙/%	磷/%	蛋氨酸+胱氨酸/%	赖氨酸/%
玉米	14.48	8.7	1.6	0.02	0.27	0.38	0.24
麦麸	10.87	14.3	6.8	0.11	0.92	0.33	0.45
豆粕	13.54	44.2	5.9	0.33	0.62	1.24	2.68
棉籽饼	11.55	36.3	12.5	0.21	0.83	1.11	1.40
苜蓿草粉	6.57	17.2	25.6	1.52	0.22	0.36	0.81
甘薯藤粉	14.43	3.10	2.30	0.34	0.11	0.09	0.14

续表

饲料	消化能/（MJ/kg）	粗蛋白质/%	粗纤维/%	钙/%	磷/%	蛋氨酸+胱氨酸/%	赖氨酸/%
磷酸氢钙				29.6	22.77		
石粉				35.00			

（3）初定各种饲料用量和养分含量（表2-10）　各种饲料的大致配比为：谷实类饲料30%～50%，青干草粉20%～40%，植物性蛋白质饲料15%～20%，糠麸类饲料5%～15%，动物性蛋白质饲料3%～5%，矿物质饲料1.0%～1.5%。

表2–10　初定日粮中营养成分含量

饲料	比例/%	消化能/（MJ/kg）	粗蛋白质/%	钙/%	磷/%	蛋氨酸+胱氨酸/%	赖氨酸/%	粗纤维/%
玉米	43	6.2264	3.741	0.0086	0.1161	0.1634	0.1032	0.688
麦麸	3	0.3261	0.429	0.0033	0.0276	0.0099	0.0135	0.204
豆粕	16	2.1712	7.072	0.0528	0.0992	0.1984	0.4288	0.944
棉籽饼	4	0.462	1.452	0.0084	0.0332	0.052	0.098	0.5
苜蓿草粉	26	1.7082	4.472	0.3952	0.0572	0.2886	0.364	6.656
甘薯藤粉	6	0.8658	0.186	0.0204	0.0066	0.0054	0.0084	0.138
合计	98	11.7597	17.352	0.4887	0.3399	0.7177	1.0159	9.13
标准		12.12	17	1	0.5	0.5	1	9
差		−0.3603	0.352	−0.5113	−0.1601	0.2177	0.0159	0.13

（4）调整配方　从表2-10计算结果可以看出，消化能、粗蛋白质、蛋氨酸+胱氨酸、赖氨酸、粗纤维等指标基本符合要求（可以继续微调，直至完全符合标准为止），而钙、磷水平均达不到标准要求，可使用磷酸氢钙和石粉为原料，对日粮钙、磷作适当调整。而磷酸氢钙含磷量为22.77%，所以，日粮需补磷酸氢钙＝（0.16%÷22.77%）×100%＝0.70%；日粮中钙比标准少（0.51%−29.6%×0.70%）＝0.30%，需补加石粉（0.30%÷38%）×100%＝0.79%。再加0.5%的食盐，这样即可得到生长育肥兔全价日粮配方（表2-11）。

表2-11　生长育肥兔的全价日粮配方

饲料	配比/%	饲料	配比/%
玉米	43	苜蓿草粉	26
麦麸	3	甘薯藤粉	6
豆粕	16	磷酸氢钙	0.70
棉籽饼	4	石粉	0.79
食盐	0.5	合计	99.99

注：实际应用时，可以在玉米等饲料配比中增加0.01%，以配成100%。

2.注意事项

（1）参照兔的饲养标准进行配制　养殖户配制兔日粮，应以兔饲养标准为依据，这是保证日粮科学性的前提。同时，要考虑到兔对主要营养物质的需求，结合兔群生产水平和生产实践经验，对饲养标准中的某些营养指标给予适度调整，不能完全照搬饲养标准。

（2）符合兔的消化生理特点　兔属草食动物，应以青粗饲料为主，搭配精饲料，粗纤维含量在10%左右。

（3）充分利用当地饲料资源　饲料占生产成本的比例较大，可达60%～70%，在配制日粮时要充分掌握当地的饲料来源情况和原料价格特点，因地制宜，充分开发和利用当地的饲料资源，选用营养价值较高且价格较低的饲料原料，配出质优价廉的全价日粮，适度降低配制饲料的成本。

（4）饲料要多样化　各类饲料含有的营养物质不同，配制饲料时如果饲料品种单一，很难保证营养的全面，因此，要选用营养特点不同的多种饲料进行配合，发挥营养互补作用，提高日粮消化率和营养物质的利用率。

（5）要注意适口性　日粮中高粱、菜籽饼等含量过高时会影响饲料的适口性。禁止使用霉变和被污染的饲料。对含有毒害物质饲料如棉籽饼、菜籽饼要脱毒和限量饲喂。

（6）应保持相对稳定　如需要改变饲料种类或日粮配方，应逐步进行或在饲喂时有几天过渡的时间，以免因日粮种类或配方的突然变化而影响兔的消化机能及正常的生产。

（7）要保持饲料混合均匀　配制兔日粮时，各种成分的混合一定要科学搅拌，保证混合均匀、细致，特别是维生素、微量元素、氨基酸等添加剂。这些添加剂使用量原本就很小，若搅拌不均匀，便不能发挥应有的作用，有时还会造成危害，甚至导致食品安全问题。在饲料中加入药物等添加剂，应注意休药期。

（8）要保证饲料安全性　饲料要清洁、卫生、无异物，更不能有病原微生物污染，否则，不但影响饲料的利用率，还会导致产品安全问题。所以，配制兔日粮选用的各种饲料原料，包括饲料添加剂在内，其品质、等级必须经过严格细致的检测，过关后方可使用。

（9）灵活调整　根据季节及气温的变化，灵活配制日粮的能量及营养物质的浓度。配好的日粮的营养水平要与选用的饲养标准基本符合，允许误差为 ±5%。

十三、青粗饲料的加工与调制

（一）青干草的加工与调制

1. 制备原理

青干草是将牧草、细茎饲料作物在质量兼优时期刈割，经自然或人工干燥调制而成的能够长期贮存的青绿饲草。青草刈割时一般含水量很高，刈割后其细胞在水分含量适宜时仍继续呼吸、消耗养分，等到水分降到一定程度后（一般为15% ～ 17%），细胞才会停止呼吸。青干草的制备就是针对这种特点，通过自然或人工的方法使青草在最短的时间内含水量降到适宜水平，从而达到保存养分的目的。

2. 质量鉴定

优质青干草颜色青绿、气味佳、适口性好并含有较多的蛋白质、维生素和矿物质。

（1）含水量15% ～ 17%（最适宜）　用手成束紧握时，发出沙沙响声和破裂声，草束反复折曲时易断，搓揉的草束能迅速、完全地散开，叶片干而卷曲。

（2）含水量17% ～ 19%　用手成束紧握时无干裂声，只有沙沙声，草束反复折曲不易断，搓揉的草束散开缓慢，叶子有时卷曲。

（3）含水量19% ～ 20%　堆垛保藏时，会发热，甚至起火；用手成束紧握时无清脆的响声，容易拧成紧实而柔韧的草辫，搓拧时不折断。

（4）含水量大于23%　不能堆垛保藏；揉搓时无沙沙响声，多次折曲草束时，折曲处有水珠，手插入草中有凉感。

3.制备方法

（1）自然干燥法　适于晴天，利用太阳的照射以及空气温度的蒸腾作用，将青草刈割后在原地或干燥地段摊开，在阳光下暴晒，使其含水量迅速降至40%～50%，然后堆成松散的小堆，使其含水量继续下降至15%～17%，然后堆成大垛在草棚中保存。包括田间晒制法和草架干燥法。

① 田间晒制法　牧草刈割后，在原地或附近干燥地段摊开暴晒，每隔数小时加以翻晒，待水分降至40%～50%时，用搂草机或手工搂成松散的草垄后集成0.5～1m高的草堆，保持草堆的松散通风，天气晴好可倒堆翻晒，天气恶劣时小草堆外面最好盖上塑料布，以防雨水冲淋。

② 草架干燥法　利用树干或木棍搭草架，架的大小可根据草的产量和场地而定，牧草刈割后在田间干燥半天或一天，使其水分降到40%～50%时，把牧草自下而上逐渐堆放或打成15cm左右的小捆，草的顶端朝里，并避免与地面接触吸潮，草层厚度不宜超过70～80cm。上架后的牧草应堆成圆锥形或屋顶形。

（2）人工干燥法　适于阴雨天，青草刈割后一般先通过自然方法使其水分降至50%以下，然后直接于草棚中堆垛，在草棚的中央上部安装抽风机，使其剩余水分逐渐挥发。刈割后的青草也可直接送入烘干机中，通过高温空气使其迅速干燥，然后堆垛保存或制成草粉，这种方法制得的青干草养分损失最少，质量最高，饲喂兔的效果很好。此外，还有地面干燥法、棚内阴干法等。

4.贮藏方法

合理贮藏干草，是调制干草过程中的一个重要环节，贮藏管理不当，不仅干草的营养物质会遭到重大损失，甚至发生草垛漏水霉烂、发热、引起火灾等严重事故。

（1）露天堆垛贮藏　垛址应选择地势平坦干燥、排水良好的地方，同时要求离兔舍不宜太远。垛底应用石块、木头、秸秆等垫起铺

平，高出地面40～50cm，四周有排水沟。垛的形式一般采用圆形和长方形两种，无论哪种形式，其外形均应由下向上逐渐扩大，顶部又逐渐收缩成圆形，形成中大、上圆的形状。垛的大小可根据需要堆垛。长方形草垛一般垛底宽3.5～4.5m，垛肩宽4.0～5.0m，顶高6～6.5m，长度视贮草量而定，但不宜少于8.0m。堆垛时应从两边开始往里一层一层地堆积，分层踩实，务必使中间部分稍稍隆起，堆至肩高时，使全堆取平，然后往里收缩，最后堆积成45°倾斜的屋脊形草顶，使雨水顺利下流，不致渗入草垛内。封顶时可用麦秸或杂草覆盖顶部，最后用草绳或泥土封压，以防大风吹乱。圆形垛一般底部直径3.0～4.5m，肩部直径3.5～5.5m，顶高5.0～6.5m，堆垛时从四周开始，把边缘先堆齐，然后往中间填充，必须使中间高出四周，并注意逐层压实踩紧，垛成后，再把四周乱草耙平梳齐便于雨水下流。

（2）草棚堆垛　气候潮湿或有条件的地方可建造简易干草棚，以防雨雪、潮湿和阳光直射。这种棚舍只需建一个防雨雪的顶棚以及防潮的底垫即可。存放干草时，应使棚顶与干草保持一定距离，以便通风散热。

（3）半干草贮藏　即牧草含水量在35%～40%时打捆。由于用机械压捆，使草捆内部形成厌氧条件，不会发生霉变。为了防止霉变，也可用0.5%～1%丙酸喷洒青干草表面。丙酸处理后不仅可杀灭霉菌，还可提高青干草的质量。

（4）草捆贮藏　即把青干草压缩成长方形或圆柱形的草捆进行贮藏。优点是便于运输和减少贮藏空间。目前，国内已生产出专门的打捆机，根据需要可将散草压成各种规格。草捆垛成长20m，宽5～6m，高20～25m的垛。最好放入草棚中贮藏，露天贮藏一定要有防雨措施，以防雨水浸入。

5.注意事项

一是刈割时间，二是干燥的速度，三是防潮。刈割时间不同，制成的干草营养成分差别很大，一般禾本科在抽穗初期、豆科在孕蕾期和开花初期刈割较好，从而保证收割之后获得较高质量和产量的青草。干燥的速度越快，养分损失越少。干草受潮一则会使青草霉变，二则会使其营养价值迅速下降到与作物秸秆类似，从而失去制作的意义。

（二）粗饲料的加工与调制

兔的粗饲料包括干草、秸秆、秕壳、藤蔓、荚壳等。常用的处理方法如下。

1.物理处理法

即利用机械、水、热力等物理作用，改变粗饲料的物理性状，提高利用率。具体方法有：

（1）切短　使之有利于兔咀嚼，且容易与其他饲料配合使用。

（2）浸泡　在100kg温水中加入5kg食盐，将切短的秸秆分批在桶中浸泡，24h后取出。浸泡处理可以软化秸秆，提高秸秆的适口性，便于采食。

（3）蒸煮　将切短的秸秆于锅内蒸煮1h，焖2～3h。蒸煮既可软化纤维素，又增加饲料的适口性。

（4）热喷　将秸秆、荚壳等粗饲料置于饲料热喷机内，用高温、高压蒸汽处理1～5min后，立即放在常压下使之膨化。热喷后的粗饲料结构疏松，适口性好，兔的采食量和饲料消化率均能提高。

2.化学处理法

即用酸、碱等化学试剂处理秸秆等粗饲料，分解其中难以消化的部分，以提高秸秆的营养价值。

（1）氢氧化钠处理　氢氧化钠可使秸秆结构疏松，并可溶解部分难以消化的物质，从而提高秸秆中有机物质的消化率。最简单的方法是将2%氢氧化钠溶液均匀地喷洒在秸秆上，经24h即可。

（2）石灰水浸泡处理　石灰液具有同氢氧化钠类似的作用，而且可以补充钙质，方法简便，成本低。方法：每100kg秸秆用1kg石灰、1～1.5kg食盐，将石灰和食盐加水200～250kg搅匀配好，把切碎的秸秆放入其中浸泡5～10min，然后捞出放在浸泡池的垫板上，熟化24～36h后即可饲喂。

（3）碱酸处理　把切碎的秸秆放入1%氢氧化钠溶液中，浸泡好后，捞出压实，过12～24h再放入3%盐酸中浸泡，捞出后把溶液排放干净，即可饲喂。

（4）氨化处理　用氨或氨类化合物处理秸秆等粗饲料，可软化植物纤维，增加粗饲料中的含氮量，改善粗饲料的营养价值，提高粗纤

维的消化率。

（5）微生物处理　利用微生物产生的纤维素酶分解纤维素，以提高粗饲料的消化率。

十四、兔常用优质牧草种植技术

兔为单胃草食动物，偏爱多叶性牧草。适宜的牧草品种有多花黑麦草、冬牧70黑麦、苏丹草、籽粒苋、苦荬菜、紫云英、毛苕子、草地早熟禾、鸡脚草、紫花苜蓿、白三叶、红三叶、串叶松香草、菊苣、聚合草等。

1.紫花苜蓿

（1）播种　选择产草量高、抗逆性强的苜蓿品种，如WL525HQ、WL903HQ、游客、盛世、肇东苜蓿等品种。以土壤通透性好的黑钙土、壤土和轻沙壤土为好。低洼积水地块、重度盐碱土、重度沙化土壤等不适宜种植。在种植前，应将种植地深耕25～30cm，耕后进行晾晒，然后开墒，墒面宽度根据灌溉及排水条件而定，一般选择2m开墒，墒间沟深20cm。田地四周开挖排水沟，沟深40cm，利于灌溉和排涝。可春播、夏播或秋播（9～10月份），水肥条件好的情况下，以春播（3～4月份）为好。播种量15～22kg/hm^{2}或1kg/亩（1亩≈667m^2）。条播、撒播和点播均可。在进行大面积种植时多采用条播，行距25～30cm，播深1～2cm。

紫花苜蓿一次播种多年收获，因此，在种植苜蓿之前应该施足底肥。首先要施足有机肥，必须是腐熟的有机肥，一般每公顷（1公顷＝15亩，1亩≈667m^2）施有机肥30t；或化肥10～15kg/亩，其中尿素占1/3、二铵占2/3。

（2）田间管理　杂草主要出现在春播苜蓿地，秋播苜蓿杂草较少。对播种前杂草密度很大的地块，最好在下种1周前，用除草剂（乐胺、氟乐灵等）处理后再进行耕翻。苗期和苗后防除狗尾草、稗草等禾本科杂草，可选用高效盖草能等针对禾本科杂草的除草剂；防除蒺藜、老鹳草等阔叶杂草和一年生禾本科杂草，可选用普施特等广谱性除草剂。

（3）刈割及饲用　为确保幼苗根系的良好发育，第一次刈割应在植株20cm以上，结合清除杂草提前刈割时间。此后刈割可在现蕾末期（或蕾期至初花期）或植株60cm以上为佳。一般每次刈割留茬高度以3～5cm为宜。紫花苜蓿再生能力较强，每年可收割2～5次，多数地区以每年收割3次为宜。一般每亩产干草600～800kg，高者可达1000kg。通常4～5kg鲜草晒制1kg干草。

2. 冬牧70黑麦

一年生牧草，喜湿润、生长快、产量高。宜在夏季凉爽、冬季不太寒冷的地区栽培，最宜生长的温度为10～27℃，较耐热，不耐旱，以肥沃湿润的黏土地生长良好。

（1）播种　一般8、9月份秋播，亦可3、4月份春播，播种前要求整地、施足底肥，播种量5.0～7.5kg/亩，行距15cm，播深3～4cm。

（2）田间管理　较为简单，主要应注意每次刈割后，及时追肥、浇水、松土，以提高产草量。

（3）刈割及饲用　8月份秋播的，入冬前长至25cm左右可刈割一次；10～11月份播种，当年不宜刈割，待第2年3月上旬开始刈割，可割2～3次，鲜草产量1000～2000kg/亩。如兼收种子，4月份以后不能再割。一般适合鲜喂。

3. 串叶松香草

多年生牧草，可连续收割10年左右，每年割3～4茬，每公顷产鲜草27万～30万千克，属于高产优质牧草。

（1）播种　播种前，需将土地整平耙细，施足底肥，播种时间一般选春秋两季，即3～4月份或9～10月份。串叶松香草的种壳较硬，播种前宜用30℃左右温水浸泡12h后点播，点播深度约1.5cm，一般15d左右就发芽出土。

（2）田间管理　苗长出3～4片叶时可移栽，种子田每公顷定苗1.2万～1.5万株，割草田定苗6.0万～7.5万株。串叶松香草抗旱能力较差，苗期生长较缓慢，易遭受杂草的危害，因此，秋季播种效果要好于春播。若春播要及时浇水、中耕除草。串叶松香草根系发达，生长旺盛，需水量和需肥量较大，如果满足其水、肥的需要，产草量会大幅度增加。

（3）刈割及饲用　种植2年以上的割草田，每年可刈割4～5茬，

留茬高度为15～20cm，以利生长。适合鲜喂，亦可晒干加工成干草粉。因叶背面长有浓密的白毛，并有轻泻反应，刚开始饲喂时兔不太适应，饲喂量应逐渐增加。

4.墨西哥玉米

专用饲料玉米新品种，分蘖性和再生性都很强，高产优质，是理想的青贮饲料原料。

（1）播种　一般实行点条播，当春季地温稳定在20℃左右时播种，播前平整土地，施足底肥，每公顷施基肥1.5万～2.3万千克。播前其种子需先用20℃左右温水浸种24h。条播行株距35cm×30cm或40cm×30cm。每公顷总株数在9.0万～10.5万株，播种量约20kg，每穴下种2～3粒，然后盖3～4cm细土。

（2）田间管理　出苗后到5叶前生长较缓慢，5叶后开始分蘖，生长发育开始旺盛，此时应定苗补缺，每公顷施氮肥75kg左右，中耕促苗。当苗高达30cm时，再施氮肥90kg，进行中耕培土，以促进生长。

（3）刈割及饲用　当苗高40cm时可进行第一次刈割，留茬高5cm，以后每隔15d左右刈割一次，每次割后留茬高6～6.5cm，年割7～8次，每公顷产鲜茎叶可达15万～30万千克。

5.苦荬菜

一年生或越年生草本植物。适应性强、产量高，亩产可达3000～4000kg，而且鲜嫩可口、消化利用率高，营养丰富，是炎热夏季兔优质的青绿多汁饲料。

（1）播种　一般于3月下旬至4月上旬播种，播种前施足基肥，施厩肥5000kg/亩。播种量为0.5kg/亩，播种方法一般采用条播，亦可穴播或撒播。条播行距为25～30cm。直接穴播时，行距株距平均为20～25cm，每穴下种子10～15粒。育苗移栽者，种子需要量0.1～0.2kg/亩，移栽行距25～30cm，株距10～15cm，当幼苗长至5～6片真叶时即可移栽。

（2）田间管理　直播的苗高4～6cm，育苗移栽定植10d左右就要中耕除草，注意每次刈割后都要进行中耕、追肥和灌溉一次。

（3）刈割及饲用　春播的5月上旬株高长至40～50cm时即可开始刈割，留茬5～8cm，以利再生。6～8月份生长特别旺盛，一般每隔20～25d刈割一次，一年割4～5次。苦荬菜可分批播种，分期采收，4～8月份，可连续收割，不断供应，是家兔重要的青饲轮作饲料。

6.白三叶

（1）播种　播种前，每亩施过磷酸钙20～25kg和一定数量的厩肥作基肥。出苗后，植株矮小、叶色黄的，要施少量氮肥，每亩施10kg尿素或相应的硫酸铵，可以促进壮苗和提高产草量。

以秋播（9～10月份）为最佳，也可在3～4月份春播。在长江中下游地区一般在9月中旬前后播种。南方山地高海拔地区，秋播要适当提早。单播，每亩播种量0.5kg。撒播或条播均可，条播行距30cm。白三叶种子小，可用等量的沙土拌匀后增量播种。与牛尾草、黑麦草等混播，播种量可适当减少。种子田间播种量，每亩0.35kg。在没有种过三叶草的地块，用白三叶根瘤菌拌种，可提高固氮能力，提高草的质量。

（2）田间管理　苗期生长缓慢，易受杂草侵害，在苗期应勤除杂草，尤其春播更应如此。在南方9月份播种，次年4月份现蕾开花，5月份中旬盛花，花期草层高15～20cm，是刈割利用的适期。

（3）采种　白三叶花期长，4～7月份种子陆续成熟，种子成熟集中于6月份。当多数花呈黑褐色时，可一次性连草收割采种，也可在5月底开始分批人工多次采摘种子。种子产量每亩10～15kg，高的可达30kg以上。

7.红三叶

（1）播种　播种前要进行硬实处理。初次种植地，播种前需用根瘤菌接菌，以提高固氮能力。用种过红三叶的土壤进行拌种，也有一定的接菌效果。以春播为主，时间为4、5月份。播种方式以条播为主，也可撒播。条播时行距30cm，播量为0.7～1kg/亩。撒播时播量适当增加。播种深度1～2cm。天气干旱、土质疏松时，播后进行镇压。

（2）田间管理　红三叶苗期生长缓慢，且固氮作用不强，需及时清除杂草，可追施少量氮肥促进生长，如可施尿素3～4kg/亩。在夏季高温干旱季节需进行灌溉，可促进再生草的生长和提高越夏率。灌溉时间应掌握在土温和气温较低的时候进行，上午10点前或下午18点后较好，忌在中午灌水。一般每年追施钙镁磷肥20～30kg/亩。

（3）刈割及饲用　红三叶可青饲、晒制干草和放牧利用。青饲时，在草层高度达40～50cm，或现蕾至初花期即可刈割，此时茎叶比接近1：1，营养成分含量及可消化率均较高。刈割留茬高度6～8cm。晒制干草，应在开花早期进行刈割。

十五、兔的正常生理指标和环境参数

兔常用的生理指标及环境参数，见表2-12～表2-14。

表2-12　兔正常生理指标

体温/℃	呼吸数/（次/min）	脉搏数/（次/min）
38.5～39.5	成年兔：20～40；幼兔：40～60	成年兔：80～100；幼兔：100～160

表2-13　兔舍空气环境质量要求

项目	指标			
	缓冲区	场区	兔舍	
			幼兔	成兔
氨气/（mg/m³）	2	5	10	15
硫化氢/（mg/m³）	1	2	2	10
二氧化碳/（mg/m³）	380	750	1500	
可吸入颗粒物/（mg/m³）	0.5	1	4	
总悬浮颗粒物/（mg/m³）	1	2	8	
恶臭（稀释倍数）	40	50	70	

注：缓冲区指兔场外周围，沿场院向外500m范围内的兔保护区。

表2-14　兔舍适宜环境参数

项目	适宜温度/℃	适宜湿度/%	光照	
			光照强度/lx	光照时间/h
初生仔兔	30～32	60～65	20	繁殖母兔：14～16 公兔：8～12
幼兔	18～21			
成年兔	15～25			

注：噪声仔兔不超过60分贝，成兔不超过80分贝。

十六、不同日龄和阶段兔的采食量

1. 肉兔

在不同生理阶段，其采食量有所变化。仔兔开始吃饲料大约在21d。幼兔在断奶后饲料摄入量逐渐增加，一直达到体重的5.5%左右，这个水平维持到成年。母兔在产仔前采食量下降，产仔后迅速上升，在产仔后20～30d达到高峰。对于颗粒饲料适宜摄入量建议：成年兔维持需要量113～128g/d，种公兔维持需要量128～142g/d，生长兔（5周龄前）需要量100～128g/d，哺乳母兔需要量340～400g/d。生长肉兔颗粒饲料需要量，见表2-15。

表2-15　生长肉兔颗粒饲料需要量

兔龄/周	体重/g	每天增重/g	每天饲料量/g
4	600	20	45
5	800	30	70
6	1100	40	100
7	1420	45	135
8	1780	50	135
9	2025	40	140
10	2300	35	140
11	2500	30	149
平均		36	112

2. 獭兔

不同日龄和生理阶段日供饲料量，见表2-16。

3. 长毛兔

据刘世民等测定安哥拉毛兔的干物质采食量，在饲喂颗粒饲料时，成年兔和种公兔每千克代谢体重的干物质采食量为55～60g，妊娠兔和4～6月龄兔为50～70g，幼兔和哺乳兔高于75g。哺乳兔的采食量变化很大，与哺乳量的高低有密切关系，高泌乳量的母兔每千克代谢体重的干物质采食量可达100g以上，每日采食量可达300 g以上。母兔产仔前采食量下降，产仔后迅速上升。

表2-16　獭兔不同日龄和生理阶段日供饲料量

兔龄/周	日喂量/g	生理阶段	日喂量/g
4	40～45	育肥后期（3个月～出栏）	140～150
5	50～60	妊娠前期（1～15d）	130～150
6	70～80	妊娠中期（16～20d）	140～170
7	80～90	妊娠后期（21～28d）	自由采食
8	90～100	围产期（产前产后各3d）	100～130
9	100～115	泌乳前期（产后3～5d）	130～200
10	115～120	泌乳中期（6～25d）	自由采食
11	120～130	泌乳后期（26d～断奶）	250～150
12	130～135	空怀期	130～150
13	135～140	种公兔	140～170

十七、衡量兔生产性能的指标

1.产肉性能指标

肉兔育肥指标，见表2-17。

表2-17　肉兔育肥指标

生产指标	最低水平	最佳水平
生长速度/（g/d）	33	38
饲料转换率/（kg饲料/kg增重）	3.5	3.0
屠宰日龄/d	80	75
屠宰率/%	58	62
死亡率/%	7	4
100只基础母兔每周提供屠宰兔的数量/只	70	100

（1）生长速度　常用统计期兔日增重表示。其公式为：

$$生长速度（g/d）=\frac{统计期内兔增重}{统计期内饲养日数}$$

（2）饲料消耗比（料肉比）

$$饲料消耗比=\frac{断奶至屠宰期间所消耗的标准饲料量}{屠宰前活重-断奶体重}$$

（3）胴体重　分为全净膛胴体重和半净膛胴体重。全净膛胴体重即屠宰以后，除去头、脚（前肢从腕关节、后肢从跗关节处截断）、血、毛皮、内脏后的重量。半净膛胴体重即由全净膛胴体重再加上肝、肾、肺和腹壁脂肪的重量。为了计量准确，称取胴体重应当在胴体尚未冷却时进行。

（4）屠宰率　指胴体重占宰前活重的百分比。其公式为：

$$屠宰率（\%）=\frac{胴体重}{宰前活体重}\times 100\%$$

2. 繁殖性能指标

母兔的主要繁殖参数，见表2-18。

表2-18　母兔的主要繁殖参数

生产指标	最低水平	最佳水平
每只母兔年提供断奶仔兔数/只	40	50
每只母兔笼位年提供断奶仔兔数/只	45	55
母兔配种宰/%	70	85
配种母兔分娩率/%	75	85
平均每胎产仔数/只	8	9
每胎产活仔兔数/只	7.5	8.5
每只母兔笼位年产仔胎数/胎	6	7.5
2胎产仔的间隔时间/d	60	50
仔兔出生至断奶的死亡率/%	25	18
每胎平均断奶仔兔数/只	6	7
每只哺乳母兔哺育断奶仔兔数/只	6.5	7.5
30日龄断奶仔兔的体重/g	500	600
断奶仔兔每增重1kg的饲料消耗量/kg	4.5	4
母兔淘汰率/%	8	5

（1）产仔数　指母兔实产仔兔的数量，包括活仔、死胎、畸形胎等。

（2）产活仔数　指称量初生窝重时活仔兔的数量。初产母兔取连续3胎的平均数计算。

（3）初生窝重　指初生时该窝所有活仔兔的总重量。

（4）断奶仔兔数　指断奶时该窝存活仔兔的数量，其中包括替别的母兔代哺的仔兔数，寄养出去的仔兔不再算为该母兔的断奶仔兔数。

（5）断奶仔兔成活率　指到断奶时成活的仔兔占所产活仔兔总数的百分比。

（6）泌乳力　用3周龄仔兔窝增重表示，包括寄养仔兔。初产母兔按连续3胎的平均数计算，以克为单位，取其整数。

（7）断奶窝重　指断奶时全窝仔兔的总重量，其中包括寄养仔兔在内。

3.产毛性能指标

（1）产毛量　指长毛兔1年所产兔毛的总重量。有实际年产毛量和估测年产毛量两种计算方法。青年兔的实际年产毛量为第一次剪毛至满1年时的产毛总量。成年兔的年产毛量一般是统计每年1月1日至12月31日的总产毛量。估测年产毛量是以8月龄（养毛期为90d）时1次剪毛量的4倍来估测的。

（2）产毛率　指产毛量与体重之比。其公式为：

$$产毛率（\%）=\frac{实际年产毛量}{年平均体重}\times 100\%$$

实际年产毛量是指1年剪4次毛，累加每次剪毛量的总和；年平均体重是指每次剪毛后称取体重，然后求各次称重的平均数。产毛率表明的是长毛兔单位体重的产毛数量，在相同体重的情况下产毛率越高，表明毛的密度越大。

（3）料毛比　指在一定的养毛期内，毛兔所消耗的饲料与所产毛的重量之比。在产毛量不变的情况下，饲料消耗越少，产毛成本越低，则经济效益越高。

（4）优质毛率　指在同一次剪毛中，特级毛与一级毛的重量占该次剪毛总重量的百分比。该百分比越大，说明其中优质毛越多。

（5）粗毛率　指在同一次剪毛中，粗毛（包括两型毛）的重量占该次剪毛总重量的百分比。对粗毛率的要求，应当依国内外市场需求而定。

（6）结块率　指在同一次剪毛中，已经结块的毛的重量占该次总剪毛量的百分比。由于结块毛属于等外毛，结块率高会大大降低兔毛的整体等级，因此，结块率越低越好。

第三章　饲养管理

一、种兔的引进与选择

要发展养兔业，引进优良种兔和改良家兔品种是一项重要的技术措施。正确的引种技术和方法是发展养兔生产成败的关键。特别是刚开始养兔者，在引进种兔时必须掌握一定的要领和方法，确保引种时能引入优良的种兔，达到引种的目的。

1. 品种选择

首先进行市场调查，了解皮兔、肉兔及毛兔各类产品的市场行情，并向相关部门了解不同品种家兔的特征特性以及当地有哪些良种兔场，向有关兔场了解兔场经营情况，以此决定自己应选购哪个品种的家兔。所选品种一定要生产性能高、适应性强、遗传性能稳定且市场竞争力强的优良种兔。

2. 引种前的准备

（1）设施用具准备　建好兔舍、兔笼，备好食盆、水盆、产仔箱等有关用具，进兔前1周要对兔场进行全面清理和消毒。

（2）饲料准备　要确保有良好、稳定的饲料来源。根据家兔原产地兔场情况拟定饲料配方，配好饲料、备足饲料，使引进的兔不致因饲料的变化而发生应激反应。

3. 确定引种的数量

（1）兔群总数　兔养殖量少则效益低，养殖量大则风险会随之增加。根据自己的养殖技术水平、资金条件以及市场需求来确定引种的数量，初养者宜少不宜多。一般农村养殖户以2～10组（10～30只）为宜，专业养殖户以10～15组（30～50只）为宜，规模化兔场以50～100组（200～400只）为宜。待积累了一定经验后再逐步扩群发展。

（2）公母比例　目前市场销售的种兔公、母比例多以1∶2或1∶3为一组，最多的是1∶4，而实际养殖中以1∶5最为适宜。若群体规模超过100只并进行人工辅助交配的，还可再适度降低公母比例至1∶8，以减少浪费。

（3）多点少引　若大量引种时，应采取多点少引的原则。一次引种超过200只以上时，最好在2～3个兔场引种，不仅可确保质量，而且还可丰富血缘，避免近交。

4.引种时间

以春、秋季引种为宜，冬、夏季不宜。由于炎热或寒冷的刺激，加上兔耐寒不耐热，易患病甚至死亡，尤其夏季高温易引起大批应激死亡。此外，要注意由寒冷地区引种到温热地区时，春、秋季引均可，而由温热地区引种到寒冷地区时，以秋季最为适宜。

5.慎选引种单位

先了解兔场情况，考察兔场种兔的品种纯度、来源、生产性能、疫情及价格等情况，多考察几个供种单位，然后选择管理科学、养兔技术好、有一定规模（至少存栏600只以上）、信誉高、售后服务好且有县级以上人民政府畜牧行政主管部门批准的《种畜禽生产经营许可证》的专业种兔场引种。切不可到自由市场去随意购买所谓的种兔。

6.入场购种兔的注意事项

（1）种兔年龄　以3～4月龄的青年兔为宜。目前市场所售种兔，多数是公、母兔年龄相仿。根据家兔的选配效果看，购种时最好是让公兔比母兔大2～3个月，母兔以青年兔为好，公兔以壮年兔为好。

（2）品种要纯正、健康　首先要向种兔场家索要出售种兔的系谱资料，详查系谱，从优秀祖先的后代中挑选有明显本品种特征的个体，种公兔要来自不同的血统。其次，向场家了解所购种兔的防疫注射情况，以便引回后做好合理的防疫工作。注意在注射疫苗后1周之内不能启运，以免产生应激反应，影响兔的健康。三是严查健康状况，重点如下：

① 看天然孔　口、鼻、眼、耳及肛门外阴部干净无污物为好，若有污秽不洁物黏附，多为不健康的征兆。

② 看腹部　母兔乳头数应在8个以上，低于8个的不宜作种用。公兔睾丸要匀称、富有弹性，单睾或隐睾者不宜作种用。阴部要干净、红润，无水肿、溃疡。

③ 看运动　离兔2～3m观察兔的运动状态是否正常，再抱起兔离地30cm高处放下，观察其着地时是否稳健。如有“O”形、“八字”形腿、腰折及后肢瘫痪等症状的不能引进。

④ 摸脊部　用手触摸脊背部，若触之如算盘珠样，有挡手的感觉，表明营养不良、过瘦；若摸到“双脊”即两条肉线，表明过肥；过瘦过肥均不宜作种用。触摸时应能感觉到一条脊线，却又不挡手为宜，要求脊背平直、无凸出或凹陷，肌肉丰满、背部呈弧形，后躯丰满发达。

⑤ 看四肢　四脚毛应浓密，无癣及脓肿，幼兔爪短而直，并隐于脚毛中。毛兔、皮兔还要侧重查皮肤和被毛，种用兔应皮肤结实致密、有弹性，被毛浓密、有光泽，并符合本品种特征。检查毛密度方法：在兔的背部或某一侧部，逆毛方向吹开一个毛旋，观察中心部露出皮肤面积的大小，以看到的皮肤面积不超过$4mm^2$（大头针针头大小）为最好；不超过$8mm^2$（火柴头大小）为良好；不超过$12mm^2$（3个大头针针头大小）为基本合格；如超过$12mm^2$则不宜作种用。

（3）签订合同　为保护自己的利益不受损害，引种者应与种兔出售商签订责任明确的合同书，以便日后因种兔质量出问题时，可以得到应有的补偿。

（4）索要原产地饲料　引种后要向场家索要足够所引种兔吃10～20d的饲料，以备运输途中和运回场后饲料转换过渡期用；或者索要原场饲料配方或全价颗粒料生产的厂家，回场后自行调制或继续采用该厂家的饲料。

7. 种兔运输

根据运输方式及时间长短，准备充足的药品、饲料及笼具等，装运前对笼具和车辆进行彻底消毒。公母兔分开运，运输笼必须要结实，以铁笼为好，笼高以互相不能爬跨为度，笼内应留有2/5～1/2的活动余地，通风良好。笼底要设置防震的垫物，上、下层之间最好用防透水物隔开，以免粪便污染。运输时间以24h内运到为宜，装运前喂饱、吃好、饮足水，中途可不喂。长时间运输，中途可喂点胡萝卜、熟窝窝头、干草等，切忌喂得过饱。注意装笼前一定要全面进行健康检查和检疫，确认无病时，向当地兽医部门领取检疫、运输证明方可起运。

在长途运输途中，应及时检查。在运输途中应每隔4h检查一次，发现问题应及时处理。运输人员如在中途吃饭或休息，就需要打开篷布20～30min，以便彻底进行通风换气。

8.入场后的初饲养

兔运回后，新养兔户可直接将其安置到准备好的兔笼中。若已经养殖有兔，引种兔运回后一定要先隔离饲养15～30d，确认健康无病，方可混群。

（1）先饮水后开食　种兔运到养殖场所后，应立即卸车，先把运输笼子在地上摆开，天热时放在阴凉通风处，天冷时放在室内，让种兔先休息一会，恢复体况。在此期间，可先喂些鲜嫩青绿饲料，如各种青草、苜蓿草和胡萝卜等块茎饲料，但不可以大量供水供料，防止路途饥渴后暴饮暴食造成死亡。30min以后及时分散，单笼管理，饮用添加有电解多维的清水。为尽快恢复体力，可于水中加些葡萄糖。饮水1h后即可开食，为防暴饮暴食造成消化不良，先喂正常喂量1/2的饲料，3d后逐渐增至正常喂量，同时料中要加少量的干酵母、磺胺二甲嘧啶、氯苯胍等药物。

（2）逐渐更换饲料　为降低应激反应，引种后的1周内应喂原兔场饲料或按原兔场配方配料，1周后逐渐改换成本场饲料。

二、家兔繁殖技术

（一）母兔发情鉴定

1.发情

发情是指性成熟的母兔所表现出的一种周期性性活动现象，在生理上表现为排卵、生殖道变化、准备受精和妊娠，在行为上表现为吸

引和接纳异性等特征。

（1）性成熟 兔生长发育到一定时间，当公兔的睾丸和母兔的卵巢能分别产生出有受精能力的精子和卵子时，即称性成熟。兔的性成熟期受品种、气候、个体、饲养管理等因素的影响。小型品种性成熟母兔一般在3.5～4月龄，公兔在4～4.5月龄；大、中型品种性成熟稍晚些，中型在4.5～5.5月龄，大型在6～7月龄。通常母兔性成熟要比公兔早1个月左右。公、母兔达到性成熟后，虽然已能配种繁殖，但身体各部器官仍处于发育阶段，此时不宜配种。过早配种不仅会影响公、母兔本身的生长发育，造成早衰，还会导致母兔受胎率低，产仔数少，所产仔兔身体瘦弱，仔兔成活率低，母兔乳汁少。

（2）体成熟 指兔的体躯发育基本成熟，各系统和组织器官的机能基本达到成年兔的水平。一般体成熟约比性成熟晚1个月左右。

（3）适配年龄 在生产中，确定母兔的适配年龄主要是根据体重与月龄来决定，一般适配母兔达到成年体重的70%以上时即可配种。适配月龄则根据不同品种而异，不同类型和品种兔的性成熟和适配月龄见表3-1、表3-2。

表3–1 不同品种和类型兔的性成熟和适配月龄

类型或品种	成年兔体重/kg	性成熟/月龄	适配月龄/月龄
小型兔	2～3	3～4	4～6
中型兔	3.5～4.5	3.5～4.5	5～6
大型兔	＞5	5～6	6～7
新西兰兔		4～6	6～6.5
比利时兔		4～6	7～8
青紫蓝兔		4～6	7～8
加利福尼亚兔		4～5	6～7
日本白兔		4～5	6～7
哈白兔		5～6	7～8
塞北兔		5～6	7～8
太行山兔		4～5	5～6

表3–2　獭兔性成熟、适配月龄及初配体重

类型	性成熟/月龄	适配月龄/月龄	初配体重/kg
小型兔	3.0 ～ 3.5	5 ～ 6	＞2.0
中型兔	3.5 ～ 4.5	6 ～ 7	＞3.0
大型兔	4.0 ～ 5.0	7 ～ 8	＞4.0

2. 发情周期

指发情持续的时间，通常以一次发情的开始至下一次发情的开始所间隔的天数为准，但规律性较差。一般母兔发情周期为8 ～ 15d，发情持续期为3 ～ 5d。

3. 排卵时间

兔属于刺激性排卵动物。母兔卵巢内常有处于不同阶段的卵泡，可随时排出。但排卵不是自发的，需要某种条件刺激，如公兔交配、母兔相互爬跨或药物刺激等因素，才能将成熟的卵泡排出。一般排卵的时间多在交配后10 ～ 12h，若在发情期内未进行交配，母兔就不排卵，其成熟的卵泡就会老化衰退，被机体吸收。

4. 发情鉴定

为了提高母兔受胎率，在母兔配种前应先进行发情鉴定，掌握最佳配种时机，适时进行输精。常用方法如下：

（1）外部观察法　母兔兴奋不安，食欲减退，喜欢跑跳，乱刨笼底板，脚用力踏笼底板作响，常在饲槽或其他用具上摩擦下颌，俗称“闹圈”。性欲强的母兔还主动接近和爬跨公兔，甚至爬跨自己的仔兔或其他母兔。当公兔爬跨时，母兔站立不动，臀部抬起，举尾，以迎合公兔交配。

（2）阴道检查法　发情初期，外阴黏膜潮红，肿胀，湿润，呈粉红色；发情中期，黏膜成大红色，肿胀和湿润更明显；发情后期，黏膜呈黑紫色，肿胀和湿润逐渐消失；休情期，外阴黏膜为苍白、干燥和萎缩状态。母兔不发情时外阴部苍白皱缩。

（3）试情法　若母兔发情，把母兔放入公兔笼内，它会主动接近公兔，若公兔性欲不强，母兔会咬舔公兔，甚至爬跨公兔；当公兔追逐并爬跨时，母兔愿意接受，并主动将后躯抬高。若母兔未发情，将

其放入公兔笼内，则母兔不愿意接受公兔爬跨，而是用尾巴紧紧压盖住外阴部，有的母兔甚至咬公兔。

5.发情特点

（1）无季节性 家兔属无季节性繁殖动物，一年四季均可发情、配种和繁殖。若舍内养兔或四季温差不大，可安排四季配种，常年产仔。若管理粗放或四季温差较大，以春、秋两季发情征候明显，而在夏、冬季则表现为性欲低、发情征候不明显、配种受胎率低和产仔数少。

（2）不完全性 母兔发情时精神、交配欲及卵巢和生殖道会有变化，但并非在每个发情母兔的身上都会出现，可能只是同时出现一个或两个方面，称为母兔发情的不完全性。因此，在生产中应仔细观察每只母兔的表现，及时配种，才能保证较高的配种率和产仔数。

（3）产后发情 母兔分娩后当天即有发情表现，配种后即可受胎，受胎率达80%～90%。但产后发情的时间和表现程度受诸多因素的影响。比如，营养状况良好的母兔产后发情的比例高，配种受胎率和产仔数高；相反，营养不良的母兔产后多无明显发情表现，即便配种，受胎率和产仔数也不高。

（4）断奶后发情 母兔在哺乳期间发情多不明显，即经常出现不完全发情，而且越是在泌乳高峰期，越不容易发情。但母兔一般在仔兔断奶后2～3d很快出现发情症状，此时配种受胎率较高。

6.同期发情技术

指用外源激素及其类似物对母兔进行处理，人为控制母兔群体在预定的时间内集中发情，以便组织配种，扩大优秀种公兔利用率。生产中常用的方法有：

（1）前列腺素（PG）处理法 常用的有氯前列烯醇和氟前列烯醇等。在母兔人工授精前48h肌注氯前列烯醇10～40μg，可有效促进母兔的发情，提高母兔产仔率和生产效率。

（2）光照处理法 人工授精前连续7d人工光照（如LED灯、节能灯，以前者效果较好），每天16h（07:00～23:00），光照强度为80～90lx，光照每平方米不低于4W。

（3）孕马血清促性腺激素（PMSG）处理法 母兔输精前50h注射25IU的PMSG。人工授精后，立即注射布舍瑞林1μg（Sigma，B3303，美国）或促排卵3号0.2～0.5μg用于诱导排卵。

（4）马绒毛膜促性腺激素（eCG）处理法　母兔在注射eCG的48h后进行人工授精，在授精之后立即肌注GnRH类似物布舍瑞林1μg用于诱导排卵。

7.乏情母兔的处理

有些母兔因多种原因长期不发情，拒绝配种，严重影响兔群的繁殖力。对长期不发情或处于乏情的母兔，可在准备配种之前进行人工催情。常用的方法有：

（1）公兔诱情　将长期不发情或发情不正常的母兔，放入公兔笼内，让公兔对其追逐、爬跨，经30～60min将母兔放回原笼，待7～8h后母兔可能发情，此时再把母兔放入公兔笼内交配。也可将母兔与公兔放在相邻的铁丝笼里饲养，利用公兔身上释放出来的特殊气味，促进母兔发情；或将公母兔交换笼位一昼夜后，使母兔接受公兔气息，第二天母兔便会发情，此时再把公兔放回原笼与母兔交配。

（2）按摩催情　一只手提起母兔的后肢，另一只手的拇指轻轻按摩母兔的外阴部，每次5min左右，每天按摩3次，直到手摸母兔背时母兔自觉抬起臀部，尾巴偏向一侧，说明催情成功，立即将母兔放入公兔笼中配种。

（3）药物催情

①激素　先注射孕马血清促性腺激素30～50IU/只，3d左右即开始发情，此时再注射绒毛膜促性腺激素（HCG）50～100IU。

②中药　当归15%、党参10%、淫羊藿15%、阳起石15%、巴戟天10%、狗脊10%、白术10%、炙甘草5%，粉碎，混饲，15g/(只·d)。或催情散3～5g/(只·d)，连用3d。

③维生素A　在饲料中添加维生素A，1000～2000IU/(只·d)；维生素E 10mg/(只·d)，连用10～15d。

④碘酊　用2%医用碘酊或清凉油涂擦母兔外阴部，可以刺激母兔出现发情征候，待30min后放入公兔笼内交配，有效率达70%以上，配种受胎率可达70%～80%。

（4）饲料催情

①麦芽　将发芽2～3d的小麦拌入饲料中喂母兔，2次/d，20～

30g/d，连用3d。麦芽有回乳作用，哺乳母兔不宜采用。

② 胡萝卜 将胡萝卜切成细丁，拌入饲料中饲喂，2次/d，50～100g/d，2d后母兔便会发情。

③ 松针粉 在日粮中添加2.5%松针粉，可提高公兔的性欲和配种能力，促进母兔正常发情和排卵，提高受胎率、产仔率和初生重。

（5）光照催情 每日使兔舍的光照时间达到14～16h，照度每平方米兔舍3～4W，具有良好的催情效果。

（6）剪毛、断奶催情 配种前进行1次剪毛，一般剪毛后2～3d母兔即可发情，受胎率可达75%～80%。泌乳可抑制发情，对产仔少的母兔可寄养哺乳或提前断奶，一般母兔断奶后7d左右便会出现发情。

（二）母兔配种

1.配种时间

母兔在交配刺激后10～12h即可排卵，卵子保持受精能力的时间为6h；精子保持受精能力的时间为30h，精子进入输卵管部6h后才具备与卵子结合的能力。母兔外阴部呈大红或淡紫红色并且充血肿胀时配种，俗话说："粉红早，黑紫迟，大红正当时"，人工输精的最适时机在排卵刺激后2～8h为宜。

对于发情的母兔，配种应在饲喂后1～2h进行，一般应在清晨、傍晚或夜间进行。母兔产后配种时间根据产仔多少、母兔膘情、饲料营养、气候条件等而定，对于产仔少、体况良好的母兔，可采用产后配种，一般在产后6～12h进行，受胎率较高；产仔较少者，可在产后14～16h进行配种，哺乳期间采用母子分离，让仔兔两次吃奶时间间隔超过24h，这时配种发情率和受胎率较高；产仔数正常的母兔，可采用断奶后配种，一般在断奶当天或第2d进行配种。

2.配种次数

若兔场整体水平较高，兔的受胎率和产仔数也较高，一个情期配种1次即可。若兔场饲养水平不高，管理粗放，又逢夏季高温，可在上午和下午各配1次，一个情期配种最多4次。

3.配种季节

兔虽然一年四季均能繁殖，但季节对兔的繁殖有一定影响，光照时间、温度、湿度适宜，饲草生长旺盛的季节，有利于兔的繁殖；光

照时间过长或过短，温度过高或过低，湿度过高，饲草缺乏的季节均不利于兔的繁殖。一般春、秋季较适宜配种。

4. 利用年限与年产胎数

一般而言，1～2.5岁的兔繁殖能力较强，以后随着年龄的增加，繁殖能力逐渐下降。一般情况下，种公兔利用2～3年，个别的利用4年；母兔一般利用2～2.5年，个别的利用3年以上。在采取频密繁殖技术的兔场，种公兔的利用年限一般控制在2年以内，种母兔仅利用1年。

年产胎数与种兔的年龄、环境条件（特别是温度）、营养水平及保健有关。从理论上说，兔的繁殖力强，妊娠期1个月，产后又可立即配种，一年可以繁殖12胎。但在生产实践中，应适当控制家兔繁殖。目前，在我国多数养兔场，兔的年繁殖胎数控制在6胎以内。

5. 配种制度

（1）重复配种　指同一只母兔和同一只公兔进行2次交配，两次交配间隔时间6～8h。在正常情况下，公兔与母兔一次交配即可受孕，但有些公兔的精子未到达受精部位便失去受精能力，有些较长时间未配种的公兔精液品质差，只配一次不能确保妊娠。又由于家兔是刺激性排卵动物，第一次交配可刺激母兔排卵，再进行第二次交配，可提高母兔受胎率。

（2）双重配种　指母兔连续和两只公兔进行交配，两次交配时间间隔不超过20～30min。两只公兔先后与同一只母兔交配，不同的精子相互竞争，增加卵子在受精过程中的选择性，可提高母兔的受胎率。在进行双重配种时，应在第一次配种后马上将母兔放回原笼，相隔一段时间，待母兔身上的公兔气味消失后，再与另一只公兔交配，以免引起争斗致伤。该方式只能用于商品兔生产，不能用于种兔生产。刘伯等（2014年）报道，母獭兔初配、复配分别用2只公兔交配，初配和复配间隔15～20min，后代雌雄比为0.71：1(即后代雄性个体多)；母兔初配、复配分别用当天各用过1次的2只公兔交配，初配和复配间隔15～20min，后代雌雄比为1.38：1（即后代雌性个体多)。

（3）频密繁育　现代家兔生产要求每只母兔每年提供40～50只仔兔，按传统繁殖法，仔兔40～45日龄断奶，然后进行配种，那么，一年只能繁殖4胎左右，难以实现上述目标。为加快繁殖速度，可采

用频密繁殖法，又称“血配”，即产后1～2d配种，仔兔21～28日龄断奶，每年可繁殖8～10胎。也可采用半频密繁殖法，产后10～15d配种，仔兔30～35d断奶，每年可繁殖5～6胎。由于采用频密繁殖法，哺乳与妊娠同时进行，所以应选用体质健壮的母兔，并充分满足母兔的营养需要，做好防寒保暖和防暑降温措施。但采用频密繁殖法会缩短母兔使用年限1.0～1.5年，因此，应注意后备种兔的培育和种兔的更新。

6.配种方法

目前，兔的配种主要有三种方法，即自然交配、人工辅助交配和人工授精。

（1）自然交配　即将公、母兔混养在一起，任其自由交配。优点是配种及时，方法简便，节省人力等。缺点是易发生早配、早孕，影响幼兔的生长发育；无法进行选种选配，易引起近交（即近亲繁殖）和品种退化；公兔多次追配母兔，体力消耗过大，易引起早衰，缩短利用年限；公、母兔混群饲养，易引起同性咬斗和传播疾病。在实际生产中应用较少。

（2）人工辅助交配　即公、母分群或分笼饲养，当母兔发情时将母兔放入公兔笼内，在配种员的看护和帮助下完成配种过程。优点是能有计划地选种选配，避免近亲繁殖；能合理安排种公兔的配种次数，延长使用年限；能有效地防止疾病传播，提高兔的健康水平。缺点是种公兔的利用率不高，配种适期较难掌握。目前，家庭养兔者普遍采用此法。实施时应注意以下问题：

① 必须把母兔放入公兔笼内，不能把公兔放入母兔笼内配种，以防环境变化，分散公兔精力，延误交配时间。

② 当公、母兔辨明性别后，公兔便会追逐母兔，若母兔接受交配，就会举尾迎合，公兔阴茎插入母兔阴道后立即射精，并发出“咕咕”叫声，表示交配已顺利完成。

③ 配种结束后，应立即将母兔从公兔笼内取出，检查外阴部，观察有无假配现象，如无假配现象则应立即将母兔臀部提举，并在后躯轻拍数下，以防精液逆流，然后将母兔送回原笼，及时做好配种登记。

（3）人工授精　即人为地借助采精工具或徒手将公兔精液采出，

经品质检查、活力测定、稀释等处理过程，再将精液输到母兔的子宫里，达到使母兔受胎的目的。大型养兔场或养兔户比较集中的地区均可采用，是目前养兔业中最经济、最科学的配种方法。优点是能够充分利用优良种公兔，迅速推广良种；减少公兔饲养数量，降低饲养成本；能提高母兔的受胎率；能减少疾病传播等。缺点是需要有熟练的操作技术和必要的设备等。操作要点如下。

① 采精

a. 种公兔准备　采精用的公兔要经过调教，要求健壮无病、性欲旺盛、性格活泼、精液品质好。

b. 采精器材准备　采精前需要包装好采精器，准备显微镜、保温瓶、消毒锅以及载玻片、盖玻片、量筒、烧杯、温度计、移液管、试管等辅助器械，还需要配制稀释液、冲洗液和消毒液等。

采精器可利用长8cm、口径为3cm左右的竹筒或硬橡皮管作为自制外壳。用长约13cm，口径一端直径为3cm、另一端直径为1cm的薄橡皮管作为内管。内管可用（2～3个）避孕套套着使用。在其外壳的一端塞上一个外径为3cm的橡皮塞，上打一个粗孔和一个细孔，粗孔插接纳精液的小玻璃管，小玻璃管口端接内管的细端；橡皮塞的细孔插细玻璃管，细玻璃管外端连细橡皮管，用铁夹子夹着细橡皮管，可通过它向内管与外管中间的夹层注水和空气，同时准备好台兔、45℃温水、润滑剂等。

c. 采精方法　用母兔作为台兔时，先将发情的母兔放入公兔笼内。术者一只手固定母兔头部，另一只手握假阴道，将其置于母兔腹下两后肢之间。当公兔爬跨时，术者再根据阴茎伸出的方向和角度，及时调整假阴道位置以迎合公兔阴茎插入进行射精。爬跨后，公兔骨盆进行数次强烈抽动，当公兔向前一挺，然后向一侧倒去，发出“咕”的一声尖叫，表明已射精。此时术者放开母兔，迅速将假阴道竖直，并放气减压，使精液流入集精器，然后及时送化验室镜检和稀释。若化验室离采精地点较远，应将装精液的试管放入30℃左右的温水杯内。

采精后，所用用具必须用温肥皂水及时洗涤干净。橡皮内胎、指套等用纱布擦干，涂上滑石粉，以免黏合变质。其他用具，亦要放在干燥、无尘的橱窗内或干燥箱中存放。

d.采精频率　种公兔采精以每天1～2次为宜，连续5～6d后，最好休息1～2d，以便保持公兔的性欲和优良的精液品质。

② 精液稀释　常用的稀释液有：0.9%生理盐水、5%葡萄糖溶液、葡-柠-卵溶液（葡萄糖4.5g、柠檬酸钠0.38g、新鲜卵黄5mL加双蒸馏水100mL）、Tris-葡-柠溶液（Tris 3.75g、葡萄糖0.60g、柠檬酸钠1.95g加双蒸馏水100mL，高压灭菌后加入SOD 100IU、青霉素20万IU、链霉素20万IU）、德国进口稀释粉等。一般精液与稀释液的比例为1∶5～1∶10（稀释倍数：5～10倍）。稀释时，稀释液必须与精液等温。取一个清洁消毒后的干燥温度计，首先测定稀释液的温度，然后用同一温度计测定精液温度。以精液温度为标准，调节稀释液温度，使两管温差不超过1℃。稀释时按比例将稀释液沿管壁缓慢加入精液中。精液稀释一般分两步：先按1∶2的比例进行，3～5min后再加稀释液；加完后，轻轻摇匀，分装备用。分装后置于15℃恒温箱内保存，保存时间最好不超过48h。

③ 精液的保存

a.常温保存　在精液稀释时，需要加入缓冲溶液，如柠檬酸钠（2.9%）或EDTA（0.1%），稀释后的精液暂时不用，应在精液上面盖一层中性液状石蜡油，以隔绝空气，然后再用塞子塞紧，管口封严保存在常温下。

b.低温保存　放于阴暗干燥的地方，温度最好在0～5℃，即放在冰箱中或放在有冰块的广口保温瓶中，否则会影响精子的存活时间。要防止突然降温，应缓慢地逐渐进行降温，使精子对低温有一个适应的过程。其方法是在盛装精液的瓶子外裹上厚厚的纱布，放在0～5℃的冰箱中。用于低温保存精液的稀释液中应加入抗冷休克类物质，如奶类、蛋黄等。

c.超低温保存　即精液经处理后在液氮内（−196℃）长期保存。但是家兔精子容易受到超低温的破坏，活力受到严重影响，目前该技术尚不成熟。

④ 精液品质检查　采精后应立即进行，室温以18～25℃为宜。

a.外观检查　家兔精液量为0.3～2.0mL，平均约1mL。正常精液颜色为灰白色或乳白色，无味或略带腥味，pH值为6.8～7.2，呈中性

至弱碱性。精液似云雾状滚动且混浊则表示精子活力及浓度较高，当精子浓度增加时，pH值偏低。

b.镜检　输精时一般要求精子活力在0.6级以上。精子活力与环境温度有关，镜检时应置于30℃左右温度下进行。精子密度测定方法是取精液1滴滴于干净的凹玻片上，在400～600倍显微镜下检查。如在视野中，精子彼此之间所留空隙不足容纳1个精子的长度，排列密集，很难看出单个精子活动的为稠密（＞10亿/mL精液）；如精子彼此间距离可容纳1～2个精子，单个精子的活动可以看清楚的为中等（2～10亿/mL精液）；如精子很少，彼此间距离很大的为稀薄（＜2亿/mL精液）。

精子活力测定方法是采精后取1滴精液置于载玻片上，再轻轻盖上盖玻片，在30℃左右温度下250～400倍显微镜镜检，计算呈直线前进运动的精子数占总数的百分率。精子活力与受精率呈正相关。

⑤ 输精

a.排卵处理　由于兔是诱导排卵动物，输精前必须对发情母兔进行诱导排卵处理。常用的方法有：一种是用结扎输精管的公兔与发情母兔进行交配，刺激母兔排卵；另一种是注射激素，如促黄体生成素（LH）或绒毛膜促性腺激素（HCG），用量一般为50～100IU；人用绒毛膜促性腺激素20IU/kg体重，静注。若注射孕妇尿时，以不超过1mL为宜。促排卵素3号，每支25μg，可以注射40～100只母兔。

b.输精方法　将精液倒入输精枪内。一人抓住母兔正放在输精车上，输精人员一只手抓住尾巴提起，提到后腿离开支撑处，另一只手把输精枪沿着阴道壁插入6～8cm左右，然后注入0.4～0.5mL精液，输入的有效精子数为0.15亿～0.30亿。输精时，确保输精枪内无气泡。注意输精时动作一定要轻，不能使劲强硬插入，防止破坏种母兔的阴道和子宫。

为了提高母兔的受胎率和产仔数，应在第1次输精后再次输精，特别是对精液品质差的，2次输精间隔的时间以8～10h为宜。第2次输精时，输精量可比第1次略少。如果是杂交生产商品兔，也可在第2次输精时输入另外一只公兔的精液。输精7～8d后要进行妊娠检查，若未妊娠时，可再次进行发情刺激，14～15d后便可出现第二个发情周期。

⑥ 输精后管理

a.保持兔舍安静　输完精后，为了更好地让母兔受胎，所有人员必须撤出兔舍，给母兔营造一个安静舒适的环境。在采精、输精前要加料，要保证水料充足。

b.母兔摸胎　输精以后，仍保持每天16～18h光照，直至母兔摸胎。母兔在配种后12～15d进行摸胎，以确认母兔是否受孕。

（三）妊娠与分娩

1.妊娠

（1）妊娠母兔的生理变化

① 生殖器官的变化　母兔妊娠后，妊娠黄体在卵巢中持续存在，从而使发情周期中断；妊娠母兔子宫增生，继而生长和扩展，以适应胎儿的生长发育；妊娠初期阴门紧闭，阴唇收缩，阴道黏膜的颜色苍白。随妊娠时间的延长，阴唇水肿。

② 母兔的体况变化　妊娠母兔新陈代谢旺盛，食欲增强，消化能力提高；因胎儿的生长和母体自身重量的增加，母兔体重明显上升；营养状况改善，毛色变得光亮、膘度增加，后期腹围增大，行动变得稳重、谨慎，活动减少等。

（2）胚胎发育　母兔的妊娠期分为3个阶段，即1～12d为胚期，13～18d为胚前期，19d至分娩为胎儿期。前两个时期以细胞分化为主，胎儿的绝对增重很少，而胎儿期增重迅速，仔兔出生体重的90%是在胎儿期生长的，妊娠后期对营养的需要较多。在正常排卵情况下，胚胎死亡率约占附植胚胎数的7%。其中，在妊娠8～17d之间死亡者占66%，在17～23d之间死亡者占27%。子宫内胚胎死亡率的高低与妊娠母兔的营养水平和环境有关。

（3）妊娠诊断

① 复配法　一般在第一次配种后5～7d，将母兔放入公兔笼中，若母兔已妊娠，则会发出警惕性的“咕、咕”叫声，或卧地掩盖臀部，拒绝配种。

② 称重法　一般母兔在配种前称重1次，配种后15d左右复称1次，若体重明显增加，表明母兔已经受胎。两次称重均应在早晨喂料前、空腹进行。

③ 摸胎法　一般可在配种后第10～12d进行。此法简便易行，准确率高。具体方法是：术者左手抓住母兔双耳和颈部皮肤，右手做“八”字形，自前向后沿腹壁轻轻探摸，若感觉柔软如棉，表明未妊娠；若能摸到花生米粒大小、能滑动的球状物，表明已妊娠；妊娠12d左右，胚胎大小状似樱桃；妊娠14～15d，胚胎大小状似杏核；妊娠到15d以上时，可摸到像鸡蛋黄大小而又富有弹性的胚胎；妊娠20d之后，再次触摸时，便可摸到花生角似的长形胎儿，并有胎动的感觉，此时胎胞界限不明显。初学者摸胎时要注意胎儿与粪球的区别，粪球多为扁圆形，无弹性，表面较粗糙，在腹腔分布面积较大，无一定的位置。胎儿位置则比较固定，用手轻压表面，光滑而富有弹性。摸胎动作应轻缓，要用指肚触摸，不可用力挤捏，以免造成流产。

（4）妊娠期　从受精卵发育开始至分娩的整个时期称为妊娠。家兔的妊娠期平均为30～31d，变动范围为29～34d，不到29d者为早产，超过35d者为异常妊娠，在这种情况下多数不能产下正常仔兔，一般很难存活。母兔妊娠期的长短与兔品种、年龄、营养水平、胎儿数量及发育情况有关。大型母兔的妊娠期较小型母兔长，老年母兔妊娠期较青年兔长，营养和健康状况良好的母兔妊娠期比状况差的长，胎儿数目少的妊娠期比胎儿数多的长。

（5）假孕　母兔排卵后未能受精，即会出现假孕现象，如乏情、拒绝公兔配种、食欲增加、乳腺发育、衔草做窝等。原因可能是不育公兔的性刺激，或母兔患有子宫炎、阴道炎等。一般母兔的假孕期为16～18d，在假孕末期，母兔的乳房也可膨胀，并开始拉毛做窝，但并无仔兔产出，不久便可出现发情。因此，对未孕母兔的复配时间以取前一次配种后相隔16～17d为佳，此时受胎率较高。

2.分娩及产后护理

胎儿在母体内发育成熟之后由母体内排出体外的生理过程称为分娩。产前必须做好接产准备工作。将消毒过的产箱放入母兔笼内，里面放些柔软而干净的垫草，让母兔熟悉环境，防止将仔兔产在箱外。

（1）分娩征兆　母兔临产前3～5d，乳房肿胀，可挤出少量白色较浓的乳汁；肷部凹陷，尾根和坐骨间韧带松弛，外阴部肿胀，黏膜潮红湿润；食欲减退或停食，精神不安；分娩前1～3d开始衔草做

窝；临产前数小时用嘴将胸部乳房周围的毛拉下营巢；分娩前2～4h频繁出入产箱。

（2）分娩过程　母兔在分娩时，表现为精神不安，四肢刨地，顿足，弓背努责，排出胎水，最后呈犬卧姿势，仔兔便顺次连同胎衣一起产出。母兔边产仔边将仔兔脐带咬断，吃掉胎衣，同时舔干仔兔身上的血迹和黏液。一般每隔1～3min产出1只，产完1窝需20～30min。个别母兔，呈间歇性产仔，产出部分后便停下来，2h甚至数小时后再产下一批仔兔。

（3）助产　母兔一般都会顺利分娩，不需助产，个别母兔出现异常妊娠时，应采取相应措施。如果妊娠期超过31d不产仔，或因产力不足而不能顺利分娩，可人工催产或用激素催产。催产素注射液，肌注3～4IU，约10min便可分娩。若因胎位不正所造成的难产，不能轻易采用激素催产，应先调正胎位后再用激素处理。因胎儿过大等原因造成的难产，如有必要可进行剖宫产手术。

（4）产后护理　分娩结束后，母兔常会跳出产箱找水喝。因此，需事先准备好清洁的温水或淡盐水、米汤让母兔喝足，以防因口渴一时找不到水喝而吃掉仔兔。母性强的会回到产仔箱内哺乳仔兔。在母兔产完仔兔之后，若发现仔兔过少时，应检查母兔的腹部内是否还有仔兔。如果所产的仔兔是留作种用，在母兔哺乳前要称窝重和个体重，以做母兔繁殖性能和育种的档案。产仔结束后，清点仔兔数量，剔除死胎、弱胎，检查仔兔是否吃过初乳。

三、种公兔的饲养管理

种公兔对后代的影响要比母兔大，其优劣对兔群质量影响很大，因此，养好种公兔意义重大。

1.种公兔饲养

（1）非配种期的饲养　种公兔过肥或过瘦都会影响配种，甚至失去种用价值。非配种期是种公兔恢复体况的时期，这一时期种公兔不参与配种，无负担，因此，饲料应保持中等营养水平，使其体况保持不肥不瘦的状态。饲养标准：消化能9.5～10.5MJ/kg，粗蛋白质12%～14%，粗脂肪2%～3%，粗纤维14%～16%，供给充足的

维生素和微量元素。每天喂给配合饲料80～120g，搭配青绿饲料800～1000g。冬季要补充一些多汁青绿饲料，若青绿饲料少，必须在颗粒饲料中添加双倍量的复合维生素，一是弥补颗粒料中的损失；二是满足种公兔的营养需求。要始终保持饲草饲料的清洁卫生，不喂霉烂变质，夹带泥浆、露水、冰块或被粪便污染的饲料。

（2）配种期的饲养　配种期即集中配种的阶段。此时种公兔生理负担最重，饲喂时饲料营养水平要高，营养要全面，特别是蛋白质、维生素、微量元素要充足。蛋白质含量提高到16%～18%，对提高精液品质有重要意义。配种期到来之前15d左右要调整日粮，配种旺期饲料中要添加2%鱼粉，增加饲料中优质蛋白质的含量。春秋换毛季节，种公兔营养消耗较多，体质较差，应加强营养，补充动物性饲料或喂花生米、浸泡黄豆等，并减少配种次数。

2.种公兔的管理

（1）环境舒适　兔舍要求宽敞、通风、透光、清洁卫生，舍内空气清新而舒适。3月龄以上的公母兔要分开饲养，种公兔宜一笼一兔，以防滥配早配。兔笼要宽大、底平、牢固，便于种公兔活动；笼门要关严紧，防止公兔外逃、斗殴从而造成损失。笼底竹板条要坚固，间隙不要过宽，以漏下粪便为度。公母兔笼应有一定距离，以避免异性气味刺激，引起公兔过度消耗精力或造成公兔性欲降低；但在种公兔发育期要有意识地让种公兔与异性接触。

（2）适龄配种　初配月龄：小型品种在4～5月龄，体重2.5～3kg；中型品种在5～7月龄，体重4～5kg；大型品种在8～10月龄，体重6～8kg，不能过早利用。为提高母兔的受胎率和产仔数，应采取双重配种，配种母兔连续与2只公兔各配种1次，即与第1只公兔交配后休息20～30min，待母兔身上的公兔气味消失后再与第2只公兔进行交配。

（3）比例适宜　商品兔场自然交配时，若群体较小，公母兔的配比，毛兔以1∶（3～4），肉兔以1∶（8～10）为宜；若群体较大，则以1∶（8～10）较为合适［种兔场为1∶（4～5）］。人工授精时，公母比例为1∶（50～100）。在种公兔群中，壮年公兔和青年后备公兔应保持合适的比例，一般壮年公兔占60%，青年公兔占30%，老年

公兔占10%。

（4）合理使用　青年公兔每天配种1次，连续配种2d后休息1d；初次配种的公兔实行隔日配种法，即交配1次，休息1d；成年公兔1d可交配1～2次，连续配种2d后休息1d。如果每天配种1次，可连用配种5d后让其休息2d，这样能保持种公兔性欲旺盛，充分发挥其种用性能。若种公兔承担的配种任务较重，使用频繁，可导致性功能减退，精液品质下降；但若承担的配种任务少，长期闲置不用，公兔的性欲长期得不到满足，也能使其性功能减退。因此，要合理使用种公兔，才能发挥其配种潜能。

（5）夏季防暑　环境温度对种公兔精液品质影响很大，当舍温超过25℃时，精子活力下降。当舍温高达30℃时，会引起精子减少、密度降低，精子畸形率升高，出现“夏季不育”现象。有资料表明，夏季睾丸的体积比春季缩小30%～50%，而此时睾丸受到的破坏，在自然条件下需1.5～2.0个月才能恢复，且恢复时间的长短与高温的强度和时间成正相关。为使种公兔安全过夏，可在6月末7月初剪毛1次，以利于体内热量散发；也可以在夏季把种公兔饲养在地下式兔舍中或安装风机、湿帘等；有条件的养殖场（户）还可在兔舍内安装空调。也可在饲料或饮水中添加抗热应激药物，如维生素C、小苏打、藿香正气散、解暑抗热散等。

（6）加强运动　笼养公兔要定期运动，至少每周要运动2次，每次运动1h左右。若舍内阳光不足，则应定期把公兔放在阳光充足的场地上，以增强体质和提高性欲。

（7）讲究卫生　家兔胆小怕惊，喜干净、爱清洁。因此，在日常管理中要防止出现突然的动作和声响，以免造成公兔惊动，性欲下降。坚持每天清扫兔舍，每周消毒一次兔舍及用具，使环境清洁卫生。

（8）健康检查　按照家兔疫病的防疫计划和程序，进行预防接种和驱虫。在配种期，要加强对公兔的健康检查，还要定期检查公兔生殖器，如有炎症或其他疾病时，应及时防治。日常管理中要多观察、细观察，发现公兔精神不振、食欲减退、粪便异常、生殖器官炎症等，应停止配种，隔离治疗。

（9）防止近交　家兔近亲繁殖易产生死胎、畸形仔兔和后代生活力降低等问题，因此，应做好配种繁殖记录，定期更新种公兔，避免近亲繁殖。

（10）换毛期不配　换毛期的种公兔不能进行配种，由于换毛期营养消耗大，体质较弱，若频繁使用不仅影响种公兔健康，而且精液品质差，受配母兔受胎率低。

（11）控制利用年限　种公兔超过一定利用年限后，其配种能力、精液量、精液品质等都会明显下降，逐步失去种用价值，要及时更新和淘汰。从开始配种算起，一般公兔的利用年限为2年，特别优秀者不超过3～4年。

四、种母兔的饲养管理

种母兔是兔群的基础，它除了本身的生命活动外，还有妊娠、泌乳、哺育仔兔等负担，因此，种母兔饲养管理工作的好坏，不仅影响后代的品质，而且也关系到种兔场经济效益。种母兔按生理阶段的不同可划分为三个时期：空怀期、妊娠期和哺乳期。

（一）空怀母兔的饲养管理

空怀母兔是指幼兔断奶后至再次配种妊娠前这段时间的母兔。由于母兔在哺乳期消耗大量养分，体质瘦弱，此期饲养管理的关键是补饲、催情，通过日粮的调整，使母兔在上一繁殖周期消耗的体能尽快恢复，以使母兔尽快发情，进入下一繁殖周期。

1. 空怀母兔的饲养

（1）饲喂方法　一般采用限制饲喂或混合饲喂的方法。限制饲喂时，每天饲喂颗粒饲料100～150g；混合饲喂时，青绿饲料每日500g以上，精料补充料50～100g。颗粒饲料或精料补充料每天饲喂2次。

（2）补充青绿饲料　配种前，种母兔除补加精料外，应以青饲料为主，冬季和早春青绿饲料缺乏的季节，每天应供给100g左右的胡萝卜或冬牧70黑麦、大麦芽等（或在其日粮中添加复合维生素添加剂），以保证繁殖所需维生素的供给，促使母兔正常发情。

2. 空怀母兔的管理

（1）保持膘情　要求空怀母兔保持七八成膘。若母兔体况过肥，应停止精料补充料的饲喂，只喂给青绿饲料或干草；对过瘦母兔，应

适当增加精料补充料喂量。

（2）诱导发情　膘情正常但发情不明显或不发情的母兔，在改善饲养管理条件的同时，应进行催情处理。在母兔配种前7～10d，实行“短期优饲”，提高母兔饲料的营养水平，增加精料量30%，同时加喂胡萝卜、大麦芽和优质青饲料，有利于早发情，多排卵，多产仔。其他催情方法见前面乏情母兔的处理中所述。

（3）适时配种　空怀期的母兔可单笼饲养或2～3只母兔1个笼子饲养，也可群养。但必须观察其发情情况，母兔在断奶后5～7d便会发情，饲养人员要认真观察，以便及时配种。一般情况下，春、夏、秋三季，公兔在早晨和夜间性欲旺盛；在冬季较寒冷的季节，中午配种效果较好。母兔阴唇颜色呈大红或稍紫、充血肿胀时，是配种理想时期。应采用重复配种法或双重配种法。无论是公兔还是母兔，饲喂前和饲喂后半小时之内不要配种。

（4）摸胎补配　可在母兔配种后第10～12d 摸胎，对未妊娠者，注意观察发情表现，及时补配。

（5）增加光照　注意兔舍的通风、光照，冬季适当增加光照时间，使每天的光照时间达14h以上，光照强度为每平方米2W左右，灯泡高度2m左右，以利发情受胎。

（6）及时免疫　由于母兔在妊娠期和哺乳期不适于注射疫苗和投喂药物，因此，这些工作尽量集中在母兔的空怀期进行。

（7）适宜环境　兔舍要干燥、通风、透光、清洁卫生，温度适宜。兔对环境温度的临界范围为5～30℃，最适温度15～25℃，在此温度范围内，繁殖可正常进行配种。温度高于30℃或低于5℃时，发情率降低，空怀率升高。因此，冬季应注意防寒保暖，夏季注意防暑通风。同时，还要注意保证适当的光照强度和时间，保证光照时间在14h以上，并要加强运动。

（8）检查治疗　泌乳期内母兔营养物质消耗很多，往往会因营养物质失衡而造成食欲不振、消化不良等消化系统疾病、乳腺炎及一些代谢病，有些母兔则可能因交配、人工授精或产仔而患有生殖系统疾病，如子宫内膜炎、子宫积脓等。配种前先要认真检查治疗，严重时选择淘汰。

（9）适时淘汰　根据繁殖性能、体况和年龄，对于连续3胎空怀、产仔数和断奶成活数偏少，年龄过大以及体质过于衰弱，无力恢复的母兔，要及时淘汰，以保持群体较高的生产水平，提高经济效益。

（二）妊娠母兔的饲养管理

母兔的怀孕期一般为30～31d，由于品种、产次和营养水平不同，有提前或延长1～3d的均属正常。重点是保证营养以确保母体健康和胎儿的正常发育，防止流产和早产。

1.妊娠母兔的饲养

（1）妊娠前期　指怀孕前18d。此期由于母兔器官和胎儿增长速度较慢，需要营养物质不多，饲养水平略高于空怀期。若此期营养水平过高，反而会使胚胎早期死亡数增加。

（2）妊娠后期　指怀孕19～31d。此期胎儿生长较快，初生仔兔体重约90%在此期完成。由于后期胎儿增长速度很快，营养物质需要较多，饲养水平应比空怀期提高1～1.5倍。喂料量控制在140～180g。如以青粗饲料为主补加精料的情况下，精料定量应控制在100～120g为宜。日粮里可补充一些鱼粉、骨粉和油饼类饲料，粗蛋白质含量16%。同时，注意补给矿物质和维生素。每天每只怀孕母兔可喂各种青草、野菜700～900g，精料30～40g。枯草期每天每只怀孕母兔喂优质干草250～300g，胡萝卜、马铃薯、红薯等150～200g，精料50～70g。在怀孕后15d开始逐渐增加饲料喂量。但在临产前1～2d，应根据母兔的体况和乳房充胀情况，适当调控精料给量，以防产后奶水分泌过快过多，导致母兔发生“乳结”；或奶水过迟过少，仔兔因吃不饱而咬伤其乳头诱发乳房炎。母兔妊娠后营养水平在短时期内大幅度提高，特别是能量水平，会导致胎儿早期死亡。

2.妊娠母兔的管理

重点是做好护理，防止流产。

（1）做好保胎，防止流产　流产一般发生在妊娠后15～25d，尤其是25d左右多发。防止流产的措施：避免近亲交配和过早配种；不随意捕捉，摸胎时动作要轻柔；做好疫病防治；保证饲料品质，避免突然换料和饲喂发霉变质、冰冻饲料等；避免突然惊吓和使用可能导致流产的药物等。

（2）做好产前准备　一般情况下，产前3d将消毒好的产仔箱放入母兔笼内，产仔箱内垫好刨花或柔软的垫草。母兔在产前1～2d要拉毛做窝，拉毛做窝越早，其哺乳性能会越好。对于不拉毛的母兔，在产前或产后要进行人工拔毛，以刺激乳房泌乳，利于提高母兔的哺乳性能。

（3）加强分娩管理　母兔分娩多在黎明时分，一般情况下产仔都会顺利，每2～3min产下1只，20～30min全部产完。严冬季节要安排值班，对产到箱外的仔兔要及时保温，放入产仔箱内。产仔结束后，及时取出产箱，清点产仔数，剔出死胎、畸形胎、弱胎和沾有血迹的垫草。分娩后因失水、失血过多，母兔身体虚弱，精神疲惫，口渴饥饿，因此，要准备好盐水或糖盐水，同时要保持环境安静，让母兔得到充分的休息。

（4）诱导分娩　在生产实践中，50%的母兔在夜间分娩，初产母兔或母性差的母兔，易将仔兔产于产仔箱外，仔兔易得不到及时护理而饿死或掉到粪板上死亡，冬季还容易被冻死，从而影响仔兔的成活率。采取诱导分娩技术，可让母兔定时产仔，有效提高仔兔成活率。具体操作方法：将妊娠30d以上（含30d）的母兔，放置在桌上或平坦地面，用拇指和食指一小撮一小撮地拔下乳头周围的被毛，然后放入事先准备好的过渡产仔箱内，让出生3～8日龄的其他窝仔兔（5～6只）吸吮乳头3～5min，再放进其将使用的产仔箱内，一般3min左右便可开始分娩。或在孕兔29d时注射氯前列烯醇钠0.2mL，会陆续在32～38h后分娩。

（5）人工催产　对妊娠期超过30d（含30d）仍不分娩的母兔，可以采用人工催产。具体方法：先在母兔阴部周围注射2mL普鲁卡因注射液，再在母兔后腿内侧肌注2IU催产素，几分钟后仔兔便可全部产出。需要注意的是，人工催产不同于正常分娩，母兔往往不去舔食仔兔的胎膜，仔兔会出现窒息性假死，不及时抢救会变成死胎、死仔。因此，对产下的仔兔要及时清理胎膜、污水、血毛等，并用垫草盖好仔兔，同时要注意及时供给母兔青绿饲料和饮水。

（6）产后管理　产仔后的1～2d内，因食入胎衣、胎盘，母兔消化机能较差，因此，应饲喂易消化的饲料。分娩后的1周内，应服用

抗菌药物，不仅可以预防产道炎症，同时可以预防乳腺炎和仔兔黄尿病，促进仔兔生长发育。

（7）预产值班守候　母兔配种要有准确记录，笼门上挂配种标识牌，标识牌必须明确标注配种时间和预产期。预产期要有人值班守候，将产到箱外的仔兔及时放入巢箱内。

（三）哺乳母兔的饲养管理

哺乳期是指母兔分娩到仔兔断奶的时期。一般为28～45d。由于仔兔的营养主要由母乳供给，母兔泌乳量越大，仔兔生长越快，发育越好，存活率越高。哺乳期母兔饲养管理的重点是保证营养的供给和防治乳房炎，以提供量多质好的乳汁，维持母兔体况和繁殖机能。

（1）饲喂青料　母兔分娩后1～3d，乳汁分泌较少，且消化机能尚未完全恢复，食欲不振，体质较弱。此时，饲料喂量不宜太多，应以青绿饲料为主。可日喂易消化精料50～75g，5d后喂量逐渐增加，1周后恢复正常喂量。在保证青绿饲料的前提下，精料逐渐增加到150～200g，达到哺乳母兔饲养标准。饲喂全价颗粒饲料的兔场，分娩5d后基本上可采取自由采食方式饲养。母兔采食越多，泌乳量越大。仔兔断奶前3～5d，应逐渐降低母兔的饲喂量，以促使母兔回奶，体况差的母兔也可以不减料。

（2）增加营养　一般母兔分娩后随着时间的延长，泌乳量逐渐增加，18～21d达到高峰。每天可泌乳60～150mL，高产母兔可达150～250mL，最高可达300mL以上。21d后泌乳量逐渐下降，30d后迅速下降。维持较高的泌乳量需要较多的养分供应，所以应适当增加饲料供给，除喂给新鲜优质青绿饲料外，还应注意日粮中蛋白质和能量的供应。饲料质量较差或喂量不足，不仅会影响母兔的健康和泌乳量，还会导致仔兔发育不良、生长缓慢、抗病力降低，严重者易患多种疾病甚至引起死亡。家庭饲养条件下，日粮蛋白质水平应达17%～18%，日喂青草750～1000g。同时，保证混合精料的数量和质量，给母兔每只每天补喂骨粉3～4g，补加适量微量元素。

（3）检查哺乳　母兔的泌乳量多与胎次有关，一般第一胎泌乳量较低，2胎后逐渐增加，3～5胎较多，10胎前相对稳定，12胎后明显下降。母兔泌乳量的高低与仔兔健康密切相关。所以，在母兔分娩后

要及时检查其泌乳情况，一般可通过仔兔的表现反映出来。若仔兔腹部胀圆，肤色红润光亮，安睡少动，则母兔泌乳力强；若仔兔腹部空瘪，肤色灰暗无光，乱抓乱爬，有时会发出“吱吱”叫声，则母兔无乳或有乳不哺。若无乳，可进行人工催乳；若有乳不哺，可人工强制哺乳。

（4）人工哺乳　适用于有乳不哺的母兔。具体方法：每天早晨（或定时）将母兔提出笼外，伏于产仔箱中，让仔兔吸吮，每天1～2次，3d后改为每天一次，连续3～5d，一般即可达到目的。

（5）环境控制　要给母兔提供安静的环境，尽量减少噪声、避免粗暴对待母兔，不要惊扰母兔，以防吊乳和影响哺乳。兔舍要保持温暖、干燥、卫生、空气新鲜，随时提供清洁的饮水。保持笼舍、笼具的清洁卫生和光滑平整。

（6）经常检查　母兔泌乳阶段很容易患乳房炎，随时检查母兔的乳房、乳头以及母兔，发现有硬块、红肿等症状，要及时隔离治疗。

（7）饲料卫生　严禁饲喂发霉、变质饲料，以防止由此引起母兔泌乳量减少、乳质降低、仔兔发生下痢或消化不良。

（8）乳头保护　产后用经过消毒的热毛巾按摩洗擦乳房，然后用碘酊涂抹每个乳头，隔日1次，连续3次。一方面预防母兔乳头的伤害，另一方面，使仔兔在哺乳时获得一定的碘，有预防球虫病的作用。

（9）分开饲养　母兔与仔兔分开饲养，定时哺乳，平时将仔兔从母兔笼中取出，安置在适当地方，哺乳时将仔兔送回母兔笼内。分娩初期可每天哺乳2次，每次10～15min，20日龄后可每天哺乳1次。寄养仔兔时，应先将被寄养的仔兔放入保姆兔所产仔兔的仔兔箱内，12h以后方可让母兔哺乳，避免母兔识别出养仔而将其咬死咬伤。

五、仔兔的饲养管理

仔兔是指从出生到断奶的小兔。仔兔对外界环境的调节能力较差、适应性差，是家兔一生中最难养的阶段。根据生理特点，仔兔可分为睡眠期（10～12d）和开眼期（12d～断奶）两个阶段。

（一）仔兔生长发育特点

（1）体温调节能力差　仔兔刚出生时裸体无毛，体温调节能力不健全，随气温的变化体温也有变化。一般4d长出绒毛，10d后的体温才能基本稳定。炎热季节巢箱内闷热，易整窝中暑，寒冬季节则易被冻死。初生仔兔最适环境温度为30～32℃。

（2）视觉和听觉不发达　仔兔生后闭眼封耳，除了吃奶就是睡觉，8d耳孔开张，12d睁开眼睛。

（3）生长发育快　初生仔兔体重只有40～65g，但正常情况下出生7d后体重增加1倍，10d增加2倍，30d增加10倍，即使是30d后也能保持较快的生长速度。因此，对营养物质要求较高。

（二）仔兔的饲养管理

1.睡眠期的饲养管理

仔兔睡眠期是指从出生到睁眼的时期，一般为12d。该阶段饲养管理的关键是保证仔兔早吃奶、吃好奶，同时要保证仔兔健康生长所需要的环境条件。

（1）早吃初乳　初乳是指母兔分娩后前3d所分泌的乳汁。初乳营养丰富，富含蛋白质、能量及维生素和镁盐等，易于消化，并能促进仔兔胎粪的排出。因此，让仔兔早吃初乳、吃足奶是减少死亡和提高成活率的关键措施。仔兔出生5～6h必须吃上初乳。仔兔出生后即寻找乳头，12d内除吮乳外几乎都在睡眠。当母兔跳入槽内时，仔兔立即醒来寻找乳头。哺乳时间一般为3min，不超过5min。仔兔哺乳时将乳头叼得很紧，哺乳完毕母兔跳出产仔箱时，有时会将仔兔带出箱外又无能为力，应特别注意。

（2）科学寄养　一般情况下，母兔哺乳仔兔的数量应与其乳头数量一致，产仔数多的母兔便不能哺乳所产全部仔兔。此外，生产实践中有时还会出现母兔产后无奶、死亡或疾病等现象。此时，可将无法哺乳的仔兔，由产仔少的母兔代为哺乳，即寄养。代乳母兔通常称作保姆兔。

具体方法：先将保姆兔拿出笼，再将寄养仔兔放入产箱内窝的中心，盖上垫草、兔毛；2h后将母兔放回笼内，观察母兔的行为，若发现母兔咬寄养仔兔，应立即将寄养仔兔移开。对于初次作为保姆兔的母兔，在鼻端涂抹少量石蜡、碘酒或清凉油等，扰乱母兔的嗅觉，能大大提高寄养成功率。

（3）保温防冻　由于仔兔体温调节能力差，对环境温度要求较严格。睡眠期仔兔最适宜的产仔箱温度为30～32℃。生产中在寒冷季节可采取母仔分开的方法，将产仔箱连同仔兔一起移至温暖的地方，定时放回母兔笼哺乳。

（4）均匀发育　对于体质瘦弱的仔兔，应加强管理，采取让弱兔先吃奶，然后再让其他仔兔吃奶的办法调节，力争使整窝兔均匀发育。

（5）防止鼠害　睡眠期的仔兔最易遭受鼠害，甚至全窝被老鼠蚕食，应注意将兔笼、兔舍严密封闭，勿使老鼠入内。

（6）人工哺乳　仔兔出生后，若母兔患病、死亡或缺乳而又无法寄养时，可采用人工哺乳的方法。具体方法：初期用鲜牛奶（或羊奶），100mL中加入食盐1g，煮沸消毒后冷却至37～38℃，加入1～2mL维生素AD油，装入注射器、玻璃滴管或已经过消毒的塑料眼药水瓶（瓶口接一段乳胶自行车气门芯），每天喂2～3次，每次吃饱为止。1～2周后可以加入20%～30%豆浆，每300～500mL再加入鲜鸡蛋1个，并加入适量的复合B族维生素。人工哺乳用乳汁的浓度要视仔兔粪尿情况来定；人工哺乳器具必须严格消毒；剩余乳汁不能再喂仔兔，可以喂给成年兔或废弃。

（7）分批哺乳　母兔产仔较多，而无合适的保姆兔时，可将仔兔分成两批，早上给个体小的仔兔喂奶，傍晚给个体较大的仔兔喂奶，只要加强母兔营养供应并及早给仔兔补料即可。若母兔产仔数很多，而当时又无合适的保姆兔寄养，应果断抛弃部分仔兔。

（8）并窝哺乳　对于产仔数少的母兔，在保证仔兔成活率的前提下，可采用并窝哺乳，提高母兔利用率。并窝哺乳仔兔之间日龄差异不超过2～3d。

2. 开眼期的饲养管理

仔兔出生后12d左右开眼，从开眼到离乳这段时间称为开眼期。仔兔开眼迟早与发育有很大关系，发育良好的仔兔开眼早，仔兔若在出生后14d才开眼，则往往体质较差，易生病，需要加强护养。若发现开眼不全的仔兔，可用药棉球蘸上温开水洗去封堵眼睛的黏液，也可用注射器吸入温水，人工辅助仔兔开眼，否则可能形成大小眼或瞎眼。

仔兔开眼后，精神振奋，会在巢箱内往返跳蹦，数日后跳出巢箱，叫做出巢。出巢的迟早，依母乳多少而定，母乳少的早出巢，母乳多迟出巢。此时，由于仔兔体重日益增加，母兔的乳汁已不能满足仔兔的需要，常紧追母兔吸吮乳汁，所以开眼期又称追乳期。这个时期的仔兔要经历一个从吃奶到吃植物性饲料的转变过程，饲养的重点应放在仔兔的补饲和断奶上。

（1）及时补饲　从16日龄起，每只仔兔每天从4～5g开始逐渐增加到断奶时的20～30g，每天饲喂4～5次；补饲时，要设置小隔栏将母兔与仔兔分开，仔兔能进入隔栏里吃食而母兔吃不到；或者将仔兔与母兔分笼饲养，仔兔单独补饲，补饲后及时撤走料槽。23～25日龄可喂些营养价值高的新鲜嫩草等青饲料。配料时，加入适量酵母粉、酶制剂、生长促进剂、抗生素和抗球虫药物等。仔兔胃小，消化力弱，但生长发育快，在喂料时要少喂多餐，均匀饲喂，逐渐增加。在开食初期以吃母乳为主，饲料为辅；到20日龄时，则转变成以饲料为主，母乳为辅，直至断奶。

（2）适时断奶　根据仔兔生长发育状况、均匀度和兔群繁殖计划和相关饲养管理制度，制定合适的断奶时间，在做好补料的基础上，适时断奶，能保证仔兔安全渡过断奶关，减少断奶应激，提高成活率。断奶时间一般选择在28～35日龄。断奶方法有以下两种：

① 一次性断奶　全窝仔兔发育良好、均匀，母兔泌乳能力急剧下降，或母兔接近临产期，可采用同窝仔兔一次性全部断奶。断奶母兔在2～3d内只喂给青粗饲料，停喂精料，促使母兔尽快停止泌乳。

② 分期分批断奶　同窝仔兔发育不整齐，母兔体质健壮、泌乳能力尚保持良好时，可以先让健壮的个体断奶，弱小个体继续哺乳数天后再断奶。

断奶后，原笼原窝仔兔一起饲养并饲喂断奶前的饲料，以减少环境、饲料、管理等发生变化而引起的应激，降低仔兔断奶后的死亡率。

（3）科学管理

① 母仔分笼　仔兔刚开食时，会误食母兔的粪便，如母兔有球虫病，易传给仔兔。为了保证兔体健康，最好自15日龄起母仔分笼饲养，但必须每隔12h给仔兔喂奶一次。

② 清洁巢箱　仔兔开食后粪便增多，要常换垫草并洗净或更换巢

箱。否则，仔兔睡在潮湿的窝内对健康不利。

③ 健康检查　经常检查仔兔的健康状况，察看仔兔耳色。如耳色桃红，表明营养良好；耳色暗淡，表明营养不良。

④ 断奶准备　仔兔断奶前要做好充分的准备工作，如断奶仔兔所需的兔笼、食具、用具等应事先进行清洗与消毒，断奶仔兔饲料的质量要好些，混合料中粗蛋白质含量最好在18%以上。

⑤ 加强护理　断奶仔兔生长发育快，但抗病力差，要特别注意护理，否则发育不良，且易患病死亡。

⑥ 科学饲养　断奶仔兔必须饲养在温暖、清洁、干爽的地方，以笼养为佳，每笼可养3～4只。群养时，每群8～10只。

⑦ 日粮全价　饲料最好由麸皮、豆饼和奶类等配合而成的高蛋白质混合精料和优质干草组成。由于兔奶中蛋白质、脂肪的含量高出牛奶3倍，所以用喂大兔的饲料很难养活幼兔。所喂饲料要清洁新鲜，带泥的青草要洗净晾干后再喂，喂时要掌握少喂多餐的原则，青饲料3次/d；精饲料2次/d。

⑧ 加强运动　为了提高仔兔的健康水平，每次饮食后，可由母兔带到运动场内适当活动以增强体质锻炼。兔在运动时，应有专人看管，防止互斗造成伤害；如发现病兔，应迅速隔离；如果遇到气候突变，应尽快收回。

⑨ 防止吊乳　主要原因是母兔乳汁少，仔兔吃不饱，较长时间吸住母兔的乳头不放，母兔离箱（巢）时就会将正在吃乳的仔兔带出箱外；或者母兔正在哺乳时受到突然惊吓，引起母兔惊慌而突然离巢，将仔兔带出巢外。吊乳出巢的仔兔容易受冻或被母兔踩死，在饲养管理上要特别细心。

⑩ 防兽害、防冻、防病　初生仔兔体重只有50～60g，易被鼠蚕食，因此，除在兔舍建筑设计和兔舍建设时考虑防鼠害外，还需在兔舍与舍外通道（如窗户、通风口等）设置适当大小网格的铁丝网。仔兔出生后体表无毛，体温随着外界温度变化而变化，冬季和春季气温偏低。特别是我国北方，兔舍内要进行保温处理。此外，由于仔兔抵抗力弱，易发生疾病，如黄尿病、脓毒败血症、大肠杆菌病和支气管败血波氏杆菌病等，需要加强饲养管理、药物预防及免疫接种等方面

的工作。

六、幼兔的饲养管理

从断奶至3月龄左右的兔子称为幼兔。此阶段兔生长发育快，但各器官机能发育还不健全，抗病力差，对外界环境敏感，对饲料条件要求高。再加上仔兔断奶后正处于换毛期，若此期间饲养管理不当，不仅生长发育慢、死亡率高，而且严重影响饲养者的经济效益。

1.幼兔的饲养

（1）提供优质饲料　幼兔断奶后消化能力弱，但生长快，需要大量的营养物质，因此，应供给适口性强、易消化、营养丰富的饲料。在供给颗粒饲料的同时，每日还应再投少量的青草或多汁饲料。一般日粮中不仅要保证蛋白质的含量在16%～17%，还要保证蛋白质的质量，注意氨基酸的含量和平衡性。此阶段家兔面临着第一次换毛（年龄性换毛），日粮中更要保持含硫氨基酸的含量。同时，保持幼兔日粮中的粗纤维含量为12%～14%，不低于10%。

（2）饲喂定时定量　幼兔新陈代谢旺盛、贪吃，但消化能力比较弱，因此，饲喂时应做到定时定量，每日饲喂4～5次，其中混合精料2次，青绿多汁饲料2～3次。饲喂时间要固定，而且每次投饲量要一致，不能忽多忽少，以避免消化不良。

2.幼兔的管理

（1）减少断奶应激　刚断奶的幼兔对环境适应能力差，因此，断奶后幼兔的饲养管理与断奶前相比应尽量做到饲料、环境、管理三不变。断奶后最好实行“离乳不离笼”的饲养方法。断奶后1～2周内，要继续饲喂补充饲料，以后逐渐过渡到幼兔料，否则，突然变料易导致消化系统疾病。饲喂量应随年龄增长、体重增加逐渐增加，不可突然增加，应有7～10d的过渡期，并保持饲料成分的相对稳定。

（2）分群饲养　断奶后的幼兔应按大小、强弱实行分笼饲养，一般每笼养兔3～4只（群养时每群5～10只），分群笼养可使幼兔采食均匀，生长发育均衡。笼养幼兔过多则会因吃食不均影响生长，引起撕咬互斗。体弱有病的幼兔要单独饲养，仔细观察，精心管理，以利于弱小幼兔尽快恢复体况。为了解笼养兔的健康和生长情况，必须定

期称重，一般可每隔15～30d称重1次，若生长良好，可留作后备种兔；若体重增长缓慢，则应单独饲养，加强营养，注意观察。

（3）环境管理　幼兔对环境变化敏感，要为其提供良好的生活环境，保持笼舍清洁卫生、环境安静，饲养密度适中，防止惊吓、防寒、防热、防空气污浊，防蚊虫、防兽害等，把好环境关，尤其是寒流等气候突变时更应做好预防工作。

（4）增加运动　幼兔正处于长身体时期，爱活动，喜阳光，因此，应保证幼兔每天都有一定的运动时间。春、秋两季，采取早晨放笼，晚间归笼；冬季采取中午放笼，晚饲前归笼；夏季，采取黎明时放笼，日出归笼。其活动场所，既要有阳光照入，以免因潮湿引起癣病，又要能庇荫，防止中暑。一般运动场大小以每平方米放幼兔2只为宜。幼兔大小要基本一致，如果个体大小差异悬殊，要分开活动，以免发生斗殴，造成伤亡。

（5）卫生防疫　幼兔阶段易患多种疫病，抓好防疫至关重要。除做好日常的卫生消毒工作外，要将药物预防、疫苗注射及日常检查等饲养管理制度相结合，严格卫生防疫。除注射兔瘟疫苗外，还要根据当地和本兔场疫病流行特点，注射巴氏杆菌病、产气荚膜梭菌病等疫苗，提高幼兔机体的免疫力。夏季尤其是雨季重点预防球虫病，加强大肠杆菌病、肺炎等疾病的预防。饲养人员应随时仔细观察幼兔的采食、粪便及精神状态，及早做好疾病的防治，确保兔群安全。

七、青年兔的饲养管理

从3月龄到初配这一时期的兔称为育成兔，又称青年兔，如果打算留作种用的又称后备兔。

1.青年兔的饲养管理

（1）饲养原则　青年兔的消化器官已得到充分锻炼，采食量加大，体内代谢旺盛，生长发育快，尤其是骨骼和肌肉。因此，青年兔日粮要以青粗饲料为主，精料为辅。每天每只可喂给青粗饲料500～600g、混合精料50～70g。但也要注意营养的全价性，供给充足的蛋白质、矿物质和维生素，日粮中粗纤维的含量控制在14%～15%。对计划留作种用的后备兔，5月龄以后需控制精料用量，以防过肥，影响种用。

（2）管理原则　管理重点是适时分群上笼。满3月龄后的青年兔已开始性成熟，为防止早配、乱配，公母兔必须分开饲养。4月龄以上的公兔，准备留作种用的要单笼饲养，以免互相爬跨，影响生长；凡不适合留作种用的公兔，要及时去势，去势后的公兔可群养育肥。此外，还应加强后备兔的运动，以增强体质、促进骨骼肌肉的充分发育。在设计兔舍时，后备兔的兔笼应宽大一些，或设置专门的运动场，以加大运动量。

2.后备兔的饲养管理

（1）后备兔的选留　规模较大的兔场，一般都是自留后备兔，既经济实惠，又没有引入疾病的风险，经验丰富的饲养者还能培育出更为优秀的群体。为使后备兔后代有好的性能表现，在实际选留过程中，应综合考虑父母、同胞和个体自身的各项生产性能做出选留。

① 选留方法　当被选个体较小，许多性状尚未表现时，依据父母兔的生长发育、繁殖性能和体型外貌等进行早期选择，父母兔应该生产成绩突出，各项生产性能优秀。后备兔从产仔数多、泌乳力强、断奶数和断奶窝重高的经产母兔后代中选留，以选留2～5胎的后代为宜。后备兔同窝仔兔最好生产性能好，整齐度高，个体差异小，且同胞中无遗传性疾病。

最重要的是依据自身性状表现的优劣进行选择。后备兔的生产成绩要达到或超过群体平均水平，膘情适中，体型外貌如毛色、头型、耳型等要符合本品种特征，体型匀称，后躯丰满，四肢结实有力，无明显的外形和生理缺陷，无门齿过长、牛眼、划水腿、四肢缺陷等遗传性疾病。公兔双侧睾丸发育良好、匀称，单睾、隐睾的不能留作种用。母兔外阴发育良好，无闭锁、发育不全现象，乳头4对以上，发育匀称、饱满，无瞎乳头，腹部柔软，无包块。

② 选留时期　后备兔一般在断奶、84日龄（或3月龄）、初配前等进行多次选择。断奶时进行初选，主要以窝选为主，在胎产仔数多、21日龄窝重大、断奶仔兔数多、断奶窝重大的窝别中选留体重大、健康活泼的仔兔，淘汰弱小、病残和明显不符合品种（系）特征的个体。此期选留数尽可能大，以便于给后期留下较大的选择余地。

84日龄（或3月龄）时进行大淘汰，着重测定个体重、断奶至12

周龄日增重，结合体形外貌、健康评定以及系谱档案资料，选择健康优秀、符合品种（系）特征的个体进入后备种兔群。饲料报酬也是一个重要的选择标准，但是由于个体饲料报酬的测定较难，一般通过与其相关的性状如日增重等进行间接选择。

初配前进行后备兔的最后一次选择。淘汰个别性器官发育不良、发情征兆不明显的后备母兔；公兔则要进行性欲及精液品质检测，淘汰性欲低下、精液品质不良的个体。

（2）后备兔的饲养　后备兔应按其生长发育阶段的不同特点分别进行饲养。3月龄至4月龄阶段兔的生长发育依然较为旺盛，骨骼和肌肉尚在继续生长，生殖器官开始发育，应充分利用其生长优势，满足蛋白质、矿物质和维生素等营养的供应，尤其是维生素A、维生素D、维生素E，以形成健壮的体质。4月龄以后家兔脂肪的沉积能力增强，应适当限制能量饲料的比例，降低精料的饲喂量，增加优质青饲料和干青草的喂量，维持在八分膘情即可，防止体况过肥。

（3）后备兔的管理　管理上主要是要防止互相咬斗及公、母兔间的早交乱配，做好疫病的防治工作，控制好初配年龄和体重，保证适时发情配种。

① 及时分笼　3月龄左右，兔的生殖器官开始发育，如果公母兔集中在同一个笼内饲养，容易导致公母兔间的早交乱配。同时，随着生殖系统的发育，兔同性好斗的特点表现得更为明显，同性特别是公兔间的打斗不仅消耗体能，更容易造成双方身体上的残缺甚至丧失种用性能，因此，3月龄后公母兔都要实行单笼饲养。

② 做好疫病防治　加强对兔瘟、巴氏杆菌病以及螨虫等的防治。为提高后备兔的育成率，除严格执行兔的免疫程序和预防投药外，同样还要做好日常的消毒工作和冬、夏季的防寒保暖工作，以使后备兔安全进入繁殖期。

③ 适时配种　一般而言，当兔的体重达到成年体重的75%～80%时进行配种则可获得较为理想的第1胎仔兔。同时要综合考虑兔的月龄，一般小型品种4.5～5月龄、体重2.0kg以上，中型品种5～6月龄、体重2.5～3kg以上，大型品种6～7月龄、体重3.5～4kg以上即可配种。

④ 控制体重　为使初配月龄和初配体重相符合，进行后备兔的体重控制非常必要。除了采取前促后控的饲养措施外，最好每个月进行一次称重，对达不到体重标准的加大喂料量，而对体重超标太多的则降低喂料量。通过体重控制，能有效提高后备群的均匀度，也有利于集中进行初配。

八、家兔的四季管理

1.春季饲养管理

（1）注意防寒保暖　在华北以北地区，春季气温渐暖，空气干燥，阳光充足，但气候多变，尤其是在3月份，倒春寒相当严重，寒流、小雪、小雨不时袭来，很容易诱发兔患病，如感冒、巴氏杆菌病、肺炎、肠炎等。特别是刚断奶的仔兔，抗病力较差，容易发病死亡，应精心管理。此期应以保温和防寒为主。每天中午适度打开门窗，进行通风换气。春末气候变化较为激烈，不仅温度变化大，而且大风频繁，时而有雨。此期应控制兔舍温度，防止气候骤变。平时打开门窗，加强通风，遇到不良天气，及时采取措施，为春季家兔的繁殖和仔兔的成活提供最佳环境。

（2）抓好春繁配种　兔在春季繁殖能力最强，公兔精液品质好，性欲旺盛；母兔发情明显，发情周期缩短，排卵数多，受胎率高。我国多数地区夏季和冬季兔的繁殖有很大困难，而秋季由于公兔精液品质不能完全恢复，受胎率受到很大的影响。因此，应利用春季这一有利时机争取早配多繁。如果抓不住春季的有利时机，很难保证年繁殖5胎以上的计划。一般来说，春季第二胎采取频密繁殖，对于膘情较好的母兔，在产后立即配种，能缩短产仔间隔，提高繁殖率，可实现春繁2胎以上，为提高全年的繁殖率奠定基础；但第三胎则需采取半频密繁殖，即在母兔产后的10～15d进行配种，使母兔泌乳高峰期和仔兔快速发育期错开。

（3）保障饲料供应　春季青绿饲料缺乏，对于只喂青粗饲料而未使用全价配合饲料的农村家庭兔场而言，适量的青绿饲料补充是提高种兔繁殖力的重要措施。应利用冬季贮存的萝卜、白菜或生大麦芽等，提供一定的维生素营养。同时，由于春季是兔的换毛季节，需要含硫

氨基酸较多，因此，为了加速兔毛的脱换，在饲料中应补加蛋氨酸，使含硫氨基酸达到0.6%以上。在饲喂过程中要防止因饲喂发霉饲料而中毒，并且随着气温的升高，新鲜青草由于幼嫩多汁、适口性好，兔喜食，但若不控制喂量，兔会因胃肠不能立即适应青饲料，会出现腹泻，严重时造成死亡，要特别注意。

（4）加强疾病预防　春季万物复苏，各种病原微生物活动猖獗，是兔传染病的多发季节，要注意做好常见病的预防工作，如产气荚膜梭菌病、巴氏杆菌病、大肠杆菌病等免疫接种；加强对传染性鼻炎、肠炎、球虫病、感冒、肺炎等疾病的防治，提高饲料品质，防止饲料发霉，加强消毒。

（5）做好防暑准备　我国北方地区，春季较短，4～5月份气温刚刚正常，高温季节马上来临。兔惧怕炎热，而我国多数兔场的兔舍保温隔热条件较差，尤其是农村家庭兔场的兔舍更加简陋。可采取投资少、见效快、效果好、简便易行的防暑降温措施，即在兔舍前面栽种藤蔓植物，如丝瓜、吊瓜、苦瓜、葡萄、爬山虎等，既起到防暑降温效果，又起到美化环境、净化空气的作用。

2.夏季饲养管理

夏季气温高，湿度大，给兔的生长和繁殖带来很大的困难，是兔最难饲养的季节。同时，由于高温高湿气候利于球虫卵囊的发育，幼兔极易暴发球虫病。因此有“寒冬易度，盛夏难熬”之说。

（1）防暑降温　夏季兔舍应保持阴凉、干燥通风。室内笼养的空间布局要利于通风，让空气形成对流。舍内温度超过35℃时，可向舍顶喷水、地面泼洒冷水或喷雾降温，此方法需在通风良好的条件下进行，最好用吹风机或风扇降温，否则，舍内高温高湿的环境对兔的危害更大。在伏天到来之前，笼养兔可转移到阴凉的树下或瓜架下饲养。为避免阳光直接照晒，露天养殖的要搭建凉棚；也可舍顶植绿，在兔舍顶部覆盖较厚的土，并在其上种草（如草坪）、种菜或种花；也可舍前栽植，在兔舍的前面和西面一定距离栽种高大的树木（如梧桐）或丝瓜、眉豆、葡萄、爬山虎等藤蔓植物；墙面刷白，将兔舍的顶部及南面、西面墙面等受到阳光直射的地方刷成白色，以减少兔舍的受热，增强光反射；在兔舍的顶部铺放反光膜或顶部、窗户的外面拉遮阳网等。

（2）加强通风　通风是兔舍降温的有效途径，也是兔舍散热的有效措施。在天气不十分炎热的情况下，在兔舍前面栽种藤蔓植物的基础上，打开所有门窗，可以实现兔舍的降温或缓解高温对兔舍造成的压力。温度不是太高时，可借助门窗自然通风。但温度持续超过33℃以上时，应采取机械通风，主要靠安装电扇，加强兔舍的空气流动，减小高温对兔的应激程度。小型兔场可安装吊扇，对于局部空气流动有一定效果，但不能改变整个兔舍的温度，仅仅使局部兔笼内的兔感到舒服，达到缓解热应激的程度。大型兔场可采取纵向通风，有条件的兔场，采取增加湿帘和强制通风相结合的方法，效果更好。

（3）降低饲养密度　泌乳母兔最好与仔兔分开，定时哺乳，既利于防暑，又利于母兔的体质恢复和仔兔的补料，还有助于预防仔兔球虫病。育肥兔实行低密度育肥，每平方米底板面积饲养10～12只，由群养改为单笼饲养或小群饲养。三层重叠式兔笼的，由三层养兔改为两层养兔，即将最上面的笼具空置（上层的温度高于下层）。

（4）合理喂料　饲喂时间、饲喂次数、饲喂方法和饲料组成，都对兔的采食和体热调节产生影响。面对夏季的高温，从饲喂制度到饲料配方等均应进行适当调整。

① 喂料时间　采取“早餐早，午餐少，晚餐饱，夜加草”，把一天饲料量的80%安排在早晨和晚上。尤其是夜间，气温下降，兔食欲旺盛，活动量增加，可满足其夜间采食。由于中午和下午气温高，兔无食欲，即便喂料，它们也多不采食，应让其好好休息，减少活动量，降低产热量，不要轻易打扰兔。

② 适当调整饲料种类　增加蛋白质饲料的含量，减少能量饲料的比例，尽量多喂青绿饲料。农村家庭养兔，可以用大量的青草保证其自由采食。使用全价颗粒饲料的兔场，也可投喂适量的青绿饲料，以改善胃肠功能，提高食欲。阴雨天，空气湿度大，病原微生物容易滋生，通过饲料和饮水进入兔体内，导致腹泻。可在饲料中添加1%～3%的木炭粉，以吸附病原菌和毒素。

③ 喂料方法　若为粉料湿拌，加水量应严格控制，少喂勤添，一餐的饲料量分两次添加，防止剩料发霉变质。

（5）充足饮水　水对体温调节起重要作用。一般来说，家兔的饮

水量是采食量的2～4倍，并随着气温的升高而增加；缺水对妊娠母兔和泌乳母兔的影响最大，因此，夏季必须保证兔自由饮水。为了提高防暑效果，可在水中加入维生素C、电解多维等；为了预防消化道疾病，可在饮水中添加微生物制剂并添加预防球虫病的药物。

（6）搞好卫生　夏季气温高，蚊蝇滋生，病原微生物繁殖速度快，饲料和饮水容易受到污染。夏季空气湿度大，兔舍和笼具难以保持干燥，不仅不利于细菌性疾病的预防，给球虫病的预防增加了难度，而且往往易发生球虫和细菌的混合感染，因而，兔消化道疾病较多。欲使兔安全度夏，在饲养管理过程中必须做好饲料卫生、饮水卫生和环境卫生等工作。

（7）预防球虫病　夏季温度高、雨水多、湿度大，是兔球虫病的高发期。球虫病是严重危害幼兔的一种寄生虫病，尤其是1～3月龄的幼兔最易感染，应采取综合措施进行防控，如做好饮食卫生和环境卫生；对粪便实行集中发酵处理，以降低感染机会；减少母仔接触机会，严格控制母兔对仔兔的感染；药物预防，选用高效药物，交替使用药物、用量准确和严格按照程序用药等。

（8）控制繁殖　家兔具有常年发情、四季繁殖的特点。只要环境得到有效控制，特别是温度控制在适宜的范围之内，一年四季均可获得较好的繁殖效果。但是，我国多数兔场，尤其是农村家庭兔场，环境控制能力较差，夏季不能有效降低温度，给兔的繁殖带来极大困难。家兔体温为38.5～39.5℃，适宜环境温度为15～25℃，临界上限温度为30℃，也就是说，超过30℃不适宜家兔的繁殖。我国属于季风性气候，夏季炎热，在华北以南地区，有时气温高达38℃以上，甚至42℃，如果防暑措施不当，很容易造成中暑。家兔在这种情况下自身生命难保，繁殖更无从谈起。因此，一般情况下夏季应暂停配种繁殖。条件好的兔场如能将温度控制在28℃以下，也可进行配种繁殖，但要适当安排。

3. 秋季饲养管理

（1）抓好秋繁　秋高气爽，温度适宜，饲料充足，秋季是家兔繁殖的第二个黄金季节。但也存在不利因素，如家兔刚刚度过夏季，体质较弱；经历第二次季节性换毛；光照时间渐短，不利于母兔卵巢的

活动，发情周期不规律，发情症状不明显；经过夏季高温的影响，公兔精液品质不良，配种受胎率较低，尤其在长江以南地区，夏季高温持续时间长，公兔睾丸的破坏严重，这种破坏的恢复需要1.5个月的时间。为了保证秋季的繁殖效果，应重点抓好以下工作：

① 保证营养　除了保证优质青饲料外，还应注重维生素A和维生素E的添加，适当增加蛋白质饲料的比例，使蛋白质达到16%～18%。

② 增加光照　若光照时间不足14h，可人工补充光照。由于种公兔较长时间未配种，应采取复配或双重配。

③ 精液品质检查　对所有种公兔进行一次全面的精液品质检查。对于精液品质较差（如成活率低、死精和畸形精子比例高等）的公兔，查找原因，对症治疗，暂时休养，不参加配种。每1～2周检测一次，观察恢复情况。对于精液品质优良的种公兔，重点使用，防止盲目配种造成受胎率低。

④ 提高配种成功率　秋季公兔精液品质普遍较低，且又处于家兔换毛期，受胎率不容乐观。为了提高配种的成功率，可采取重复配种（种兔场）和双重配种（商品兔场）。

（2）预防疾病　秋季气候变化无常，温度忽高忽低，昼夜温差较大，是兔主要传染病发生的高峰期，特别是呼吸道传染病，如巴氏杆菌病、波氏杆菌病或两者的混合感染，应引起高度重视；此外，兔瘟、球虫病等在秋季也极易流行，因此，必须加强饲养管理和消毒、免疫接种及药物预防等。

（3）科学饲养

① 调整饲料配方　随着季节的变化，饲料种类的供应发生一定变化，饲料价格也发生一定的变化。为了降低饲料成本，同时也根据季节和家兔的代谢特点进行饲料配方的调整。以新的饲料替代以往饲料时，如果饲料营养成分含量不确定，应进行实际测定。

② 防止饲料中毒　立秋以后，有些饲料产生一定的毒副作用。如露水草、霜后草、二茬高粱苗、棉花叶、萝卜缨、龙葵、蓖麻、青麻、苍耳、灰菜等，本身就含有一定的毒素。农村家庭兔场喂兔，一是要控制喂量；二是掌握喂法，防止饲料中毒。

③ 做好饲料过渡　深秋之后，青草逐渐不能供应，由青饲料到干

饲料要有一个过渡阶段。由一种饲料配方到另一种配方要有一个适应过程，否则，饲料突然变化，会造成家兔消化机能紊乱。生产中可采取两种饲料逐渐替代法。即开始时，原先饲料占2/3、新的饲料占1/3，每3～5d，更替30%左右，使之平稳过渡。为了防止更换饲料时发生腹泻，可在饲料中添加微生物制剂。

（4）饲料贮备　秋季是饲草饲料收获的最佳季节。抓住有利时机，适时收获，及时晾晒，妥善保管，收获更多更好的饲草饲料，特别是优质青草、树叶和作物秸秆等粗饲料，为家兔准备充足优质的营养物质。

4. 冬季饲养管理

冬季气温低，光照短，青绿饲料缺乏，给养兔带来诸多不便。保温是冬季管理的中心工作。

（1）防寒保暖　如关门窗、挂草帘、堵缝洞等，兔舍天花板要有一定的隔热能力，墙壁要有一定的厚度；在兔舍的阳面或整个室外兔舍扣塑料大棚，夜间可在棚上面覆盖草帘，安装暖气系统。有条件的兔场可利用太阳能供暖装置，或通过锅炉进行汽暖或水暖。小型兔场可安装土暖气，或直接生煤火。在高寒地区，可挖地下室，山区可利用山洞等。

（2）注意通风换气　冬季家兔易患呼吸道疾病，占各种发病总数的60%以上，且相当严重。主要原因是冬季兔舍通风换气不足，污浊气体浓度过高，有毒有害气体（如硫化氢）对兔黏膜（如鼻腔黏膜、眼结膜）产生刺激而发生炎症，黏膜的防御功能下降，病原微生物乘虚而入。因此，冬季应解决好通风换气和保温的矛盾，在晴朗的中午应打开一定窗户，排出浊气。较大的兔舍应采取机械通风和自然通风相结合的方式来换气。粪便不可在兔舍内堆放时间过长，每天定时清理，以减少湿度和臭气。

（3）抓好冬繁　冬季气温低，给家兔的繁殖带来很大的困难。但在搞好保温的情况下，冬繁的仔兔成活率相当高，而且疾病少。因此，抓好冬繁是提高养兔效益的重要一环。

① 抓好保温　冬季兔舍温度达到最理想的温度(15～25℃)不太现实。根据生产经验，平时保持在10℃以上，最低温度控制在5℃以上，也可正常繁殖。产仔箱必须要达到仔兔需要的温度，可通过以下

措施实现：如使用隔热保温性材料，内壁镶嵌隔热系数较大的泡沫塑料板；产仔箱内填充足够的保温材料作为垫草。

② 增强母性　母性对于仔兔成活率至关重要。凡是拉毛多的母兔，母性强，泌乳力高。而母性的强弱除了受遗传影响以外，受环境的影响也很大。据试验，建造人工洞穴，创造光线暗淡、环境幽雅、温度恒定的条件，就会唤起家兔的本性，母性大增。因此，在产仔箱上多下功夫，可以达到事半功倍的效果。母兔拉下的腹毛是仔兔极好的御寒物。对于不会拉毛的初产母兔，可人工诱导拉毛，即在其安静的情况下，用手将其乳头周围的毛拉下，盖在仔兔身上，可起到诱导母兔自己拉毛的作用。

③ 精细管理　如事先准备好产仔箱，保持环境安静，防止吊乳，防寒保暖等。

④ 人工催产　冬季兔舍温度较低，若白天没有产仔，夜间缺乏照顾的情况下产的仔兔容易被冻死。因此，对于已到产仔期，但白天没有产仔的母兔，可采取人工催产。方法：一是催产素催产，肌肉注射催产素，每只母兔3～5IU，10min内即可产仔；二是吮乳法诱导分娩。即让其他窝的仔兔吮吸待产母兔乳头3～5min，效果良好。

（4）科学管理

① 科学饲喂　冬季气温低，家兔维持体温需要消耗的能量较其他季节高，即兔需要的营养要高于其他季节。无论是在喂料数量上，还是在饲料的组成上，都应作适当调整。饲料中能量饲料适当提高，蛋白质饲料相对降低。喂料量要比平时提高10%以上。在饲喂时间方面，更应注意夜间饲喂。尤其是在深夜入睡前，草架上应加满饲草，任其自由采食。

② 适时出栏　冬季商品兔育肥的效率低，应采取小群育肥，笼养或平养。平养条件下，如果地面为水泥或砖面，应铺垫干草，以减少热量的散失，防止育肥兔腹部受凉。冬季育肥用于维持体温的能量比例高，因此，只要达到出栏的最低体重即可出栏。否则，饲养期越长，经济上越不划算。

③ 合理剪毛　冬季天气寒冷可刺激被毛生长，但是剪毛之后如果保温不当会引起感冒等疾病。因此，多采用拔毛的办法，拔长留短，

缩短拔毛间隔，可提高采毛量。如果采取剪毛，在做好保温工作的同时，可预防性投药或在饲料中添加抗应激制剂。

④ 预防球虫病 冬季保温良好的兔场，应注意球虫病的预防。

⑤ 注意防潮 冬季通风不良，兔舍湿度大，容易发生疥癣病和皮肤真菌病。因此，应做好防潮工作，防止传染性疾病的发生。

九、商品肉兔的饲养管理

1.商品肉兔育肥途径

生产中商品肉兔育肥主要有三个途径：一是优良品种直接育肥，如比利时兔、塞北兔、哈白兔或中型品种如新西兰兔、加利福尼亚兔等进行纯种繁育，其后代直接用于育肥；二是二元杂交兔育肥，用良种公兔和本地母兔或优良的中型品种交配，如比利时兔♂×太行山兔♀，塞北兔♂×新西兰兔♀，比利时兔♂×新西兰兔♀，也可以3个品种轮回杂交；三是饲养配套系，如伊拉肉兔、齐卡肉兔等配套系生产商品肉兔。

上述三条途径，饲养优良品种比原始品种要好，经济杂交比单一品种的效果好，配套系的育肥性能和效果比经济杂交更好，是目前生产商品兔的最佳形式。不过目前我国配套系资源不足，大多数地区还不能实现直接饲养配套系。一般来说，引入品种与我国的地方品种杂交，均可表现一定的杂种优势。

2.提高断奶体重

育肥速度在很大程度上取决于早期增重的快慢。一般断奶体重大的仔兔，育肥期增重快，容易抵抗环境应激，顺利度过断奶期。相反，断奶体重越小，断奶后越难养，育肥期增重越慢。30d断奶个体重的标准：中型兔500g以上，大型兔600g以上。要实现以上目标，应重点抓好以下工作：

（1）提高母兔泌乳力 增加母兔营养，特别是保证蛋白质、必需氨基酸、维生素、矿物质等营养的供应，保证母兔生活环境的安静舒适。

（2）调整母兔哺育的仔兔数 母兔一般8个乳头，1d哺喂1～2次。每次哺喂的时间，仅仅几分钟。因此，如果仔兔数超过乳头数，多出的仔兔就得不到乳汁。凡是体质弱、体重小的仔兔，在捕捉乳头的竞

争中，始终处于劣势和被动局面。因此，针对母兔的乳头数和泌乳能力，在母兔产后及时进行仔兔调整，即寄养，将多出的仔兔调给产仔数少的母兔哺育。如果没有合适的保姆兔，果断淘汰多余的仔兔比勉强保留效益高。

（3）及时补料　母兔的泌乳量有限，随着仔兔日龄的增加，对营养要求越来越高。因此，仅靠母乳已不能满足其营养需要，必须再补充一定的人工料，作为母乳的营养补充。一般仔兔15日龄出巢，此时牙齿生长，牙床发痒，正是开始补料的适宜时间。生产中一般从仔兔16日龄以后开始补料，一直到断奶为止。在16～25日龄仍然以母乳为主，补料为辅，此后以补料为主，母乳为辅。仔兔料营养价值要高，易消化，适当添加酶制剂和微生态制剂等。

3.减少断奶应激

仔兔断奶后会经历心理、饲料和环境三个方面的改变，对其应激较大，若处理不好，在断奶后2周左右增重缓慢，停止生长或减重，甚至发病死亡。断奶后最好原笼原窝饲养，即采取移母留仔法。若笼位紧张，需要调整兔笼，一窝的同胞兄妹不可分开。育肥期实行小群笼养，切不可一兔一笼，或打破窝别和年龄，实行大群饲养，这样会使刚断奶的仔兔产生孤独感、生疏感和恐惧感。断奶后1～2周内应饲喂断奶前的饲料，之后再逐渐过渡到育肥料。否则，突然改变饲料，2～3d内即会出现消化系统疾病。断奶后前2周最容易出现腹泻，可在饲料中添加中药（如参苓白术散、白头翁散等）、微生态制剂、抗生素等。注意微生态制剂不能与抗生素同时使用。

4.饲养方式

（1）适度规模化兔场　可采用分阶段育肥法。第一阶段：从补饲开始到55日龄采用全价颗粒饲料饲养；第二阶段：从56日龄到出售，采用以青饲料为主、加精料补充料的饲养方式。

（2）规模化兔场　可采用全价颗粒饲料饲养。

5.育肥方式

（1）幼兔育肥（直接育肥）　指仔兔断奶后即开始育肥，经过30～45d饲养，体重达到2.0～2.5kg后进行屠宰，幼兔育肥一般不去势。育肥期间应饲喂全价颗粒饲料来满足幼兔快速生长发育对营养的

需求；营养水平：粗蛋白质16%～18%，粗纤维10%～12%，消化能10.47MJ/kg，钙1.0%～1.2%，磷0.5%～0.6%，并注意添加幼兔生长专用添加剂，满足育肥兔对维生素、微量元素及氨基酸的需要；除常规营养之外，还可选用一些饲料添加剂（促生长药物添加剂、酶制剂、微生态制剂、寡糖、中草药添加剂等）。饲养方式采用自由采食，自动饮水。我国传统肉兔育肥，一般采用定时、定量、少喂勤添的饲喂方法和“先吊架子后填膘”的育肥策略。

（2）中兔育肥（架子兔育肥） 指按常规饲养管理方法将兔饲养到一定日龄时再经过30～45d育肥饲养，到90～120日龄、体重达到2.0～2.5kg后进行屠宰。

（3）成年兔育肥（成瘦兔育肥） 指淘汰种兔、育成兔在屠宰前进行为期不超过30d的育肥，以增加体重、改善肉质和提高皮毛质量，一般体重增加1.0～1.5kg即可出栏。成年兔育肥，去势后可提高兔肉品质，提高育肥效果。

6. 适宜环境条件

主要包括温度、湿度、密度、通风和光照等。肉兔适宜的环境温度为25℃左右，在此温度下体内代谢最旺盛，体内蛋白质合成最快。最适宜的湿度应控制在55%～60%，适宜的湿度不仅可以减少粉尘污染，保持舍内干燥，还能减少疾病的发生。饲养密度应根据温度和通风条件而定。在良好的条件下，每平方米笼养面积可饲养育肥兔18只。农村家庭养殖一般应控制在每平方米14～16只。育肥兔排泄量大，若通风不良，会造成舍内氨气浓度过大，不仅不利于家兔的生长，影响增重，还容易使兔患呼吸道等多种疾病，因此，必须加强通风换气。光照对兔的生长和繁殖都有影响。育肥期实行弱光或黑暗，仅让兔看到饲料和饮水，能抑制性腺发育，延迟性成熟，促进生长，减少活动，避免咬斗，快速增重，提高饲料的利用率。

7. 加强疾病防治

肉兔育肥期易感染的疾病主要有球虫病、腹泻和肠炎、巴氏杆菌病及兔瘟等。球虫病是育肥兔的主要疾病，全年发生，以6～8月份为甚。应采取疫苗接种、药物预防、加强饲养管理和搞好卫生相结合的方法积极预防。

8. 适时出栏

出栏时间应根据品种、季节、体重和兔群表现而定。在目前我国饲养条件下，一般肉兔90日龄达到2.5kg即可出栏。大型品种，骨骼粗大，皮肤松弛，出肉率低，出栏体重可适当大些，但其生长速度快，90日龄可达到2.5kg以上，因此，3月龄左右即可出栏。中型品种骨骼细，肌肉丰满，出肉率高，出栏体重可小些，达2.25kg以上即可。

十、獭兔的饲养管理

獭兔学名力克斯兔，原产于法国，是一种典型毛肉兼用型兔，因其毛皮酷似珍贵毛皮兽水獭，故又称为獭兔。獭兔广泛分布于世界各地，具有很高的经济价值，被毛平整、光亮，手感柔软舒适，板皮轻柔，保暖性好，故被誉为“兔中之王”。我国是世界上唯一有批量獭兔皮及其制成品出口的国家。獭兔饲养管理技术可以参考肉兔。

（一）商品獭兔的饲养管理

1. 饲养原则

（1）日粮组成　采用青粗饲料加精饲料的日粮结构，以青粗饲料为主，精饲料为辅。精饲料应选用玉米、豆粕、麸皮及草粉等多种饲料原料进行合理搭配和调制，并满足商品獭兔各阶段营养需要。

（2）饲喂制度　定时定量饲喂，日喂精料2次，饲喂量为100～150g/(只·d)，白天占日喂量的40％，夜间占60%；日喂青粗饲料1～2次，饲喂量为500～750g/（只·d）。

（3）日粮稳定　日粮要相对稳定，更换饲料要有7～10d的过渡期。

（4）合理分群　幼兔、青年兔应根据体重、性别合理分群。

（5）环境控制　夏季防暑，冬季防寒，防止兽害。兔笼应经常保持清洁干燥。

2. 饲养方式

笼养，成年兔、青年兔一兔一笼，仔兔一窝一笼，幼兔逐渐分笼，公母分开饲养。

3. 仔兔（出生至断奶）的饲养管理

（1）早吃初乳　仔兔出生后应在5h内吃上初乳，并经常检查初生仔兔吃乳情况。

（2）合理寄养　产仔太多或奶水太少时，母兔所产仔兔应实行寄养或淘汰弱仔兔。

（3）正确哺乳　哺乳期间，采用母仔分离或母仔不分离（母仔混养）的饲养方式，且每次喂奶后要检查仔兔是否吃足奶和母兔乳头状况。

（4）及时补饲　仔兔到16～18日龄时，可喂给少量营养丰富且容易消化的鲜嫩青绿饲料和颗粒饲料，诱导开食。少喂勤添，每天喂5～6次为宜，并保证供给充足的饮水。

（5）适时断奶　全价料饲养条件下，断奶时间一般为28～35日龄。达不到营养标准的，断奶时间可推迟至40～45日龄。断奶方法分为一次性断奶和逐渐断奶两种。全窝仔兔身体健康且生长发育均匀的，应一次断奶；全窝仔兔大小不一，生长发育不均匀或部分兔将来作为种用的，应逐渐分批断奶。

4.幼兔（断奶至90日龄）的饲养管理

（1）减少应激　保持幼兔饲养环境、饲料结构等与断奶前基本一致，尽量降低仔兔对新环境的应激反应，减少断奶应激。

（2）科学饲喂　对刚断奶的幼兔应喂给断奶前的饲料，要求容积小、营养好和易消化的饲料。随日龄的增长再逐渐改变饲料，以吃饱为宜。选作种用的后备兔应防止过肥。

（3）合理分群　按日龄、强弱和大小分开饲养，按窝分成小群，每群4～5只为宜。

5.育肥兔（3月龄至出栏）的饲养管理

（1）饲养方式　育肥兔宜自繁自养，不得从疫区购进。购进的獭兔应隔离观察，并应附有检疫合格证。

（2）育肥兔来源　用于育肥的獭兔一般为专供育肥的幼兔或淘汰的种兔。

（3）日粮结构　育肥期应以饲喂精料为主，保证各种营养物质的供给，尤其注意矿物质的补充，青粗饲料应多种搭配。

（4）减少运动　育肥期间应限制育肥兔的运动，减少光照并保持室内安静。

（5）公母分开　育肥兔公、母应分开，宜一兔一笼或小群饲养。

6.疾病防治

重点做好兔病毒性出血症、巴氏杆菌病、产气荚膜梭菌病的免疫及球虫病、疥癣病、腹泻的防治。日粮中添加防球虫类药物，为避免产生抗药性，宜选用两种以上抗球虫药物交替使用。皮下注射伊维菌素、阿维菌素，或饲喂阿维菌素预防疥癣病，每年3～4次。使用黄连素、抗生素等防治腹泻病。对于仔兔黄尿病，怀孕母兔产后肌注大黄藤素，或口服复方新诺明和磺胺类药物。

7.卫生消毒

每天定时清扫一次兔笼舍，清洗一次粪沟；食槽、饮水器、笼底板每半月彻底清洗一次，并用消毒剂消毒一次；每2～3周对周围环境消毒1次。每月对场内污水池、堆粪坑、下水道出口消毒1次。兔场、兔舍入口处的消毒池应使用3%氢氧化钠等溶液。每季度用火焰喷灯对兔笼及相关部件依次瞬间喷射杀菌。工作人员进入生产区应更衣、换鞋、踩踏消毒池，喷雾消毒。

8.取皮

（1）取皮时间　青年獭兔宜在5～6月龄、体重2.75kg以上取皮，成年獭兔在每年立冬后至第二年立春前取皮。在换毛期间的獭兔，由于被毛不平、易脱落，不可宰杀取皮。

（2）屠宰方法　采用低压电击或静脉注射空气致死法，为保证肉质，应在致死后立即放血。

（3）取皮方法　悬吊右后腿，用刀分毛挑开后裆，用退套的方法剥下圆筒皮，再沿兔皮腹中线划开，用手铺平成方形。屠宰后应及时取皮，否则皮肉不易分离。

（4）兔皮防腐

① 干燥法　皮毛朝下，皮板朝上，用手铺平成方形，置于干燥的木板或地上，不得暴晒和受潮。

② 盐腌法　在皮板上用手抹上细盐，然后平铺于木板或地上，在阴凉处晾干。

（二）种兔的饲养管理

1.种公兔

按营养需要配制全价日粮。不宜饲喂体积过大、水分过多的饲料。

留种公兔从3月龄开始应实行一兔一笼，以防早配、滥配。严格控制初配月龄，在正常饲养管理条件下，青年公兔的初配月龄应控制在6～8月龄，每天最多配种1次。种公兔笼应与母兔笼保持较远距离，避免因异性刺激而影响公兔的性机能。换毛期间应尽量减少配种，高温季节应停止配种。配种后应及时做好配种记录，以观察配种繁殖性能和后代品质。

2.种母兔

（1）空怀母兔　短期优饲，促进发情排卵、配种受胎。限制饲养，防止过肥。配种前15d开始按妊娠母兔的营养需要饲喂。对长期不发情的母兔，可进行人工催情。对体质瘦弱的母兔，应适当延长休产期。

（2）妊娠母兔　饲喂优质饲料，产前2～3d适当减少精料，临产前加足淡盐水和青草。妊娠28d放入产仔箱，铺垫草，做好产前准备。分娩时保持周围环境安静。

（3）哺乳母兔　分娩后1～2d多喂鲜嫩青绿多汁饲料，少喂精料，3d后逐渐增加精料量，1周后恢复正常，达150～200g。产前未拉毛做巢的母兔，需人工辅助刺激泌乳。经常检查乳房，每7～10d清洗乳房1次，若发现乳房有硬块或红肿，及时采取措施。断奶后的母兔2～3d内应减少多汁饲料和精料的喂量。

（4）仔兔、幼兔　饲养管理方法见上文商品獭兔中所述。

（5）育成兔　3月龄以上的兔公母分群饲养。4月龄之内喂料不限量，5月龄以上适当控制饲料量。初配前最后一次选种，符合种用的留种，单笼饲养，加强培育。

3.繁殖

（1）选种　体型中等大小、结构匀称紧凑，背腰宽广，臀部宽圆发达、肌肉丰满，四肢强壮有力，两耳直立，眼睛明亮有神，符合本品系外貌特征，系谱清楚。被毛浓密平齐，毛色纯正，色泽光亮，无枪毛突出绒毛表面，无旋毛，毛长1.4～2.2cm。种兔均要求健康，无传染病、疥癣及生殖器官疾病。种公兔要求体重3.5 kg以上，性欲旺盛，睾丸发育良好，隐睾、单睾或睾丸一大一小的不能留作种用。种母兔要求体重3.0kg以上，乳头4对以上且左右对称，母性好、泌乳能力强、产仔量高。

（2）配种

① 初配年龄与体重　公兔6～7月龄，体重达到3.5～4.0 kg，母兔5～6月龄，体重达到3.0～3.5kg时进行初配。

② 配种方法　采用人工辅助交配或人工授精。人工辅助交配在发情盛期，阴道黏膜潮红、湿润时配种，一般采用重复配种。若用于商品生产也可采用双重配种。配种时应将母兔放进公兔笼内，选择与母兔无亲缘关系的公兔进行交配。人工授精一般在刺激排卵处理后2～5h内输精。

③ 配种强度和繁殖密度　青年公兔每隔1d配种1次；成年公兔日配2次，连续2～3d，休息1d。种母兔产后21d左右配种，年繁5～6胎；商品兔场产后12d左右配种，年繁6～7胎。

④ 摸胎检查　配种后8～10d空腹进行摸胎妊娠检查，未孕者及时复配。

⑤ 公母比例　种兔繁殖群1∶（6～8），生产群1∶（8～10），人工授精兔群1∶（16～20）。

⑥ 使用年限　2～3年。

十一、毛兔的饲养管理

科学的饲养管理技术是养好长毛兔和获取优质、高产产品的关键。实践证明，如果饲养管理不当，即使有优良的种兔、丰富的饲料、适宜的环境、合适的兔舍和先进的设施，也养不好长毛兔，得不到良好的饲养效果和经济效益，甚至还可能发生疾病和死亡现象。因此，要想养好长毛兔，必须坚持科学的饲养管理方法。

1.饲养原则

科学选料，合理搭配和调制饲料。自由采食，夜间投料占60%，白天占40%。日粮要相对稳定，更换饲料要有7～10d过渡期。供给充足、清洁的饮水，冬季不饮冰水。每天早晨细心观察长毛兔群健康状况、采食、粪便及毛皮状况，发现异常及时处理。每日清扫兔笼，保持饲喂用具和笼底板等清洁干燥。保持兔舍周围环境安静，做好夏季防暑和冬季防寒等工作。毛兔舍的室温剪毛后1周内保持在20～25℃为宜，以后以10～20℃为宜。

2.营养需要

商品毛兔对饲料蛋白质需求相对较高，尤其是含硫氨基酸，日粮的适宜蛋白质水平为17%～19%，含硫氨基酸应达到0.7%～0.8%。日粮中若蛋白质水平低于12%、含硫氨基酸低于0.4%，兔毛的生长就会受到影响，产毛量和毛质下降。一般在采毛前的3周内及采毛期间，适当提高日粮的能量和蛋白质水平，饲喂量也要适当增加或采用自由采食，以促进兔毛生长。

3.不同类型长毛兔饲养管理

（1）种公兔　单笼饲养，并远离母兔。每隔6周剪毛一次，被毛长度夏季不超过3～4cm，冬季不超过5cm。

（2）种母兔

① 空怀母兔　限制饲养，保持中等体况，配种前15d开始按妊娠母兔的营养需要饲喂。对长期不发情的母兔，可进行人工催情。配种前1～2d剪毛。

② 妊娠母兔　产前2～3d适当减少精料，增加青绿饲料。减少捕捉次数，保证兔舍及周围环境安静。妊娠28d放入产仔箱，箱内垫放柔软的干草，做好产前准备。注意观察母兔的表现，对不会拉毛的母兔进行人工辅助拉毛。分娩结束后，及时清除死胎和畸形胎，清点并安置好仔兔。

③ 哺乳母兔　分娩后1～2d多喂鲜嫩青绿多汁饲料，少喂精料，3d后逐渐增加精料量，1周后恢复正常。经常检查乳房，每7～10d清洗乳房1次，若发现乳房有硬块或红肿，及时采取措施。断奶前2～3d的母兔应减少多汁饲料和精料的喂量。

④ 仔兔　出生6h内吃上初乳，保证吃足常乳。否则采取寄养、强制哺乳和人工哺乳。保持产仔箱内温暖、干燥与卫生。对12d后没开眼的仔兔需人工辅助开眼。仔兔生后18d开始补料，每天5～6次，逐渐过渡到以补料为主，母乳为辅。一般40～45d断奶。

⑤ 幼兔　按日龄、体重、体质强弱分群饲养，每笼3～4只。饲料应体积小、营养价值高、易消化，少喂勤添，饲喂量随年龄的增长逐渐增加。一般仔兔自断奶后开始梳毛，每隔10～15d梳理一次。梳毛时一般用金属梳或木梳，将要梳理的长毛兔放在兔台或小桌上。梳

毛的顺序：颈后和两肩→背部→体侧→臀部→尾部和后肢→提起两耳朵梳理前胸→腹部→大腿两侧→额、颊和耳毛。平时定期梳毛，及时清除草屑、粪便，防止食入兔毛而引起毛球病。发现兔疥癣要及时治疗、隔离。第一次剪毛在8周龄，以后同产毛兔。

⑥ 育成兔　单笼饲养，以青粗饲料为主，适当补充精饲料。一般在4月龄内喂料不限量，5月龄以上适当控制精料量。4月龄以上非留种公兔及时去势。

⑦ 产毛兔　单笼饲养，笼具四周最好用表面光滑的物料，如水泥板等。铁丝笼很容易挂缠兔毛，给消毒带来困难，同时还容易诱发毛球病，一般不采用。按产毛兔的营养需要配制日粮。采毛分为剪毛和拔毛两种，大量实践证明，粗毛型兔宜采用拔毛的方法，绒毛型兔则以剪毛为好。1年可剪毛4～5次，剪毛间隔时间为70～90d，夏季可缩短至60～65d。剪下的兔毛应按长度分级存放，妥善保管。拔毛可分为拔长留短和拔光毛两种，前者适于寒冬或者换毛季节，每隔30d拔1次；后者适用于温暖季节，每隔80d左右拔1次。但妊娠母兔、哺乳母兔、配种期公兔和第一次剪胎毛的幼兔不能拉毛，被毛密度大的兔也不宜拉毛。每次采毛后的第2个月即应梳毛，每10d左右梳理一次，直至下次采毛。产毛兔利用年限一般为3～4年。

4.选种与配种

（1）选种　符合本品种要求，系谱清楚，体质健壮，无传染病、疥癣及生殖器官疾病。被毛浓密、细长而均匀，色泽洁白、光亮、柔软无结块，年产毛量1000g以上。成年种公兔要求体重4.5kg以上，雄性特征明显，睾丸发育良好，精液品质好，无后代遗传缺陷。成年种母兔要求体重4.5kg以上，乳头4对以上且左右对称，母性好、泌乳能力强、产仔量高。

（2）配种

① 初配年龄与体重　公兔8～9月龄、体重达到3.5～4.0 kg，母兔6～7月龄、体重达到3.0～3.5kg时进行初配。

② 配种方法　采用自然交配或人工授精。自然交配在发情盛期，阴道黏膜潮红、湿润时配种，一般采用重复配种（两次配种间隔时间8～12h）。配种在公兔笼内进行。人工授精一般在刺激排卵处理后

2～8h内输精。

③ 配种强度和繁殖密度　种公兔每日配种1～2次，连续2～3d，休息1d。母兔年繁3～4胎。

④ 摸胎检查　配种后8～10d空腹进行摸胎妊娠检查，未孕者及时复配。

⑤ 公母比例　种公兔与种母兔比例为1∶（8～10）。

⑥ 使用年限　2～3年。

第四章　临床用药

一、兔常用的抗微生物药

抗微生物药是指对细菌、真菌、支原体、立克次氏体、衣原体、螺旋体和病毒等病原微生物具有抑制或杀灭作用的一类化学物质，包括抗生素和人工合成的抗菌药。这类药物对病原微生物具有明显的选择性作用，对动物机体没有或仅有轻度的毒性作用，称为化学治疗药（包括抗寄生虫药等）。抗微生物药可分为抗菌药、抗病毒药、抗真菌药等。抗菌药又可分为抗生素和合成抗菌药（表4-1）。

表4-1　兔常用的抗微生物药

药物名称	临床应用	用法用量
注射用青霉素钠（钾）	用于革兰氏阳性菌感染，如葡萄球菌、链球菌、李氏杆菌等，以及呼吸道感染、乳房炎、兔密螺旋体病	肌注，2万～4万IU/kg体重（或成年兔80万IU/次），2次/d，连用3～5d
氨苄青霉素（氨苄西林）	用于肺炎、肠炎、支气管炎、乳房炎、巴氏杆菌病、伪结核病、野兔热和黏液性肠炎等	内服，10～20mg/kg体重；皮下或肌注，10～20mg/kg体重，1～2次/d，连用2～3d
阿莫西林	用于敏感菌引起的呼吸道、消化道、泌尿生殖道及软组织感染，如肺炎、子宫内膜炎、乳房炎及大肠杆菌病、仔兔肠炎	内服，15～20mg/kg体重，2～3次/d；肌注，5～10mg/kg体重，2次/d，连用3～5d

续表

药物名称	临床应用	用法用量
普鲁卡因青霉素	用于对青霉素敏感菌引起的慢性感染，如子宫蓄脓、骨折、乳腺炎等	肌注，3万～4万IU/kg体重，1次/d，连用2～3d
头孢氨苄	用于葡萄球菌、溶血性链球菌、肺炎球菌、大肠杆菌、肺炎杆菌引起的呼吸道、泌尿生殖道及软组织感染	内服，15～25mg/kg体重，2次/d，连用3～5d
头孢噻呋	用于巴氏杆菌、沙门氏菌、大肠杆菌、葡萄球菌及链球菌感染	肌注，3～5mg/kg体重，1次/d，连用3～4d
头孢喹肟	用于巴氏杆菌、沙门氏菌、大肠杆菌、葡萄球菌及链球菌感染	肌注，2～3mg/kg体重，1次/d，连用3～4d
硫酸链霉素	用于结核病、布鲁氏杆菌病、巴氏杆菌病、大肠杆菌病、乳腺炎、子宫炎等	内服，15～25mg/kg体重，2次/d；肌注，10～20mg/kg体重，2次/d，连用3～5d
硫酸庆大霉素	用于耐药性金黄色葡萄球菌、铜绿假单胞菌、变形杆菌、大肠杆菌等引起的感染，如肺炎、肠炎、下痢、乳腺炎等	内服，5～10mg/kg体重，2～3次/d；肌注，2～3mg/kg体重，2次/d，连用2～3d
硫酸卡那霉素	用于大肠杆菌病、巴氏杆菌病、沙门氏菌病及呼吸道感染、泌尿道感染、乳腺炎等	内服，3～6mg/kg体重，3次/d；肌注，一次量，10～20mg/kg体重，2次/d，连用3～4d
硫酸新霉素	用于治疗革兰氏阴性菌所致的肠道感染，如大肠杆菌病、沙门氏菌病等	内服，10～15mg/kg体重，2次/d，连用2～3d
大观霉素（壮观霉素）	用于大肠杆菌病、巴氏杆菌病、沙门氏菌病及葡萄球菌、链球菌感染	内服，10～40mg/kg体重，2次/d；肌注，20～25mg/kg体重，1次/d，连用3～4d
盐酸大观霉素盐酸林可霉素可溶性粉	用于大肠杆菌、沙门氏菌感染引起的肠炎及其他细菌性肠炎	内服，10mg/kg体重，1次/d；混饮，60mg/L水，连用3～5d
硫酸安普霉素	用于大肠杆菌、沙门氏菌、变形杆菌及密螺旋体感染	内服，20～40mg/kg体重或8～10g/100kg饲料，1次/d，连用3～5d

续表

药物名称	临床应用	用法用量
硫酸丁胺卡那霉素（阿米卡星）	用于大肠杆菌、铜绿假单胞菌感染引起的泌尿道、下呼吸道、腹腔、生殖系统等部位感染	肌注或混饮，10～15mg/kg体重，2次/d，连用3～5d
土霉素	用于球虫病、密螺旋体病、肠道感染、衣原体肺炎、巴氏杆菌病及大肠杆菌病等	以土霉素计，肌注，25～40mg/kg体重，2次/d；内服，100～200mg/只，2～3次/d，连用3～5d
四环素	用于治疗某些革兰氏阳性菌和革兰氏阴性菌、支原体、立克次氏体、螺旋体、衣原体等感染，如肺炎、出血性败血症、乳房炎	内服，10～25mg/kg体重或100～250mg/只，2～3次/d；肌注或静注，40mg/kg体重，分2次注射，连用2～3d
强力霉素（盐酸多西环素）	用于革兰氏阳性菌、阴性菌及支原体感染，如大肠杆菌病、沙门氏菌病、葡萄球菌病、波氏杆菌病等	内服，10～20mg/kg体重，1次/d，连用3～5d；混饲，100～200mg/kg饲料；混饮，50～100mg/L水；静注，2～4mg/kg体重，1次/d，注射时用5%葡萄糖溶液稀释至0.1%以下浓度，缓慢注射
氟苯尼考	用于大肠杆菌、沙门氏菌、巴氏杆菌等感染引起的呼吸道、消化道疾病	内服，20～30mg/kg体重，连用3～5d；混饲，5g/100kg饲料；肌注，20～25mg/kg体重，1次/d或隔日1次
甲砜霉素	用于大肠杆菌、沙门氏菌、巴氏杆菌等感染引起的呼吸道、消化道疾病	混饲，20g/100kg饲料，连用3～5d；内服或肌注，10mg/kg体重，2次/d，连用3～5d
红霉素	用于治疗耐青霉素葡萄球菌引起的感染性疾病，也用于治疗其他革兰氏阳性菌及支原体感染	内服，10～20mg/kg体重；静注或肌注，2～3mg/kg体重，2次/d，连用2～3d
泰乐菌素	用于敏感菌引起的呼吸道疾病、泌尿生殖道炎症、大肠杆菌病、沙门氏菌病、支原体感染等	混饮，0.5～0.8g/L水；混饲，1～1.5g/kg饲料，连用3～5d

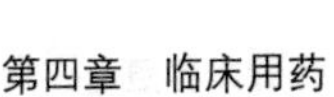

续表

药物名称	临床应用	用法用量
替米考星	用于肺炎、巴氏杆菌病、支原体病等	皮下注射，10～20mg/kg体重，1次/d，连用3～5d
杆菌肽锌	用于仔兔、幼兔防病（葡萄球菌病、链球菌病）及促生长，提高饲料利用率	混饲，0.4～4g/100kg饲料
硫酸黏菌素	用于大肠杆菌引起的肠炎和痢疾，铜绿假单胞菌病、乳房炎、子宫内膜炎	混饲，2g/100kg饲料；混饮，40～100mg/L水
恩拉霉素	用于革兰氏阳性菌感染，如葡萄球菌病、链球菌病	混饲，1.5g/100kg饲料
盐酸林可霉素	用于革兰氏阳性菌、厌氧菌及支原体感染	内服，10～25mg/kg体重，1～2次/d；肌注或静注，7.5～10mg/kg体重，2次/d
磺胺嘧啶	用于巴氏杆菌病、沙门氏菌病、伪结核病、波氏杆菌病、大肠杆菌病、李氏杆菌病、葡萄球菌病、产气荚膜梭菌病、野兔热等	内服，首次量0.2～0.3g/kg体重，维持量0.1～0.15g/kg体重，2次/d，连用3～5d；肌注或静注，70～100mg/kg体重，1～2次/d，连用2～3d
磺胺噻唑	用于巴氏杆菌病、沙门氏菌病、伪结核病、波氏杆菌病、大肠杆菌病、李氏杆菌病、葡萄球菌病、产气荚膜梭菌病、野兔热等	内服，首次量0.14～0.2g/kg体重，维持量0.07～0.1g/kg体重，2次/d，连用3～5d；静注，50～100mg/kg体重，2次/d，连用2～3d
磺胺间甲氧嘧啶（磺胺-6-甲氧嘧啶）	用于敏感菌所致的全身或局部感染	内服，首次量70～100mg/kg体重，维持量35～50mg/kg体重，2次/d，连用3～5d；肌注或静注，70mg/kg体重，1～2次/d，连用2～3d
磺胺二甲嘧啶	用于巴氏杆菌病、沙门氏菌病、伪结核病、波氏杆菌病、大肠杆菌病、李氏杆菌病、葡萄球菌病、产气荚膜梭菌病、野兔热等	内服，首次量0.14～0.2g/kg体重，维持量0.07～0.1g/kg体重，1～2次/d，连用3～5d；肌注，100～150mg/kg体重，维持量减半，1～2次/d，连用2～3d

续表

药物名称	临床应用	用法用量
磺胺甲噁唑片（新诺明）	用于敏感菌引起的呼吸道、泌尿道等感染	内服，首次量100mg/kg体重，维持量50mg/kg体重，2次/d，连用3～5d
复方磺胺甲噁唑片（复方新诺明）	用于敏感菌引起的呼吸道、泌尿道等感染	以磺胺甲噁唑计，内服，首次量40～50mg/kg体重，维持量20～25mg/kg体重，2次/d，连用3～5d
磺胺对甲氧嘧啶（磺胺-5-甲氧嘧啶）	用于泌尿道、生殖道、呼吸道及体表局部的各种敏感菌感染。尤其对泌尿道感染疗效显著，也可用于球虫感染	内服，首次量0.14～0.2g/kg体重，维持量0.07g/kg体重，2次/d，连用3～5d；混饲，预防量0.05～0.1g/kg饲料，治疗量0.08～0.2g/kg饲料
复方磺胺对甲氧嘧啶	用于敏感菌引起的泌尿道、呼吸道及皮肤软组织等感染	以磺胺对甲氧嘧啶计，内服，一次量，25～30mg/kg体重，1～2次/d，连用3～5d；肌注，一次量，20～25mg/kg体重，1～2次/d，连用3～5d
磺胺脒	用于肠道细菌性感染	内服，首次量，0.3g/kg体重，维持量减半，2次/d，连用3～5d
环丙沙星	用于敏感菌引起的消化道、泌尿道、呼吸道及皮肤软组织等感染	以环丙沙星计，肌注，2.5mg/kg体重；内服，2.5～5mg/kg体重，2次/d，连用3～5d
恩诺沙星	用于细菌性疾病和支原体感染，如大肠杆菌、沙门氏菌、巴氏杆菌、葡萄球菌、链球菌等	内服，2.5～5mg/kg体重，2次/d，连用3～5d；肌注，2.5～5mg/kg体重，2次/d，连用3～5d
沙拉沙星	用于大肠杆菌、沙门氏菌引起的腹胀、腹泻及巴氏杆菌引起的呼吸道感染	混饲，5～10g/100kg饲料；混饮，25～50mg/L水；肌注，3～5mg/kg体重，2次/d，连用3～5d
喹乙醇	促生长、防治疾病（巴氏杆菌病、大肠杆菌病、葡萄球菌病、肺炎双球菌病等）	混饲，20（预防量）～30g（治疗量）/100kg饲料；内服，10mg/kg体重，1次/d，连用2～3d

续表

药物名称	临床应用	用法用量
乙酰甲喹（痢菌净）	用于大肠杆菌、沙门氏菌等感染引起的肠道疾病	内服，5～10mg/kg体重，2次/d，连用3～5d；肌注，3～5mg/kg体重，2次/d，连用3～5d
灰黄霉素	用于治疗各种浅表癣病	内服，10～30mg/kg体重，1次/d，连用7～14d
制霉菌素	用于皮肤真菌病	内服，5万～10万IU/kg体重，2～3次/d
克霉唑	用于深部真菌性感染	内服，0.25g/（只·次），2次/d
酮康唑	用于治疗消化道、呼吸道及全身真菌感染	内服，10mg/kg体重，1次/d
黄芪多糖注射液	抗病毒、提高免疫力	口服，1～2g/(只·次)；肌注，一次量，100～200mg，1次/d，连用3～5d
双黄连	抗毒病	混饮，60～120mg/L，1次/d，连用3～5d；皮下注射，30～60mg/次，1～2次/d

注：1.人用药和头孢类抗生素（除头孢噻呋、头孢喹肟、头孢氨苄外）禁止在兽医临床使用。特殊情况下，若使用人用针剂，可按成人用量的1/6～1/3折算使用。

2.农业部第2292公告：自2016年12月31日起，停止经营、使用用于食品动物的洛美沙星、培氟沙星、氧氟沙星、诺氟沙星4种原料药的各种盐、酯及其各种制剂。

3.表中所列各种药物的用量仅供参考。由于兔病情轻重、病程长短、发病阶段、混合感染及生产厂家等因素影响，用量应根据实际情况有所变化和调整。

4.表中未列出的其他药物可参考犬、猫的用法用量。

二、兔常用的抗寄生虫药

抗寄生虫药是指能杀灭寄生虫或抑制其生长繁殖的物质，可分为抗蠕虫药、抗原虫药和杀虫药。抗蠕虫药是指对动物寄生蠕虫具有驱除、杀灭或抑制作用的药物。根据寄生于动物体内的蠕虫类别，抗蠕虫药相应地分为抗线虫药、抗吸虫药、抗绦虫药、抗血吸虫药。抗原虫药可分为抗球虫药、抗锥虫药和抗梨形虫药。杀虫药系指能杀灭动物体外寄生虫，从而防治由这些外寄生虫所引起的皮肤病的一类药物（表4-2）。

表4–2　兔常用的抗寄生虫药

药物名称	临床应用	用法用量
磺胺喹噁啉	用于球虫病	混饮，0.05%（预防量）～ 0.1%（治疗量）
磺胺二甲嘧啶	用于球虫病	混饮，0.2%（预防量）～ 0.5%（治疗量）
30%磺胺氯吡嗪钠	用于球虫病	混饮，0.03%；混饲，0.06%，连用3 ～ 5d
10%氯苯胍	用于球虫病	混饲，33（预防量）～ 66g（治疗量）/100kg；内服，10 ～ 15mg/kg体重
20%莫能菌素	用于球虫病	混饲，以莫能菌素计，0.007% ～ 0.012%
25%二硝托胺（球痢灵）	用于球虫病	混饲，0.0125%（预防量）～ 0.025%（治疗量）
25%氯羟吡啶（克球粉）	用于球虫病	混饲，0.013%（预防量）～ 0.025%（治疗量）
0.6%常山酮	用于球虫病	混饲，0.0002% ～ 0.0003%
2.5%妥曲珠利（百球清）	用于球虫病	混饲，0.0015%（预防量）～ 0.0025%（治疗量）
盐霉素	用于球虫病	混饲，以盐霉素计，0.5 ～ 0.7g/100kg饲料
0.5%地克珠利	用于球虫病	混饲，1mg/kg饲料，混饮量减半
阿苯达唑（丙硫苯咪唑）	用于线虫病、豆状囊尾蚴病、脑炎原虫病等	内服，一次量，15 ～ 20mg/kg体重
盐酸左旋咪唑	用于线虫病	皮下、肌注、内服，一次量，8mg/kg体重
精制敌百虫	用于线虫病及体表寄生虫病	内服，一次量，50 ～ 100mg/kg体重；外用，1% ～ 3%涂抹或喷洒
枸橼酸哌嗪	用于驱除蛲虫	混饲，成年兔0.5g/kg饲料，幼兔0.75g/kg饲料，1次/d，连用2d
甲苯咪唑	用于豆状囊尾蚴病	内服，一次量，35 ～ 50mg/kg体重，1次/d，连用3d
伊维菌素	用于防治线虫病、螨病及其他寄生性昆虫病	皮下注射，一次量，0.2 ～ 0.4mg/kg体重
阿维菌素	用于治疗线虫病、螨病和寄生性昆虫病	内服、皮下注射，一次量，0.2 ～ 0.3mg/kg体重
硫双二氯酚	用于治疗肝片吸虫病	内服，一次量，80 ～ 100mg/kg体重

续表

药物名称	临床应用	用法用量
三氮脒（贝尼尔）	用于附红细胞体病、血液寄生虫病	肌注，3～5mg/kg体重，配成5%溶液注射，隔日1次，连用2～3次
氯硝柳胺	用于绦虫病	内服，一次量，75～100mg/kg体重
硝氯酚	用于肝片吸虫病	内服，一次量，5～8mg/kg体重
吡喹酮	用于豆状囊尾蚴病	内服，一次量，35～50mg/kg体重
螨净	用于疥螨病、兔虱病等	外用，1：500稀释，涂擦患部
溴氰菊酯溶液（5%）	用于疥螨病、兔虱病等	外用，配成50mL/L水溶液涂擦或喷洒患部
氰戊菊酯（20%）	用于疥螨病、兔虱病等	外用，配成200～500mL/L水溶液涂擦或喷洒患部
25%二嗪农	杀灭体外寄生虫	外用，2mL/200mL植物油，喷雾或涂抹

三、兔场常用的消毒防腐药

消毒防腐药是杀灭病原微生物或抑制其生长繁殖的一类药物。消毒药是指能杀灭病原微生物的药物，主要用于环境、兔舍、排泄物、用具和器械等非生物体表面的消毒；防腐药是指能抑制病原微生物生长繁殖的药物，主要用于抑制局部皮肤、黏膜和创伤等生物体表的微生物感染，也用于食品及生物制品等的防腐。两者并无绝对的界限，低浓度消毒药只能抑菌，反之，有的防腐药高浓度时也能杀菌（表4-3）。

表4-3　兔场常用的消毒剂

消毒对象	选用药物及浓度
兔舍空气	高锰酸钾（21g/m^3、14g/m^3、7g/m^3，熏蒸消毒）、甲醛（42mL/m^3、28mL/m^3、14mL/m^3，熏蒸消毒）、过氧乙酸（3%～5%，熏蒸）、戊二醛（10%）、二氧化氯（1：250）、次氯酸钠（0.2%～0.3%）
饮水	高锰酸钾（0.1%）、过氧乙酸（0.01%）、漂白粉（6～10g/m^3）、百毒杀（1：2000）、次氯酸钠［1：（15～3000）］、二氧化氯（5mL/100kg水）、二氯异氰尿酸钠（4～6mg/L水）、三氯异氰尿酸钠（4～6mg/L水）

续表

消毒对象	选用药物及浓度
兔舍地面	石灰水（10%～20%）、漂白粉（10%～20%）、草木灰水（10%～30%）、氢氧化钠（2%～5%）、二氯异氰尿酸钠（0.015%～0.02%）、百毒杀（0.2%～1%）、三氯异氰尿酸（0.02%～0.04%）、二氧化氯（0.01%～0.03%）、戊二醛（1：150）、过氧乙酸（0.3%～0.5%）
运动场	石灰水（10%～20%）、漂白粉（10%～20%）、复合酚（1：300）、二氯异氰尿酸钠（0.015%～0.02%）
场舍入口消毒池	氢氧化钠（3%～5%）、来苏尔（5%～10%）、10%克辽林、二氯异氰尿酸钠粉、戊二醛、聚维酮碘溶液
生产用具	高锰酸钾（2%～5%）、过氧乙酸（0.04%～0.5%）、漂白粉［1：（50～100）］、百毒杀（1:600）、二氧化氯［1：（100～200）］、三氯异氰尿酸钠（0.02%～0.04%）、戊二醛（0.78%）、克辽林（3%～5%）、来苏尔（3%）、福尔马林、氢氧化钠
带兔消毒	过氧乙酸（0.3%）、百毒杀（1：200）、二氧化氯［1：（200～300）］、二氯异氰尿酸钠（1：500）、三氯异氰尿酸钠（0.02%～0.04%）、碘制剂、戊二醛、新洁尔灭（0.15%～2%）
粪便	漂白粉（1：5）、生石灰（1：5）、草木灰、复合酚、来苏尔（5%～10%）、克辽林、二氯异氰尿酸钠
皮肤黏膜	酒精（75%）、紫药水（0.5%～1%）、碘酊（2%～5%）、碘伏（0.5%～1%）、硼酸（2%～3%）、高锰酸钾（0.1%～0.2%）、聚维酮碘（5%）、碘甘油、苯扎溴铵溶液（0.01%）、双氧水（3%）、鱼石脂软膏（10%）、来苏尔（2%）
车辆	过氧乙酸（0.5%）、漂白粉（10%～20%）、戊二醛、百毒杀
土壤	漂白粉溶液、福尔马林溶液（4%）、氢氧化钠溶液（10%）

注：实际选择应用时，以使用标签说明书为准。

四、兔常用的其他药物

兔常用的作用于内脏系统的药物，见表4-4。

表4-4　兔常用的其他药物

药物名称	临床应用	用法用量
安钠咖注射液	中枢性呼吸、循环抑制和麻醉药中毒的解救	皮下或肌注，一次量，0.5mL/只

续表

药物名称	临床应用	用法用量
人工盐	小剂量用于消化不良；大剂量用于便秘	以本品计，内服，健胃，一次量，2～3g；缓泻，一次量，10～15g
硫酸镁	导泻	内服，成年兔3～5g/只，幼兔1.5～2.5g/只。用时配成5%的溶液
硫酸钠	导泻	内服，成年兔3～5g/只，幼兔1.5～2.5g/只。用时配成5%的溶液
碳酸氢钠（小苏打）	中和胃酸、健胃	内服，一次量，0.5～1g
胃蛋白酶片	用于胃酸分泌不足引起的消化不良	内服，一次量，0.5g
鱼石脂	制止发酵，胃扩张	内服，一次量，0.5～0.8g
液状石蜡	小肠阻塞、便秘、臌气	内服，一次量，成兔20mL；幼兔10～15mL
植物油	大肠便秘、小肠积食等	内服，一次量，30～50mL
鞣酸蛋白	急性肠炎和非细菌性腹泻	内服，一次量，0.5～1g
药用炭	生物碱等中毒及腹泻、胃肠臌气等	内服，一次量，2～3g
碱式硝酸铋	腹泻、胃肠炎	内服，一次量，0.4～0.8g，2次/d
碱式碳酸铋	腹泻、胃肠炎	内服，一次量，0.4～0.8g，2次/d
干酵母片或食母生片	食欲缺乏、消化不良和B族维生素缺乏的辅助治疗	内服，一次量，0.2～0.3g
乳酶生片	消化不良，肠内异常发酵和腹泻等	内服，一次量，0.5～1g(1～2片)/次，2次/d
大黄苏打片	消化不良、便秘等	内服，健胃、促消化1～2片，流行性腹胀病4～5片
二甲硅油片	泡沫性臌胀病	内服，一次量，1～2g
硫酸亚铁	缺铁性贫血	内服，一日量，0.02～0.1g
维生素B_{12}	维生素B_{12}缺乏症	肌注，一次量，0.05～0.1mg

续表

药物名称	临床应用	用法用量
氯化铵	急慢性支气管炎及痰多不易咳出	内服，一次量，0.2～0.5g
乙酰半胱氨酸	慢性支气管炎及痰多不易咳出	内服，一次量，0.03～0.05g
喷托维林	上呼吸道感染所致的无痰干咳或痰少咳嗽	内服，一次量，0.01～0.02g
可待因	无痰、剧痛性咳嗽及胸膜炎引起的干咳	内服或肌注，一次量，2～3mg
麻黄碱	急慢性支气管炎引起的咳嗽	内服或肌注，一次量，2～5mg
氨茶碱	痉挛性支气管炎、支气管哮喘	肌注，一次量，0.25～0.5g
复方甘草片	止咳、化痰	内服，一次量，2～4片/次
呋噻米（速尿）	利尿、消肿	肌注或静注，一次量，1～5mg/kg体重
甘露醇	脑炎、脑水肿、肺水肿的辅助治疗	静注，一次量，5～10mL/kg体重
山梨醇	脑炎、脑水肿、肺水肿的辅助治疗	静注，一次量，15～20mL/kg体重
安特诺新（安络血）	毛细血管损伤或通透性增加引起的出血	肌注，一次量，0.5～1mL
酚磺乙胺（止血敏）	各种出血	肌注或静注，一次量，50～100mg
硝酸毛果芸香碱	不完全肠便秘	皮下注射，一次量，1～2mg
硫酸新斯的明	子宫修复、胎盘滞留、尿潴留	肌肉或皮下注射，一次量，0.2～0.3mg
盐酸肾上腺素	心脏骤停、过敏性休克	皮下注射，一次量，0.03～0.06mg
盐酸普鲁卡因	局部麻醉	传导麻醉、封闭疗法，0.25%～0.5%，2～5mL
尼可刹米	呼吸抑制、一氧化碳中毒、新生兔窒息	皮下或肌注，一次量，10～20mg/kg体重

续表

药物名称	临床应用	用法用量
士的宁	脊髓性不全麻痹	皮下注射，一次量，0.1 ～ 0.3mg
缩宫素（催产素）	催产、产后子宫出血和胎衣不下等	皮下、肌肉注射，一次量，5 ～ 10IU
垂体后叶注射液	催产、产后子宫出血和胎衣不下等	皮下、肌肉注射，一次量，5 ～ 10IU
孕马血清促性腺激素	促发情、排卵	肌注，一次量，50 ～ 100IU
氯前列烯醇	卵巢囊肿、同情发情、诱导分娩	皮下注射，一次量，0.01 ～ 0.04mg
垂体促卵泡素	促卵泡发育、卵巢机能静止性不发情	肌注，一次量，10 ～ 15IU，隔日 1 次
垂体促黄体素	母兔发情不正常，公兔性欲不强、精液量少、精子密度小	肌注，一次量，5 ～ 10IU
绒毛膜促性腺激素	促排卵，卵巢囊肿、习惯性流产	肌注，一次量，150 ～ 200IU
雌二醇	催情或已发情拒配、子宫炎、子宫蓄脓、死胎滞留	肌注，一次量，0.3 ～ 0.5mg
黄体酮	保胎，用于习惯性流产、先兆性流产	肌注，一次量，10 ～ 15mg
安乃近	发热性疾病、关节痛	肌注或口服，一次量，0.3 ～ 0.5g
安痛定注射液	发热性疾病、关节痛或风湿症	肌注、皮下注射，一次量，0.5 ～ 1mL
复方氨基比林	发热性疾病、关节痛或风湿症	肌注、皮下注射，一次量，1 ～ 2mL
阿司匹林	解热、镇痛、抗炎、抗风湿	肌注或静注，一次量，0.2 ～ 0.5g
吲哚美辛	解热、镇痛、抗炎、抗风湿	内服，一次量，0.5 ～ 1mg/kg 体重
对乙酰氨基酚	解热、镇痛	内服，一次量，0.1 ～ 0.2g；肌注，一次量，0.2 ～ 0.4g

续表

药物名称	临床应用	用法用量
氢化可的松	乳房炎、眼炎、皮肤过敏性疾病、关节炎	静注，一次量，1～5mg，1次/d
地塞米松	消炎、抗过敏	肌注或静注，一次量，0.25～0.5mg
维生素AD油	维生素A、维生素D缺乏症；局部应用能促进创伤、溃疡愈合	内服，一次量，1～2mL；肌注，一次量，0.5～1mL
复合维生素B注射液	B族维生素缺乏所致的多发性神经炎、消化障碍、口腔炎等	肌注，一次量，1mL
维生素K	维生素K缺乏症	肌注，一次量，0.2～0.5mg
维生素D_3	佝偻病、骨软症	肌注，一次量，1500～3000IU/kg体重
维生素E	维生素E缺乏症	肌注，一次量，5～10mg/kg体重；混饲，100mg/kg
维生素B_1	维生素B_1缺乏症	肌注，一次量，20～25mg/kg体重；混饲，100～125mg/kg
维生素B_2	维生素B_2缺乏症	内服，一次量，0.1～0.2mg/kg体重；混饲，2～3mg/kg
维生素C	维生素C缺乏症、慢性消耗性疾病、热应激、中毒、各种贫血、严重创伤、慢性感染等	肌注，10%维生素C注射液，一次量，3～5mL/次
葡萄糖酸钙注射液	钙缺乏症及过敏性疾病	静注，一次量，0.5～1.5g
乳酸钙、碳酸钙	钙缺乏症	内服，一次量，0.5～2g
葡萄糖注射液或葡萄糖氯化钠注射液	补充营养和水分，提高渗透压和利尿脱水	静注，一次量，50～100mL
碳酸氢钠注射液	酸中毒	静注，一次量，5～10mL
氯化钠注射液	低血钠	静注，一次量，15～40mL
碘解磷定或氯解磷定	有机磷农药中毒	静注，一次量，15～20mg/kg体重，症状缓解前，每2～3h用药1次

续表

药物名称	临床应用	用法用量
解氟灵	有机氟中毒	肌注，一次量，0.05～0.1g/kg体重，2～3次/d，连用3～4d
亚甲蓝（美蓝）	亚硝酸盐中毒	肌注，一次量，1～2mg/kg体重
亚硝酸钠	氰化物中毒	静注，一次量，0.02～0.04g
硫代硫酸钠	氰化物中毒	静注或肌注，25～50mg/kg体重，配成10%溶液
阿托品	胃肠平滑肌痉挛和有机磷中毒	皮下或肌注，0.1～0.15mg/kg体重，4h后可再用1次

五、兔常用的疫苗

兔常用疫苗的种类及用法用量，见表4-5。

表4-5　兔常用疫苗的种类及用法用量

疫苗名称	作用与用途	用法用量
兔病毒性出血症、多杀性巴氏杆菌病二联灭活疫苗	用于预防兔病毒性出血症（兔瘟）及兔多杀性巴氏杆菌病（A型）。免疫期6个月	皮下注射，45日龄以上兔，每只1.0mL
兔产气荚膜梭菌病（A型）灭活疫苗	用于预防家兔A型产气荚膜梭菌病。免疫期6个月	皮下注射，不论大小，每只2.0mL
兔病毒性出血症灭活疫苗	用于预防兔病毒性出血症（兔瘟）。免疫期6个月	皮下注射，45日龄以上兔，每只1.0mL；未断奶乳兔，每只1.0mL，断奶后应再接种1次
兔病毒性出血症、多杀性巴氏杆菌病、产气荚膜梭菌病三联灭活疫苗	用于预防兔病毒性出血症和多杀性巴氏杆菌病及产气荚膜梭菌病（A型）。免疫期6个月	皮下注射，2月龄以上兔，每只2.0mL
兔病毒性出血症、多杀性巴氏杆菌病二联蜂胶灭活疫苗（YT株+JN株）	用于预防兔病毒性出血症和兔A型多杀性巴氏杆菌病。免疫期6个月	45日龄以上，颈部皮下注射，每只1.0mL

续表

疫苗名称	作用与用途	用法用量
兔、禽多杀性巴氏杆菌病灭活疫苗	用于预防兔、鸡多杀性巴氏杆菌病。免疫期6个月	皮下注射，90日龄以上兔，每只1.0mL

注：1.不同公司生产的疫苗，用法用量可能不同，所选用的毒株也不同，养殖户选择时应认真阅读使用说明书。

2.兔疫苗分为活苗和灭活苗两大类。活苗保存温度为-15℃以下，置于冰柜或冰箱冷冻区保存，用灭菌生理盐水或适宜的稀释液稀释，稀释后应放冷暗处，必须在3～4h内用完；灭活苗保存温度为2～8℃，置于冰箱冷藏区保存，使用时，应先将疫苗恢复至常温，并充分摇匀。疫苗启封后，限当日用完，不能冻结。

六、兔常用的给药方法

1.经口给药法

简单易行，适用于多种剂型投药。缺点是吸收慢、吸收不规则、药效迟等。

（1）混饲给药　将药物均匀混入饲料中，让兔吃料的同时吃进药物。此法简便易行，适用于长期投药和不溶于水的药物。应用此法时要注意药物与饲料必须混合均匀，并应准确掌握饲料中药物所占的比例；有些药适口性差，混饲给药时要少添多喂。

（2）饮水给药　将药物溶解于水中，让兔自由饮用。该方法适于大群预防和治疗，特别是对食欲不振但饮欲良好的患兔。其方法简便，容易操作，关键是药量计算要准确，药物要完全溶解。

（3）口服法　单个病兔给药最常用的方法。适用于剂量较小、有异味的药物，或缺乏食欲、不采食的病兔。

① 投服法　操作者用一手轻轻捏住兔面颊使口张开，另一手持镊子或筷子夹取药物送入舌根部或会厌部，让其吞下，当兔不咽时可向口腔滴加少量清水。常用于片剂、丸剂或舔剂的药物。

② 灌服法　将药物经兔口腔通过注射器或药管灌入胃内。常用于有异味的药物。采用此法应注意不要将药物误灌入气管，以免造成异物性肺炎。

③ 胃管给药法　指药物经兔口腔通过导管投入胃内。常用于刺激性大或有不良气味的药物。采用此法要注意插入导管时应在其前端涂

石蜡润滑油，将胃管另一端浸入水杯中灌药，若有气泡冒出，应立即拔出重插。为了避免胃管内残留药物，需再注入5mL生理盐水，然后拔出胃管。

2.注射给药法

常用的方法包括皮下注射、静脉注射、肌肉注射、腹腔注射等。

（1）肌肉注射　适用于多种药物，如油剂、混悬液、水剂等。注射部位选择家兔的颈侧或大腿外侧肌肉丰满、无大血管和神经处，经局部剪毛消毒后，一手按紧皮肤，另一手持注射器，中指压住针头连接部，针头垂直刺入，深度视局部肌肉厚度而定，但不应将针头全刺入。轻轻抽回注射栓，如无回血现象，将药物全部注入，针头拔出后进行局部消毒。若一次量超过10mL时，应分点注射。

（2）皮下注射　主要用于免疫接种。选择在皮肤薄、松弛、容易移动的部位，如颈部、股内侧等。注射前先用70%酒精棉球或2%碘酊棉球消毒，再用左手拇指、食指和中指捏起皮肤，右手将针头刺进提起的皮下约1.5cm，放松左手，将药液注入。

（3）静脉注射　主要用于补液。多选取耳外缘静脉为注射部位。由助手固定家兔，剪去或拔去局部的耳毛，用酒精消毒过后即可注射。若注射大量药物，在气温低时应将注射液加温到37℃左右再行注射。具体方法：用一手拇指和中指执住耳的尖部，同时用食指在耳下作支持，另一手持注射器，将针头平行刺入耳静脉内，轻轻抽回注射栓，如有回血即表明已正确进入静脉内，再慢慢注入。注射时若发现耳壳皮下隆起小泡或感觉注射有阻力，即表示未注入血管内，应拔出重新注射。注射完拔出针头后，立即用酒精棉按住注射部位，防止血液流出。

（4）腹腔注射　通常选择在脐后部腹底壁，偏腹中线左侧3mm，对着脊柱方向刺针，注射器回抽应无气体、液体。适用于兔胃或膀胱空虚，多用于补液。

3.外用给药法

主要有点眼、滴鼻、洗涤、涂擦。点眼通常选择眼睑与眼球间的结膜囊，常用于结膜炎时的治疗和眼球检查。滴鼻通常选择在鼻腔内，常用于鼻炎与疫苗接种。洗涤通常用于清洗局部皮肤或鼻、眼、口及创伤部位等。常用的有生理盐水、0.1%～0.3%高锰酸钾溶液、

0.5%～1%双氧水。涂擦通常用于治疗局部感染和疥螨病的膏剂或溶液，涂于皮肤或黏膜的表面。

4. 直肠给药法

常用于肠道细菌感染。对于便秘的病兔，可用一根适当粗细的橡皮管涂上凡士林润滑，缓缓插入病兔肛门内8～10cm，再把药液通过注射器注入直肠内，捏住肛门5～10min，然后让其自由流出，以软化并排除直肠积粪。

七、兔与人用药剂量的换算

1. 人与家兔用药量换算

家兔用药量可参考人用剂量再按体重比例计算来确定。家兔体重约为成人体重的1/20，其理论用药量也应是人用药量的1/20，但兔是草食动物，实际口服药物的剂量应适当大一些，一般按成年人口服药量的1/6～1/3使用。也可采用以下方法计算：

已知A种动物每千克体重用药剂量，要估算B种动物每千克体重用药剂量，可查表4-6找出折算系数W，按下列公式计算：B动物的剂量（mg/kg）＝W×A种动物的剂量（mg/kg）。

表4–6　动物与人体的每千克体重剂量折算系数表（部分数值）

折算系数（W）		A组动物或成人			
		兔1.5kg	猫2.0kg	犬12kg	成人60kg
B组动物或成人	兔1.5kg	1.0	1.23	1.76	3.30
	猫2.0kg	0.81	1.0	1.44	2.70
	犬12kg	0.56	0.68	1.0	1.88
	成人60kg	0.304	0.371	0.531	1.0

例如：已知犬阿莫西林每千克体重用量为5～10mg，需折算为家兔量。查A种动物为犬，B种动物为兔，交叉点为折算系数W＝1.76，故家兔每千克体重用药量为1.76×(5～10) mg/kg体重＝8.8～17.6mg/kg，1.5kg家兔用药量为13.2～26.4mg。

同一药物因给药方法不同，药物被吸收的速度也不同，因此，给药剂量也要有所不同，不同给药方法的用药量见表4-7。

表4-7　给药途径与剂量比例关系表

途径	内服	直肠给药	气管注射	皮下注射	肌肉注射	静脉注射
比例	1	1.5 ～ 2	0.333 ～ 0.5	0.333 ～ 0.5	0.25 ～ 0.333	0.25 ～ 0.333

2. 添加到饲料中的药物浓度一般为饮水中药物浓度的1.7 ～ 2倍。

3. 每千克体重内服用药的剂量与饲料、饮水中添加药量的换算

设d为个体内服剂量（mg/kg体重），W为每千克体重兔24h的采食量（mg/kg饲料）或饮水量（mg/L），t为24h内的给药次数，D为混饲或混饮剂量，则$D=d\times t/W$。

不同家兔日采食风干饲料量占体重的百分比：空怀母兔3.5% ～ 4.5%，妊娠母兔4.5% ～ 5.5%，生长育肥兔5% ～ 7%，泌乳母兔8%以上。

例如：土霉素片，兔每千克体重内服剂量为30 ～ 50mg，2次/d，生长育肥兔每千克体重兔24h采食50 ～ 70g，约0.05 ～ 0.07kg，饲料中药物添加浓度应为：40mg/（kg体重·次）×2次÷0.06kg饲料/kg体重＝1333mg/kg饲料；每千克体重兔24h饮水约0.12L，饮水给药浓度应为：40mg/（kg体重·次）×2次÷0.12L水/kg体重＝667mg/L水。

如果将静脉注射或肌肉注射给药的剂量换算成饮水或饲料添加的给药浓度，不宜进行简单的剂量换算，应考虑内服给药的吸收、生物利用度等。

八、常用兽药配伍禁忌

兔常用兽药配伍禁忌见表4-8。在临床中应用时，可根据实际情况和用药经验不断调整。

表4-8　兔常用兽药配伍禁忌

分类	药物	配伍药物	配伍结果
青霉素类	青霉素钠、钾盐；氨苄西林类；阿莫西林类	喹诺酮类、氨基糖苷类（庆大霉素除外）、多黏菌素类	效果增强
		四环素类、头孢菌素类、大环内酯类、酰胺醇类、庆大霉素、培氟沙星	拮抗或疗效相抵或产生副作用，应分别使用、间隔给药

续表

分类	药物	配伍药物	配伍结果
青霉素类	青霉素钠、钾盐；氨苄西林类；阿莫西林类	维生素C、磺胺类、氨茶碱、高锰酸钾、B族维生素、过氧化氢	沉淀、分解、失败
头孢菌素类	“头孢”系列	氨基糖苷类、喹诺酮类	疗效、毒性增强
		青霉素类、林可胺类、四环素类、磺胺类	拮抗或疗效相抵或产生副作用，应分别使用、间隔给药
		维生素C、B族维生素、磺胺类、氨茶碱、氟苯尼考、甲砜霉素、强力霉素	沉淀、分解、失败
氨基糖苷类	卡那霉素、阿米卡星、庆大霉素、大观霉素、新霉素、链霉素等	抗生素类	尽量避免与其他抗生素类药物联合应用，会增加毒性或降低疗效
	大观霉素	青霉素类、头孢菌素类、林可胺类、TMP	疗效增强
	卡那霉素、庆大霉素	碱性药物（如碳酸氢钠、氨茶碱等）	疗效增强，毒性增强
		维生素C、B族维生素	疗效减弱
		氨基糖苷类药物、头孢菌素类、万古霉素	毒性增强
		酰胺醇类、四环素	拮抗作用，疗效抵消
		其他抗菌药物	不可同时使用
大环内酯类	红霉素、硫氰酸红霉素、替米考星、吉他霉素（北里霉素）、泰乐菌素、乙酰螺旋霉素	林可胺类、麦迪霉素、螺旋霉素、阿司匹林	降低疗效
		青霉素类、无机盐类、四环素类	沉淀、降低疗效
		碱性物质	增强稳定性、增强疗效
		酸性物质	不稳定、易分解失效

续表

分类	药物	配伍药物	配伍结果
四环素类	土霉素、四环素、金霉素、强力霉素、米诺环素	甲氧苄啶、三黄粉	稳效
四环素类	土霉素、四环素、金霉素、强力霉素、米诺环素	含钙、镁、铝、铁的中药如石类、壳贝类、骨类、矾类、脂类等；含碱类、含鞣质的中成药，含消化酶的中药如神曲、麦芽、豆豉等；含碱性成分较多的中药如硼砂等	不宜同用，如确需联用应至少间隔2h
四环素类	土霉素、四环素、金霉素、强力霉素、米诺环素	其他药物	四环素类药物不宜与绝大多数其他药物混合使用
酰胺醇类	甲砜霉素、氟苯尼考	喹诺酮类、磺胺类	毒性增强
酰胺醇类	甲砜霉素、氟苯尼考	青霉素类、大环内酯类、四环素类、多黏菌素类、氨基糖苷类、林可胺类、头孢菌素类、B族维生素、铁制剂、利福平	拮抗作用，疗效抵消
酰胺醇类	甲砜霉素、氟苯尼考	碱性药物（如碳酸氢钠、氨茶碱等）	分解、失效
喹诺酮类	“沙星”系列	青霉素类、链霉素、新霉素、庆大霉素	疗效增强
喹诺酮类	“沙星”系列	林可胺类、氨茶碱、金属离子（如钙、镁、铝、铁等）	沉淀、失效
喹诺酮类	“沙星”系列	四环素类、酰胺醇类、利福平	疗效降低
喹诺酮类	“沙星”系列	头孢菌素类	毒性增强
磺胺类	磺胺嘧啶、磺胺二甲嘧啶、磺胺甲噁唑、磺胺对甲氧嘧啶、磺胺间甲氧嘧啶	青霉素类	沉淀、分解、失效
磺胺类	磺胺嘧啶、磺胺二甲嘧啶、磺胺甲噁唑、磺胺对甲氧嘧啶、磺胺间甲氧嘧啶	头孢菌素类	疗效降低
磺胺类	磺胺嘧啶、磺胺二甲嘧啶、磺胺甲噁唑、磺胺对甲氧嘧啶、磺胺间甲氧嘧啶	酰胺醇类	毒性增强
磺胺类	磺胺嘧啶、磺胺二甲嘧啶、磺胺甲噁唑、磺胺对甲氧嘧啶、磺胺间甲氧嘧啶	TMP、新霉素、庆大霉素、卡那霉素	疗效增强
磺胺类	磺胺嘧啶	阿米卡星、头孢菌素类、氨基糖苷类、利卡多因、林可霉素、普鲁卡因、四环素类、青霉素类、红霉素	配伍后疗效降低或抵消或产生沉淀

续表

分类	药物	配伍药物	配伍结果
抗菌增效剂	二甲氧苄啶、甲氧苄啶、三甲氧苄啶	参照磺胺类药物	参照磺胺类药物
		磺胺类、四环素类、红霉素、庆大霉素、多黏菌素	疗效增强
		青霉素类	沉淀、分解、失效
		其他抗菌药物	增效或协同作用
林可胺类	盐酸林可霉素	氨基糖苷类	协同作用
		大环内酯类、氟苯尼考	疗效降低
		喹诺酮类	沉淀、失效
多肽类	硫酸黏菌素	磺胺类、甲氧苄啶、利福平	疗效增强
	杆菌肽锌	青霉素类、链霉素、新霉素、金霉素、多黏菌素	协同作用、疗效增强
		吉他霉素、恩拉霉素	拮抗作用，疗效抵消，禁止并用
	恩拉霉素	四环素、吉他霉素、杆菌肽锌	
抗病毒类（农业部禁用，仅供参考）	金刚烷胺、阿糖腺苷、阿昔洛韦、病毒灵、干扰素	抗菌类	无明显禁忌、协同增效作用。但有可能增加毒性，应防止滥用
抗寄生虫药	苯并咪唑类	长期使用	易产生耐药性
		联合使用	易产生耐药性并增加毒性，应避免同时使用
	其他抗寄生虫药	长期使用	此类药物一般毒性较强，应避免长期使用
		同类药物	毒性增强，间隔用药，确需同用应减低用量
		其他药物	容易增加毒性或产生拮抗，应尽量避免合用

续表

分类	药物	配伍药物	配伍结果
助消化与健胃药	乳酶生	酊剂、抗菌剂、鞣酸蛋白、铋制剂	疗效减弱
	胃蛋白酶	中药	能降低胃蛋白酶的疗效，应避免合用，确需与中药合用时应注意观察效果
		强酸、碱性、重金属盐、鞣酸溶液及高温	沉淀或灭活、失效
	干酵母	磺胺类	拮抗、降低疗效
	稀盐酸、稀醋酸	碱类、盐类、有机酸及洋地黄	沉淀、失效
	人工盐	酸类	中和、疗效减弱
	胰酶	强酸、碱性、重金属盐溶液及高温	沉淀或灭活、失效
	碳酸氢钠	镁盐、钙盐、鞣酸类、生物碱类等	疗效降低或分解或沉淀或失效
		酸性溶液	中和失效
平喘药	茶碱类（氨茶碱）	其他茶碱类、林可胺类、四环素类、喹诺酮类、大环内酯类、酰胺醇类、利福平	毒副作用增强或失效
		药物酸碱度	酸性药物可增加氨茶碱排泄、碱性药物可减少氨茶碱排泄
维生素类	所有维生素	长期使用、大剂量使用	易中毒甚至致死
	B族维生素	碱性溶液	沉淀、破坏、失效
		氧化剂、还原剂、高温	分解、失效
		青霉素类、头孢菌素类、四环素类、多黏菌素类、氨基糖苷类、林可胺类、酰胺醇类	灭活、失效
	维生素C	碱性溶液、氧化剂	氧化、破坏、失效
		青霉素类、头孢菌素类、四环素类、多黏菌素类、氨基糖苷类、林可胺类、酰胺醇类	灭活、失效

续表

分类	药物	配伍药物	配伍结果
消毒防腐类	漂白粉	酸类	分解、失效
	酒精	氯化剂、无机盐等	氧化、失效
	硼酸	碱性物质、鞣酸	疗效降低
	碘类制剂	氨水、季铵盐类	生成爆炸性的碘化氮
		重金属盐	沉淀、失效
		生物碱类	析出生物碱沉淀
		淀粉类	溶液变蓝
		龙胆紫	疗效减弱
		挥发油	分解、失效
	高锰酸钾	氨及其制剂	沉淀
		甘油、酒精	失效
	过氧化氢（双氧水）	碘类制剂、高锰酸钾、碱类、药用炭	分解、失效
	过氧乙酸	碱类如氢氧化钠、氨溶液等	中和失效
	碱类（生石灰、氢氧化钠等）	酸性溶液	中和失效
	氨溶液	酸性溶液	中和失效
		碘类溶液	生成爆炸性的碘化氮

九、母兔孕期禁用或慎用的药物

母兔孕期慎用或禁用的药物，见表4-9。

表4-9　兔孕期禁用或慎用的药物及影响

药物类别	具体药物	对母兔的影响	禁用或慎用
抗菌素	氨基糖苷类，如链霉素、庆大霉素、卡那霉素等	损害脑神经、肾脏	禁用
	四环素、氟苯尼考	胚胎毒性、致畸	
	磺胺类药，如三甲氧苄氨嘧啶	新生胎儿黄疸	

续表

药物类别		具体药物	对母兔的影响	禁用或慎用
驱虫药		左旋咪唑、阿苯达唑	胚胎毒性	禁用
泻药		硫酸钠、硫酸镁、人工盐、大黄、蓖麻油	胎儿流产	禁用
拟胆碱药		氨甲酰胆碱、硝酸毛果芸香碱、新斯的明等	兴奋子宫壁平滑肌，引起流产	禁用
子宫收缩药		缩宫素、麦角新碱等	同上	禁用
麻醉药		氯胺酮、硫喷妥钠、安定	致畸	慎用
解热镇痛抗风湿药		阿司匹林、水杨酸钠、奎宁	胎儿畸形、流产	禁用
激素类		生殖激素类药物、肾上腺皮质激素以及促肾上腺皮质激素	流产	禁用
利尿药		呋噻米（速尿）	胎儿血小板减少	禁用
维生素		维生素K_3	胎儿溶血	禁用
中药类	大毒大热药物	生南星、朱砂、雄黄、大戟、附子、商陆、斑蝥、蜈蚣、砒石、蟾酥、全蝎、轻粉、马钱子、生川乌等	胎儿流产	禁用
	活血化瘀药物	桃仁、红花、枳实、蒲黄、益母草、当归、三棱、水蛭、穿山甲、乳香、没药、莪术、川芎、牛膝等	胎儿流产	禁用
	滑利攻下药物	滑石、木通、牵牛子、冬葵子、薏苡仁（根）、巴豆、芫花、大戟、甘遂、瞿麦、车前子等	胎儿流产	禁用
	芳香走窜药物	丁香、降香、麝香、冰片等	胎儿流产	禁用

十、兽药真假鉴别

（1）登录中国兽药信息网，在《国家兽药基础信息查询》系统查询兽药生产企业是否取得“兽药生产许可证”和“GMP证”，并查询该产品是否取得产品批准文号，是否在有效期内。凡查询不到的均属于非法生产的假药。

（2）登录中国兽药信息网《兽药二维码专栏》，下载兽药查询系统手机客户端，只要扫描兽药外包装上的二维码，若无企业及产品相关信息的属于假药；无二维码的也属假药（农业部规定：从2016年7月1日起，所有兽药产品赋二维码出厂、上市销售）。

（3）看外包装　一般真品兽药外包装印制清晰、包装袋厚、质量好、色彩鲜艳，而伪品则图案模糊不清，印制低劣。按照《兽药管理条例》的有关规定，兽药外包装必须有标签，并注明“兽用”、“处方药”或“非处方”字样，包装袋箱（内）应有说明书与合格证，证上应有企业质检专用章、质检员签章及装箱日期。

（4）看标签　按照《兽药管理条例》的有关规定，兽药包装必须贴有标签或说明书，且以中文注明兽药的通用名称、成分及其含量、规格、生产企业、产品批准文号（进口兽药注册证号）、产品批号、生产日期、有效期、适应证或者功能主治、用法、用量、休药期、禁忌、不良反应、注意事项、运输贮存保管条件及其他应当说明的内容。如果标签上缺少上述内容，或虽有但不全以及与事实不符者，则应对其质量提出质疑。

（5）看产品规格　看标签上标示的规格与药品的实际是否相符，主要看标示装量与实际装量是否相符。

（6）查兽药产品执行标准　从2013年9月1日起，兽药标准必须执行国家标准（中国兽药典、兽药国家标准汇编、兽药国家标准、农业部公告），如果兽药成分不符合国家标准，即为假药或劣药。

（7）看有效期　查兽药产品有效期标签说明书里标明的该兽药产品的有效期，超过有效期的即可判为劣药。

（8）看产品性状　如外观色泽、是否结块、气味、沉淀物、异物、霉变等。

（9）实验室检验　由专业机构如各省（直辖市、自治区）畜牧局、高校、科研院所等，从性状、含量、鉴别等方面进行鉴定。

第五章 临床诊断

一、兔病的诊断方法

1.临床诊断

就是通过问诊、听诊、叩诊、触诊、嗅诊等方法，调查兔群发病的时间、数量、日龄、发病率、死亡率、病程经过、免疫接种、用药情况、饲料质量、饲喂方法及制度等。

（1）问诊　向畜主或饲养人员调查、了解病兔或兔群发病情况和经过。问诊采用交谈和启发式询问方法。一般在着手检查病兔之前进行，也可边检查边询问，以便尽可能全面地了解发病情况及经过。问诊内容主要包括现病史、既病史及饲养管理情况等。

（2）视诊　通过观察病兔的临床症状对其疾病进行诊断。视诊所获得的临床第一手资料是诊断疾病的重要依据。视诊包括观察病兔的精神状态、营养状况、饮食欲情况、躯体结构、行为姿势、皮毛和可视黏膜（眼结膜、口腔黏膜、鼻黏膜）、呼吸动作和次数，以及采食、咀嚼、吞咽、排粪排尿等。

（3）触诊　检查者用手与兔体接触以检查疾病的一种方法。通过触诊可检查皮肤的温度、湿度、弹性，体表淋巴结（兔体表浅表淋巴结甚小，平时不易摸到，主要检查下颌淋巴结、肩前淋巴结、股前淋巴结、腘淋巴结）的大小、软硬度，心脏和脉搏的次数、强度等。

（4）听诊　通过听取病兔的喘息、咳嗽、喷嚏、呻吟的声音，以

及肠鸣音、胃蠕动音、心音和呼吸音等对疾病作出诊断。听诊可分为直接听诊法与间接听诊法（听诊器听诊）两种。用听诊器听取和判断病理性声音具有一定的难度，检查者应具有熟悉的兽医专业知识和技能才能得出确切的诊断。

（5）叩诊　根据对病兔体表某一部位叩击而产生音响的特性去判断被检查的组织或器官的病理状态的一种方法。叩诊时，用一个或数个并拢且呈屈曲的手指，向病兔体表的一定部位轻轻叩击（直接叩诊），伴随叩击时产生的声音即叩诊音。叩诊音通常分为浊音、清音、鼓音三种。浊音由叩击致密组织产生，肌肉以及肝脏、心脏、肾脏、脾脏等实质器官与体表直接接触的部位呈浊音；肺脏正常叩诊呈清音。

（6）嗅诊　嗅闻、辨别兔呼出气、口腔气味以及病兔排泄物、分泌物及其他病理产物等有无异常气味。来自病兔皮肤、黏膜、呼吸道、胃肠道、呕吐物、排泄物、分泌物、脓液和血液等的气味，根据疾病的不同，其特点和性质也不一样。

2. 病理学诊断

（1）病理解剖学诊断　应用病理解剖学的方法，对患病死亡的兔只进行剖检，查看其病理变化。在剖检时，作为兽医人员，一定要尽可能地做到认真细致，决不能马虎或妄下结论。剖检过程中应先从外到内，尽可能保持每个脏器的完好，力求通过剖检从中找出具有代表性的典型病变。此外，当出现群发性疾病时，由于不同个体间存在差异，病变表现有所不同，应增加剖检数量，根据不同病变，找出共同的、主要的、示病性的病理变化。

（2）病理组织学诊断　又称组织学诊断，是从微观的角度对病兔的相关器官做组织学检查，多用组织器官的表现特点来命名，如肾小球性肾炎、纤维素性肺炎、化脓性淋巴结炎等。

3. 实验室诊断

主要包括血液常规检查、尿液检查、粪便检查、微生物检查、免疫学检查及寄生虫检查等。

（1）血液常规检查　主要包括红细胞沉降速率（血沉）、血红蛋白含量、红细胞计数、白细胞计数和白细胞分类计数。通过耳静脉或心

脏采血。采血前，要注意对采血部位剪毛、擦拭和消毒。采血后，要立即轻摇试管内的血液，以防止凝固。常用的抗凝剂有3.8%柠檬酸钠、EDTA二钠、肝素、双草酸盐等。检测可用动物全自动血液细胞分析仪、动物全自动生化分析仪（生化检测用）。

（2）尿液检查　主要包括尿比重、尿液pH、尿蛋白、红细胞、白细胞、尿沉渣、尿管型等的检查。尿液采集用清洁容器在兔排尿时采取尿液5～10mL。采取的尿液要立即送检。

（3）粪便检查　包括一般性检验（粪便的数量、形状和硬度、颜色、气味及混合物检查）及显微镜检验（检查粪便中的虫卵或幼虫），必要时作粪便的潜血检验和酸碱度检验等。

（4）微生物检查　范围较广，有细菌、病毒、霉菌等检测。送验的材料可以是血、尿、粪便及其他体液成分，如脑脊液、胸水、腹水等。检测方法主要有涂片检查和分离培养。

① 细菌学检查　主要包括染色镜检（革兰氏染色法、瑞氏染色法、姬姆萨染色法等）、分离培养、生化试验和动物试验等。

② 病毒学检验　无菌采取病料组织，经磷酸盐缓冲液（PBS）反复洗涤3次，然后将组织剪碎、研细，加磷酸盐缓冲液制成1∶10悬液，离心取出上清液，分装，−70℃保存备用。对分离得到的病毒，用电子显微镜检查，并用血清学试验及动物实验等方法进行物理化学和生物学特性的鉴定。分离培养得到的病毒液，接种易感动物。

（5）免疫学检查　传染病的检验常采用免疫学方法。常用的方法有凝集反应、沉淀反应、补体结合反应、中和试验等血清学检验方法，以及用于某些传染病生前诊断的变态反应等。另外，也有其他免疫检测方法，如免疫扩散试验、荧光抗体技术、酶标记技术、单克隆抗体技术和PCR技术等。

（6）寄生虫检查　虫卵、幼虫和卵囊检查常采用饱和盐水漂浮法（适用于线虫卵、绦虫卵和球虫卵囊的检查）、沉淀法（适用于吸虫卵的检查）和虫卵计数（常用麦克马斯特法计数法）进行。体表寄生虫常用肉眼直接检查，血样寄生虫常用血液涂片检测，内脏器官虫体检查常通过尸体剖检进行检查。

二、兔常见异常症状与临床意义

兔常见异常临床症状及临床意义，见表5-1。

表5-1　兔常见异常临床症状及临床意义

项目	健康状态	异常症状	临床意义
精神状态	两眼有神、精神良好	精神沉郁	大多数疾病均会出现，意义不大
		精神抑制	多种传染病、某些中毒病、胃肠炎、产后瘫痪、脑积液、酮尿病等
		精神兴奋	食盐中毒、日射病及脑膜炎等
被毛	平顺浓密，有光泽且富弹性	脱落并呈灰色麸皮样结痂	皮肤真菌病、疥癣病、兔虱等
		无光泽、易脱落	营养缺乏、慢性消耗性疾病
		颌下、胸部、前爪等处被毛湿润	溃疡性齿龈炎、齿病、传染性水疱性口炎、霉变饲料中毒、大肠杆菌病、坏死杆菌病等
食欲和饮欲	食欲旺盛，喂饲前有采食的意愿，正常喂量的饲料15～30min吃完	食欲减退	消化不良、胃肠炎、热性病及肝病
		食欲废绝	胃扩张及各种严重疾病
		异食癖	维生素、矿物质缺乏症
		饮欲增加	食盐中毒、热性病、代谢病和腹泻等
		饮欲减少	消化不良、腹痛、胃肠卡他等
		嘴唇、舌、口腔黏膜出现大量水疱、溃疡并流涎	传染性水疱性口炎
		采食、咀嚼困难	口腔、舌和牙齿疾病
		吞咽障碍	咽头和食道疾病
		虽不吃食，但渴欲增强	下痢、大叶性肺炎、脑膜炎
营养状况	肌肉丰满，被毛有光泽，骨骼棱角不突出	消瘦、被毛无光泽且凌乱，皮肤缺乏弹性，骨骼突出明显	营养不良或各种慢性消耗性疾病

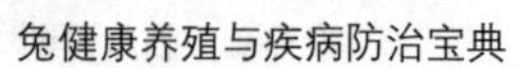

续表

项目	健康状态	异常症状	临床意义
姿势与行为	姿势自然，走动时轻快敏捷，动作灵活而协调；除采食外，大部分时间呈假睡状态，夏季多侧卧或仰卧，冬季多蹲伏	反常的伏卧或运动姿势	中枢神经系统疾病或机能障碍
		不断卧立，烦躁不安	呼吸困难或腹痛
		常用嘴啃、用爪抓痒或在笼具上擦痒	皮肤病
		站立时双脚频频交换负重	疥螨或脚皮炎
		歪头	中耳炎、兔脑炎原虫病、葡萄球菌病、铜绿假单胞菌病、耳螨病、维生素A或维生素E缺乏症、李氏杆菌病等
		转圈	李氏杆菌病
		前肢拖着后肢	背部骨折、后肢骨折或产后瘫痪
		痉挛	脑膜脑炎、中暑、钙镁缺乏症、维生素A缺乏症、中毒、巴氏杆菌病等
		频频舔拭肛门	栓尾线虫病
		躯体僵硬	破伤风
体温	正常体温38.5～39.5℃，幼兔40℃左右	升高	急性炎症、热性病、日射病、热射病等
		降低	某些中毒病、休克、生产瘫痪、酮血症、体质衰竭及某些脑部疾病等
脉搏	成年兔脉搏80～100次/min，幼兔100～160次/min	加快	热性病、心血管系统疾病、呼吸系统疾病、贫血、缺氧、剧烈疼痛、某些中毒病等
		减少	脑水肿、脑肿瘤和中毒等
呼吸数	成年兔50～80次/min，幼兔呼吸数更高，仔兔可超过100次/min	增多	呼吸系统疾病、心血管系统疾病、贫血、热性病、疼痛等
		减少	颅内压显著升高、某些中毒病与代谢病

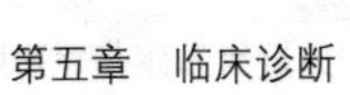

续表

项目	健康状态	异常症状	临床意义
皮肤	结实致密而富有弹性	母兔乳头周围皮肤呈暗紫色或有脓肿	乳房炎
		腹部、背部或其他部位皮肤形成脓肿	葡萄球菌病
		鼻端、耳背及边缘、爪等处被毛脱落，并有麸皮样的结痂物	疥螨病
		口腔、下颌部和胸前部皮肤坏死并有恶臭	坏死杆菌病
眼睛及眼结膜	眼睛圆而明亮，活泼有神，眼角干净，无分泌物；健康家兔的黏膜为粉红色	双眼结膜潮红	脑膜炎、热性病的初期等
		一侧眼结膜潮红常伴有肿胀和分泌物	眼炎、急性传染病等
		苍白	急性肝、脾大出血或严重消耗性疾病
		黄染	各种肝病、败血症、溶血症、寄生虫病等
		发绀	心力衰竭、中毒性疾病等
		眼睛呆滞，似张非张，反应迟钝	急性传染病或衰老
		眼睛流黏性、脓性分泌物，精神萎靡	巴氏杆菌病、结膜炎等
耳	直立且转动灵活，耳壳内应清洁，耳尖、耳背无结痂；白色兔耳色粉红	下垂	抓兔方法不当或有外伤、冻伤
		耳内有结痂	痒螨或中耳炎
		手握住感觉过热，耳呈红色	发热
		手握住感觉发凉，耳色青紫	重病
淋巴结	主要是下颌淋巴结、肩前淋巴结、股前淋巴结、腘淋巴结	淋巴结发炎、肿胀、发热、疼痛	急性传染病
		无热无痛的淋巴结增生	结核、肿瘤等

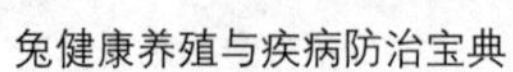

续表

项目	健康状态	异常症状	临床意义
呼吸系统	鼻孔干燥	胸式呼吸	腹部疾病，如腹膜炎
		腹式呼吸	胸部疾病，如胸膜炎、肺水肿等
		吸气性困难	慢性鼻炎
		呼气性困难	肺气肿
		吸气和呼气均困难	胸膜肺炎
		呼吸不匀称	肋骨骨折
		鼻孔不洁，有鼻液流出或者打喷嚏，呼吸急促和有鼾声	呼吸道病，如巴氏杆菌病、波氏杆菌病等
		鼻孔内流出混有血液的泡沫	兔瘟
		流鼻液	感冒、肺炎及某些传染病
消化系统	兔粪呈豌豆大小的圆球形或椭圆形，内含草纤维，表面光滑匀整，色泽多呈褐色、黑色或草黄色	腹部上方明显膨大，肷窝突出	肠臌气
		腹下部膨大，触之有波动感，改变体位时，膨大部随之下沉	腹腔积液
		触诊腹部出现不安，骚动，腹肌紧张且有颤动	腹膜炎
		触诊腹壁弹性增强	肠管积气
		直肠内的粪球小而硬	便秘
		胀肚	球虫病、结肠阻塞
		触摸胃大且充满食物	毛球病
		粪便变稀，数量增多	消化不良或胃肠炎
		粪便带血	出血性胃肠炎、球虫病等
		粪便变稀并带有未完全消化的饲料和肠黏膜上皮，严重者混有血液，气味恶臭	卡他性胃肠炎
		粪小而两头尖，排量减少或停止排粪	便秘或毛球病
		粪球两头尖且有纤维串联	胃肠炎、兔瘟初期

续表

项目	健康状态	异常症状	临床意义
消化系统	兔粪呈豌豆大小的圆球形或椭圆形，内含草纤维，表面光滑匀整，色泽多呈褐色、黑色或草黄色	粪便湿烂、味臭	消化不良
		粪便稀薄带透明胶状物，且有臭味	大肠杆菌病
		粪便水样或呈牛粪堆状，且臭味较大	产气荚膜梭菌病
		粪便呈长条形、堆状或水样	腹泻、消化道炎症
泌尿生殖系统	兔每千克体重日排尿量为50～75mL，相对密度1.003～1.036，幼兔尿液无色且无沉淀物。青年兔尿液多呈柠檬色、稻草色、琥珀色或红棕色，呈碱性，pH值为8.2左右。成年兔的尿液呈蛋白尿阴性反应	尿液呈黄色，可视黏膜黄染	肝胆疾病
		尿液呈红色	尿道、膀胱或肾脏炎症
		排尿次数和尿量增多	大量饮水、慢性肾盂肾炎或渗出性疾病（如渗出性胸膜炎）的吸收期
		排尿次数减少，尿量减少	饮水不足、呕吐、急性肾盂肾炎和剧烈腹泻等
		排尿努责、不安	膀胱炎、尿道结石和包皮炎
		排尿失禁	脊髓损伤、尿结石
		完全不排尿或尿淋漓滴下	完全或不完全尿结石
		不随意排尿	膀胱括约肌麻痹或腰部脊髓损伤
		外生殖器官的皮肤和黏膜发生水疱性炎症、结节和粉红色溃疡	密螺旋体病
		阴囊水肿，包皮、尿道、阴唇出现丘疹	兔痘
		母兔流产并从阴道内流出红褐色分泌物	李氏杆菌病、葡萄球菌病和巴氏杆菌病
		乳房红、肿、热、痛	乳房炎
神经系统		狂躁不安、惊恐、尖叫	脑炎初期
		垂头呆立或卧于一隅，对周围刺激反应迟钝，严重者昏迷	脑部损伤或各种疾病垂危期

续表

项目	健康状态	异常症状	临床意义
神经系统		关节肌肉松弛，患肢拖于后方	小脑疾患
		肌肉紧张、变硬，腹肌尤其明显	中枢运动神经机能障碍
		腱反射亢进，肌肉紧张性增强，痉挛	病毒性传染病、某些寄生虫病
		肌肉紧张力减退和萎缩，机体失去随意运动机能，运动时拖在地上	三叉神经、坐骨神经、股神经及桡神经麻痹等
		皮肤感觉减退或消失	周围神经受压迫，脊髓神经横断和脑病
		体位感觉紊乱，形成不自然姿势	脑水肿、脑炎、严重肝病和中毒

注：1.体温测定：采取肛门测温法。将兔保定，把温度计插入肛门3.5～5cm，保持3～5min后读数。

2.脉搏数测定：在左前肢腋下、大腿内侧近端的股动脉上检查，或直接触摸心脏，或用听诊器，计数1min内心脏跳动的次数。

3.呼吸数测定：观察胸壁或肋弓的起伏次数。

三、兔常见病理变化与临床意义

兔常见病理变化与临床意义，见表5-2。

表5-2　兔常见病理变化与临床意义

病变部位	病理变化	临床意义
皮肤及皮下	皮肤及皮下水肿，尤其颜面部和天然孔周围皮肤出血，皮肤肿瘤	黏液瘤病
	皮肤红斑、丘疹，中央凹陷坏死	兔痘
	后肢区侧面皮肤形成脚皮炎，皮肤出现粟粒大脓肿	葡萄球菌病
	面部、颌下、颈部至胸前、四肢关节、脚底部皮肤坏死，形成脓肿、溃疡，散发恶臭气味	坏死杆菌病
	颌下、胸腹下水肿	肝片吸虫病

续表

病变部位	病理变化	临床意义
皮肤及皮下	皮下黏液性水肿，头部呈“狮子头”特征	黏液瘤病
	皮下肿胀、脓肿、出血	巴氏杆菌病
	皮下水肿	李氏杆菌病
	皮下组织呈出血性浆液浸润	链球菌病
	皮下有数量不等、大小不一的脓疱，内有乳白色黏稠脓液	葡萄球菌病
	皮下有小化脓灶，淡黄色干酪样脓液	化脓棒状杆菌病
	肌肉积脓	波氏杆菌病
	肌肉呈暗红色	伪结核病
	骨胳肌、咬肌、膈肌萎缩，极度苍白，呈透明样变性，横纹消失	维生素E缺乏症
	肌肉萎缩呈灰白色	胆碱缺乏症
天然孔	眼睑水肿、下垂、脓性结膜炎	黏液瘤病
	结膜炎、化脓性眼炎或溃疡性角膜炎	兔痘
	结膜炎、角膜炎	巴氏杆菌病
	眼虹膜变色	结核病
	化脓性结膜炎	伪结核病
	眼睑水肿	肝片吸虫病
	角膜混浊、干燥，结膜边缘有色素沉着	维生素A缺乏症
	鼻腔黏膜点状出血或弥漫性出血，鼻孔流出鲜红色分泌物	兔瘟
	鼻孔周围水肿、发炎	黏液瘤病
	鼻腔水肿、坏死	兔痘
	浆液性、化脓性鼻炎，鼻窦腔内层黏膜红肿	巴氏杆菌病
	鼻腔黏膜充血	传染性鼻炎、波氏杆菌病
	鼻孔皮肤红肿、发炎，鼻腔有浆性、黏性、脓性分泌物	传染性鼻炎
	鼻腔黏膜发炎，有浆性、黏液性分泌物	李氏杆菌病
	口周围水肿、发炎	黏液瘤病

续表

病变部位	病理变化	临床意义
天然孔	口腔水肿、坏死、丘疹、结节	兔痘
	口腔内黏膜潮红、充血，唇舌、硬腭及口腔内黏膜有水疱、糜烂、溃疡、坏死	传染性水疱性口炎
	口腔内黏膜发炎，大量流涎	传染性口炎
	口腔内黏膜、齿龈坏死，形成脓肿、溃疡，破后散发恶臭气味	坏死杆菌病
	耳部水肿	黏液瘤病
	中耳炎、中耳脓肿	巴氏杆菌病
外生殖器	睾丸灶性或间质性出血	黏液瘤病
	乳腺肿胀、脓肿	巴氏杆菌病
	阴道充血、水肿，腔内有黏液性或脓性分泌物	沙门氏菌病
	包皮、阴茎、阴囊水肿，龟头肿大；阴唇、肛门皮肤、黏膜发红、水肿，形成粟粒大结节，有黏液性、脓性分泌物，结棕色痂	梅毒
	乳房炎	葡萄球菌病
	睾丸炎、附睾炎	巴氏杆菌病
体腔	胸腹腔积液	巴氏杆菌病、李氏杆菌病、弓形虫病
	积有纤维素性渗出物	沙门氏菌病
	胸腔积脓	波氏杆菌病
	腹腔积液	铜绿假单胞菌病
	胸膜炎	波氏杆菌病、坏死杆菌病、巴氏杆菌病
	纤维素性胸膜炎	肺炎球菌病
	胸腹腔充血，浆膜下出血	巴氏杆菌病
	胸膜、腹膜上有坏死性干酪样中心和纤维素包裹的结节	结核病
	浆膜、黏膜有许多灰白色干酪样小结节	伪结核病

续表

病变部位	病理变化	临床意义
上呼吸道	气管黏膜点状出血或弥漫性出血，管内充满泡沫状液	兔瘟
	咽喉部有多量泡沫样唾液	传染性水疱性口炎
	上呼吸道黏膜充血、出血，管内有红色、粉红色黏液	巴氏杆菌病、肺炎球菌病（含纤维素）
	上呼吸道卡他性炎症	传染性鼻炎
	支气管黏膜充血，有多量浆液、黏液或脓液	波氏杆菌病
心脏	心包水肿	兔瘟
	心包炎	肺炎球菌病、坏死杆菌病
	心包有坏死性干酪样中心和纤维素包囊的结节	结核病
	心包积液	李氏杆菌病
	心包和肺、胸膜粘连	肺炎球菌病
	心内外膜有出血点或斑	黏液瘤病、巴氏杆菌病
	心外膜及心内膜乳头肌周围点状出血，以心房和冠状血管附近最为严重	兔瘟
	心肌炎	波氏杆菌病
	心肌萎缩，极度苍白，呈透明样变性	维生素E缺乏症
	心肌有散在性或弥漫性针尖大淡黄或灰白色坏死点	李氏杆菌病
	心肌内间或有灰白色条纹或白色病灶	泰泽氏病
	心肌充血、瘀血、出血	伪结核病
	心脏表面血管怒张呈树枝状	产气荚膜梭菌病
	心脏有灶性损害	兔痘
	心脏有局部小坏死灶	大肠杆菌病
	心脏有广泛的灰白色坏死灶及大小不一的出血点	弓形虫病
肺脏	全肺出血	兔瘟
	严重充血、出血、水肿、变性、有许多坏死点、纤维素性肺炎	巴氏杆菌

续表

病变部位	病理变化	临床意义
肺脏	充血，有块状的实变区，局灶性纤维素性肺炎	野兔热
	出血性梗死、水肿、小坏死点	李氏杆菌病
	点状出血，肿大，呈深红色，有淡绿色或褐色黏稠的脓液	铜绿假单胞菌病
	有大片的出血斑、水肿	肺炎球菌病
	充血、瘀血、出血，有无数灰白色干酪样小结节	伪结核病
	有大如鸽蛋、小如芝麻的脓疱	波氏杆菌病
	有数量不等、大小不一的脓疱	葡萄球菌病
	有小脓肿	化脓棒状杆菌病
	有坏死灶	坏死杆菌病
	有坏死性干酪样中心和纤维素包囊的结节，病灶融合形成空洞	结核病
	出现丘疹、结节，相邻组织水肿、出血，布满小的灰白色结节	兔痘
	有广泛的灰白色坏死灶及大小不一的出血点	弓形虫病
肝脏	肝肿大	兔瘟、兔痘、野兔热、肺炎球菌病、泰泽氏病
	肝脂肪变性	肺炎球菌病、链球菌病、胆碱缺乏症
	肝缩小	球虫病
	肝淤血	兔瘟、伪结核病
	肝充血、出血	伪结核病
	肝有大小不一的出血点	弓形虫病
	肝有坏死灶	兔痘、坏死杆菌病、沙门氏菌病、大肠杆菌病、李氏杆菌病、弓形虫病等
	肝硬变	胆碱缺乏症
	肝质脆	兔瘟、产气荚膜梭菌病

续表

病变部位	病理变化	临床意义
肝脏	肝出现丘疹、结节，相邻组织水肿、出血	兔痘
	肝表面有黄豆大的脓疱	波氏杆菌病
	肝上有数量不等、大小不一的脓疱	葡萄球菌病
	肝有坏死性干酪样中心和纤维素包囊的小结节	结核病
	肝上有无数灰白色干酪样小结节	伪结核病
	肝表面及实质内有白色或黄色粟粒至豌豆大的结节	球虫病
	胆囊肿大，充满暗绿色浓稠胆汁，黏膜脱落	兔瘟
	胆囊扩张、黏膜水肿	大肠杆菌病
	胆管壁粗糙增厚，呈绳索样凸出于肝表面，内含虫体	肝片吸虫病
脾脏	脾肿大	巴氏杆菌病、铜绿假单胞菌病、肺炎球菌病、链球菌病、沙门氏菌病、兔痘、伪结核病
	脾有坏死灶	黏液瘤病、兔痘、野兔热、李氏杆菌病、坏死杆菌病、弓形虫病
	脾出血	兔痘、巴氏杆菌病
	脾充血、瘀血、出血	伪结核病
	脾点状出血	野兔热、弓形虫病
	脾变性	黏液瘤病
	脾萎缩	泰泽氏病
	脾呈紫红色，有无数灰白色干酪样小结节	伪结核病
	脾呈暗红色	沙门氏菌病
	脾呈樱桃红色	铜绿假单胞菌病
	脾呈深褐色	产气荚膜梭菌病
	脾出现丘疹、结节，相邻组织水肿	兔痘
	脾有脓疱	葡萄球菌病

续表

病变部位	病理变化	临床意义
肾脏	肾脏肿大	兔瘟、野兔热
	肾有点状出血	兔瘟、沙门氏菌病
	肾脂肪变性	链球菌病
	肾有小坏死点	李氏杆菌病
	肾有多发性坏死或粟粒状坏死结节	野兔热
	肾有数量不等，大小不一的脓疱	葡萄球菌病
	肾有小脓肿	化脓棒状杆菌病
	肾有坏死性干酪样中心和纤维素包囊的结节	结核病
	肾有无数灰白色干酪样小结节、充血、瘀血、出血	伪结核病
	肾有灶性或间质性出血	黏液瘤病
	肾表面有散在的针尖状白点或皮质表面有2～4mm灰白色凹陷区、表面呈颗粒样	脑炎原虫病
	肾上腺有坏死区	兔痘
胃	胃黏膜脱落	兔瘟
	胃底黏膜脱落，有大小不一的溃疡	产气荚膜梭菌病
	胃膨大，充满液体和气体，胃黏膜出血	大肠杆菌病
	胃黏膜下有淤血点、斑，灶性或间质性出血	黏液瘤病
	胃扩张，充满黏稠的液体	传染性水疱性口炎
	胃内有血样液体	铜绿假单胞菌病
	胃黏膜水肿，有灰白色坏死灶	沙门氏菌病
肠	肠黏膜充血	巴氏杆菌病、大肠杆菌病
	回肠、盲肠黏膜弥漫性充血	泰泽氏病
	肠黏膜出血	巴氏杆菌病、大肠杆菌病、弓形虫病
	十二指肠、空肠黏膜点状出血	兔瘟
	肠黏膜下有瘀血点、斑、灶性或间质性出血	黏液瘤病

续表

病变部位	病理变化	临床意义
肠	十二指肠、空肠黏膜出血，肠腔内充满血样液体	铜绿假单胞菌病
	回肠、盲肠黏膜弥漫性出血	泰泽氏病
	十二指肠、空肠、回肠、盲肠黏膜充血、有出血点	球虫病
	肠黏膜弥漫性出血	产气荚膜梭菌病、链球菌病
	肠黏膜水肿	大肠杆菌病、沙门氏菌病、泰泽氏病
	肠黏膜固有层和下层水肿	轮状病毒病
	小肠黏膜卡他性炎症	传染性水疱性口炎
	肠黏膜有坏死灶	沙门氏菌病
	盲肠充满气体和褐色糊状或水样内容物，蚓突部有暗红色坏死灶	泰泽氏病
	回盲部圆囊肿大、蚓突肿大发硬，似腊肠，黏膜面被干酪样坏死小结节所覆盖，浆膜下有无数灰白色干酪样小结节，肠壁血管怒张	伪结核病
	空肠、回肠部绒毛呈多灶性融合	轮状病毒病
	小肠充满气体，肠壁薄而透明，盲肠、结肠内充满气体和黑绿色稀薄的内容物，有腐败气味	产气荚膜梭菌病
	肠道有数量不等，大小不一的脓疱	葡萄球菌病
	十二指肠充满染有胆汁的黏液和气体，空肠、回肠、盲肠充满半透明胶冻样液体、伴有气体，结肠扩张有透明胶样黏液	大肠杆菌病
	肠黏膜上有许多小而硬的白色结节	球虫病
	肠黏膜有扁豆大的溃疡	弓形虫病
淋巴结、胸腺、甲状腺、唾液腺	淋巴结肿大	兔瘟、黏液瘤病、巴氏杆菌病等
	淋巴结显著肿大，呈深红色，体表淋巴结肿大，发硬	野兔热
	颌下淋巴结水肿	李氏杆菌病

续表

病变部位	病理变化	临床意义
淋巴结、胸腺、甲状腺、唾液腺	肠系膜淋巴结水肿	泰泽氏病
	淋巴结出血	兔瘟、黏液瘤病、巴氏杆菌病、弓形虫病
	淋巴结变性	黏液瘤病
	淋巴结有坏死灶	黏液瘤病、野兔热、坏死杆菌病、弓形虫病
	支气管、肠系膜淋巴结有坏死灶	伪结核病
	淋巴结脓肿	巴氏杆菌病
	支气管、肠系膜淋巴结形成结核结节	结核病
	胸腺、甲状腺、唾液腺有坏死灶	兔痘
	唾液腺肿大、发红	传染性水疱性口炎
子宫	子宫炎	李氏杆菌病
	化脓性子宫炎，局部黏膜覆盖一层淡黄色纤维素性污秽物	巴氏杆菌病、沙门氏菌病
	子宫内膜充血	李氏杆菌病
	子宫浆膜充血	沙门氏菌病
	子宫黏膜出血	肺炎球菌病、沙门氏菌病
	子宫布满白色结节，灶性脓肿	兔痘
	子宫内积脓或暗红色液体，子宫内有变性胎儿或灰白色凝乳块状物，子宫壁增厚，有坏死灶	李氏杆菌病
脑	脑膜充血、水肿、脑脊髓液增多，稍混浊，脑干变软，有小化脓灶	李氏杆菌病
	脑部有分布不规则的灶状肉芽肿，中央区坏死	脑炎原虫病
骨骼、关节	四肢骨骼弯曲	佝偻病
	面骨和长骨端有肿大，骨弯曲	全身性钙磷缺乏症
	关节肿胀	巴氏杆菌病
	变形性关节炎	化脓棒状杆菌病
	肘关节、膝关节、跗关节骨骼变形，脊椎炎	结核病

四、兔尸体剖检方法

1.剖检方法

取仰卧式，腹部向上，置于搪瓷盘内或解剖台上，四肢分开固定，用消毒液涂擦胸部和腹部的被毛。

2.剖检程序

（1）剥皮　在骨盆联合前方不远处切开腹壁皮肤，沿腹、胸正中线至颈部切开皮肤，然后仔细分离皮肤，检查皮下有无出血及其他病变。

（2）腹壁切开　在骨盆联合前方不远处切开腹壁，切口大小以可插进中指和食指或镊子为宜，用中指和食指或镊子撑起腹壁，沿腹白线至剑状软骨处切开腹壁（防止伤及肠管），即暴露腹腔器官。

（3）检查腹腔器官　打开腹腔后，顺次检查腹膜、肝、胆囊、胃、脾、肠、胰、肠系膜、淋巴结、肾、肾上腺、膀胱和生殖器官等。

（4）胸壁切开　用骨剪剪断两侧肋骨，拿掉前胸廓，即暴露胸腔器官，依次检查心、肺、胸膜、肋骨、胸腺、淋巴结和大血管等。

（5）寻找气管　从咽部至胸前找出气管剪开，检查气管有无出血现象。

（6）检查口腔、鼻腔和脑　打开口腔、鼻腔及颅腔，检查口腔黏膜、鼻腔黏膜和脑膜及实质的病变。

3.注意事项

（1）剖检场所的选择　为了便于消毒和防止病原的扩散，在室内剖检为好。如条件不许可，在室外剖检时，要选择离兔舍较远，地势较高而又干燥的偏僻地点。待剖检完毕将尸体和被污染的垫物及场地的表面土层等一起投入1.5m坑内，再撒些生石灰或喷洒消毒液，然后用土掩埋，坑旁的地面也应注意消毒。有条件的也可焚烧处理。

（2）剖检人员的防护　剖检人员可根据条件穿着工作服、戴橡皮手套、穿胶靴等。剖检传染病的尸体后，应将器械、衣物等用消毒液充分消毒，再用清水洗净。胶皮手套消毒后，要用清水冲洗、擦干，撒上滑石粉。金属器械消毒后要擦干，以免生锈。

（3）剖检器械和药品的准备　常用的器械有解剖刀、镊子、剪刀、骨钳等。剖检时常用的消毒液有0.1%新洁尔灭溶液或3%来苏尔溶液。

常用的固定液是10%福尔马林溶液或95%酒精。此外，为了预防人员受伤感染，还应准备3%碘酊、2%硼酸溶液、70%酒精和棉花、纱布等。

五、病料采集、保存和送检

1.病料采集

（1）局部病料　怀疑是某种传染病时，则采取病原侵害的部位。尽可能以无菌手术采取肝、脾、肾、淋巴结等组织，无菌抽取体腔积液、脓汁、胆汁、分泌物、水疱液等。

（2）整兔送检　病兔死亡又不知死于何种疾病，则可将死兔包装妥当后整个送检。

（3）血液采集　检查血清抗体的，则用一次性注射器或兽用采血器采取血液，直接送检；或待凝固析出血清后，分离血清，装入灭菌的小瓶送检。

（4）中毒或疑似中毒的病例　应采集其胃内容物、粪、尿、心血、胃、肝、肾、心及脑组织等。

（5）寄生虫病患兔尸体　根据剖检情况，采集虫体或幼虫、虫卵等主要寄生部位的器官、组织及其内容物和血液等进行检查。有些寄生虫病产生特异性病变，如形成包囊、结节等，可直接采取；在剖检过程中发现虫体，可直接采取。

（6）病理组织学检验材料的采取　在采集完病原学检查和毒物检验材料之后，结合剖检进行。可以采取各器官所见到的有诊断意义的典型病变组织或通过肉眼难以确定的可疑病变组织。

2.病料保存

采取病料后要及时进行检验，如不能及时检验或需要送往外地检验时，应尽量使病料保持新鲜，以便获得正确的检验结果。

（1）细菌检验材料保存　将采取的组织块保存于饱和盐水或30%甘油缓冲液中，容器加塞封固。

① 饱和盐水的配制　蒸馏水100mL，加入氯化钠39g，充分搅拌溶解后，用3层或4层纱布过滤，滤液装瓶高压灭菌后备用。

② 30%甘油缓冲液的配制　化学纯甘油30mL、氯化钠0.5g、碱

性磷酸钠1g，蒸馏水加至100mL，混合后高压灭菌备用。

（2）病毒检验材料保存　将采取的组织迅速保存于50%甘油生理盐水或鸡蛋生理盐水中，容器加塞封固。

① 50%甘油生理盐水的配制　中性甘油500mL、氯化钠8.5g、蒸馏水500mL，混合后分装，高压灭菌后备用。

② 鸡蛋生理盐水的配制　先将新鲜鸡蛋表面用碘酊消毒，然后打开，将内容物倾入灭菌的容器内，按全蛋9份加入灭菌生理盐水1份，搅匀后用纱布滤过，然后加热至56℃，持续30min，第2d和第3d各按上法加热1次，冷却后即可使用。

（3）病理组织学检验材料保存　将采取的组织块放入10%福尔马林溶液或95%酒精中固定，固定液的用量应是标本体积的10倍以上。如加10%福尔马林固定，应在24h后换新鲜溶液1次。严冬季节可将组织块（已固定的）保存在甘油和10%福尔马林等量混合液中，以防组织块冻结。

3. 病料送检

（1）容器　装病料的容器上要写明编号，附上病料详细记录和送检单。

（2）包装　送检病料应按要求包装。如微生物材料怕热，应用冰瓶冷藏包装；病理材料怕冻，应放入保存液包装后送检等。

（3）送检　病料经包装装箱后，要尽快送到检验单位，最好派专人送去。

六、兔场建化验室需要的仪器及耗材

（1）仪器设备　包括恒温培养箱、电热干燥箱、生化培养箱、高压灭菌锅、离心机（最高：5000r/min）、电冰箱、显微镜、电磁炉、移液枪（0.005 ～ 0.05mL、0.1 ～ 1mL、2 ～ 10mL等）、微型振荡器等。

注：高级实验室可配备生物显微镜、荧光显微镜、倒置显微镜、二氧化碳培养箱、水浴锅、超净工作台、电子分析天平、药物天平、组织切片机、组织捣碎机、电泳仪、酶标仪、可见紫外光分光光度计、电炉、普通离心机、除菌过滤装置、真空泵等。

（2）检验耗材　包括96孔板、平皿、烧杯、接种环、酒精灯、试管、具盖离心管（10mL）、刻度吸管、定量移液管、三角瓶、量筒、玻璃棒、吸头盒、吸头、普通托盘天平、试管架、搪瓷盘、电炉、脱脂棉、染色缸、染色盒架、手术刀、镊子、注射器（1mL、5mL、10mL）及针头、指型离心管（1.5mL）、载玻片、盖玻片、香柏油、毛刷、纱布、脱脂棉、pH试纸、滤纸、擦镜纸等。可根据实际检验工作的需要随时选择性购买。

（3）药品试剂　如标准抗原、阳性血清、阴性血清、培养基、生化试剂、染色剂、药敏纸片、抗凝剂、酒精、生理盐水、蒸馏水、PBS液等。检验工作需要很多药品和试剂，可根据需要购置，药品和试剂的级别一般应为分析纯（AR）级别。细菌病诊断所需的培养基、药品、药敏纸片、生化发酵管及相关耗材，可在当地医药公司或化学类相关试剂批发市场购买，也可直接购自杭州天和微生物试剂有限公司。

（4）其他　如记号笔、pH试纸、喷雾器、电插板、自封袋、胶皮手套或一次性手套、消毒剂、实验动物、白大褂、一次性口罩、帽子、脸盆、毛巾、标签纸、棉签等。

（5）要求　实验室所需仪器、设备及相关试剂、药品的规格、数量、种类、型号等，以满足检测任务、节约和够用为原则，不必过于追求所谓高、精、尖。

第六章　疾病防治

一、当前我国兔病发生和流行的特点

（1）兔病流行呈现低龄化、非典型化　如兔瘟，以往3月龄以上兔易感，断奶兔、仔兔有一定的抵抗力，现在发病年龄呈现低龄化趋势，青年兔、成年兔发病率较高，而断奶兔发病呈现走高的趋势。

（2）呼吸道疾病发病率明显增高　目前引起我国规模化兔场发生呼吸道疾病的主要病原为支气管败血波氏杆菌，其次为巴氏杆菌，克雷伯氏菌病也有发生。规模化兔场因高密度、通风不良等因素造成的空气质量下降是导致呼吸道疾病发生、流行的重要原因。

（3）大肠杆菌病、产气荚膜梭菌病等发生率较高　据调查，规模化兔场大肠杆菌病和产气荚膜梭菌病的发生率位居所有疾病之首，其中大肠杆菌主要危害断奶前后的仔兔，发病率和死亡率均最高。

（4）多病原混合感染增多　在生产中常见2种或2种以上的病原同时对同一兔群产生危害，并发、继发和混合感染病例上升。常见的有病毒与细菌混合感染，如兔瘟与巴氏杆菌病、兔瘟与产气荚膜梭菌病、兔瘟与波氏杆菌病并发等；细菌与细菌混合感染，如巴氏杆菌病与波氏杆菌病并发等；寄生虫和细菌混合感染，如球虫病与大肠杆菌并发等，给诊断和防治带来较大困难。

（5）饲料霉菌中毒事件频频发生　近年来，兔场、兔群饲料霉菌毒素中毒频繁发生，已成为危害养兔生产的主要疾病之一。

（6）营养代谢病呈现上升趋势　规模化兔场多采用笼养，生产水平高，家兔生长发育、繁殖、产毛所需的营养物质只能从饲料中获得，日粮中某一营养元素缺乏或过量，就会引起相应的症状。如日粮中钙、磷不足或比例不当，会引起幼兔佝偻病、母兔产后瘫痪等。兔群长期缺乏维生素A和维生素E导致兔群受胎率低、滑胎率高、仔兔脑水肿数量增加、活产率低等繁殖障碍。饲料配方不合理、饲养管理不当引起的家兔妊娠毒血症，近年来发病率亦有增加趋势。

（7）流行性腹胀病危害严重　目前，在我国一些地方或兔场出现一种以腹胀、具传染性为特征的新的疾病，暂定为兔流行性腹胀病。该病发病率一般在50%～70%，病死率90%以上，有些兔场发病死亡率高达100%，给养兔业造成严重损失。

（8）球虫病呈常年化流行　由于规模化兔场加强了对兔舍环境的控制，冬季兔舍温度适宜，为家兔提供了一个舒适的环境，但也为球虫卵的生存、发育提供了一个适宜的条件，球虫病的发生已无明显季节性，呈常年化流行特点。

（9）繁殖障碍性疾病普遍发生　目前我国规模化兔场因环境控制不到位、饲料营养不平衡或饲养管理不当，造成兔群繁殖障碍，致使兔群繁殖力较低，严重影响着养兔经济效益。常见的繁殖障碍疾病有不发情、配种受胎率低、屡配不孕、流产、死胎、胎儿畸形和母兔妊娠毒血症等。

（10）毛癣病发生极为普遍　目前，毛癣菌病在一些规模化兔场或地区广泛流行，造成皮张质量、生产性能严重下降，病兔虽然可以治好，但消耗的人力、财力较大，给养兔生产者造成很大的经济损失和心理负担。

二、兔场消毒技术

兔场消毒是指采用物理、化学及生物方法杀灭环境、兔体表面的病原微生物的过程。其目的是防止外来病原体侵入兔群，减少环境中病原微生物的数量，切断传播途径。消毒程序：清扫→焚烧→水洗→喷洒消毒→甲醛熏蒸→通风。

1.消毒设施

主要有舍外环境、兔舍、生产用具如生产区大门的大型消毒池、兔舍入口的小型消毒池及工作人员进入生产区的更衣消毒室、消毒通道、粪污发酵场、尸体处理坑和专用消毒工作服、帽、胶鞋等。

2.消毒对象

主要是进入兔场生产区的工作人员、笼具、兔舍环境、饮食设备等。

3.消毒设备

主要有紫外消毒灯、喷雾器、煮沸消毒器、高压清洗机、高压灭菌容器等。

4.消毒种类

根据消毒的目的及进行的时机，可分为以下几类。

（1）预防消毒　结合平时的饲养管理对兔舍、场地、用具和饮水等进行定期消毒，以达到预防一般传染病发生的目的。

（2）随时消毒　在发生传染病时，为了及时消灭刚从患病动物体内排出的病原微生物而进行的不定期消毒。消毒的对象包括患病兔所在的厩舍、隔离场地、患病兔的分泌物、排泄物以及可能被污染的一切场所、用具和物品。通常在疫区解除封锁前，应定期多次消毒，病兔隔离舍应每天随时消毒。

（3）终末消毒　在病兔解除隔离、转移、痊愈或死亡后，或者在疫区解除封锁之前，为了消灭疫区内可能残留的病原微生物所进行的全面彻底的大消毒。

5.消毒方法

（1）机械清除法　指用清扫、洗刷、通风、过滤等机械方法清除病原微生物，是最常用的一种消毒方法，也是日常的卫生工作之一。机械清除不能达到彻底消毒的目的，必须配合其他消毒方法进行。

（2）物理消毒法　指高温焚烧、紫外线照射及高压灭菌处理，物理消毒是兔场管理中的一项日常工作，应常抓不懈。

（3）化学消毒法　指采用化学消毒剂对兔舍环境、饲养用具以及兔体表进行杀灭病原的一种消毒方法。使用化学消毒法时，应考虑病原体对消毒剂的抵抗力及所用消毒剂的杀菌谱、有效浓度、作用时间、消毒对象、环境温度等。常用的消毒剂主要有氢氧化钠、高锰酸钾、

碘制剂、过氧乙酸、百毒杀、氯制剂等。

（4）生物学消毒法　指对兔粪便及污水进行生物发酵消毒的技术。主要是对生产中产生的大量粪便、污水、垃圾及杂草等进行生物发酵，利用热能杀灭病原体。有条件的可以将固体和液体分开处理，固体转化为高效有机肥，液体则用于水产养殖，从而做到高效利用。

6.消毒要点

（1）场舍出入口消毒　兔场的大门设消毒池，消毒池的长度为过往车辆车轮周长的2倍以上，深度为30cm以上，内放3%～5%氢氧化钠溶液，或5%～10%来苏尔，或10%克辽林。确保消毒池内药液的效力，根据药液的实际消耗情况，及时补充或更换药液，1周至少更换1次，最好1～2d换1次。出入车辆必须经过消毒池，车体用0.5%过氧乙酸或10%漂白粉喷洒消毒。大门口设消毒室，室内设消毒池、消毒盆和紫外线灯。入场人员进入消毒室，换鞋和经过消毒的工作服，手在盛有2%来苏尔溶液或5%新洁尔灭溶液的消毒盆中浸泡消毒，然后站在消毒池内经紫外线灯照射5～15min后入场。紫外线灯管要经常擦拭，保持清洁。各兔舍的门口也应设消毒池或放置浸有消毒药的垫片。

（2）环境消毒　兔舍地面、运动场要勤清扫，3%～5%来苏尔溶液，或0.01%～0.05%复合溶液（农福、菌毒敌、菌毒净等），或0.5%～1.0%过氧乙酸溶液或0.1%强力消毒灵每周消毒1～2次；墙壁、顶棚每4周清扫1次，进行喷洒消毒；舍外地面、道路每天清扫，3%～5%氢氧化钠溶液或5%甲醛溶液每周喷洒消毒1～2次。

（3）设备用具消毒　进入兔舍的设备、用具要用0.5%～1.0%过氧乙酸或0.01%～0.05%新洁尔灭溶液浸泡消毒；水槽、食盆每天清洗，每周用0.01%～0.05%高锰酸钾溶液或0.5%～1.0%过氧乙酸浸泡或喷洒消毒1～2次；兔笼每2周洗刷、喷洒消毒1次，笼底板每周洗刷、消毒1次；其他用具保持清洁卫生，经常消毒。饲料也要进行熏蒸消毒。

（4）粪便消毒　兔舍内的粪便随时清理、冲洗干净，用10%～20%石灰乳或5%漂白粉搅拌消毒。

（5）消毒杀虫　夏秋季定期喷洒0.1%除虫菊酯等防止蚊蝇的滋生。

三、兔场粪污的处理与利用

相对猪、鸡、牛、羊等畜禽，兔的排泄量较小，排尿量约是排粪量的2倍。据测定，每只兔日平均粪便排泄量0.37kg，年粪便排泄总量135.05kg。当前比较常用和成熟的做法是将兔粪便不经处理或简单处理后作为蔬菜、果木和菌类肥料。除少部分粪便直接还田和饲喂动物利用外，焚烧和填埋一直是兔粪污主要的处理方式，不仅污染环境，同时也浪费了宝贵的生态资源。

1. 堆肥处理技术

堆肥是指依靠自然界中广泛分布的微生物如细菌、真菌、放线菌等，在适宜的温度、水分、氧气量、碳/氮比和pH值下，对有机物进行生物降解和稳定并转化为类似腐殖质物质的生物化学处理技术。整个过程根据工艺不同持续几十天到几个月，最终完成从粪到肥的转变过程，是目前较为理想并普遍采用的有机固废物处理方法之一。堆肥工艺；将孔径为0.5mm的纱网放置于竹片上（竹片距地面约10cm），再用铁栅栏围成直径1.0～1.2m的圆圈，按照兔粪：菌渣为2.6：1或兔粪：稻草为7.4：1比例混合，水分控制在55%～60%，搅拌混匀后放置纱网上，堆体高度约1.0～1.2m。采用人工翻堆的方式进行主动通风，从堆制之日起每3d翻堆1次。堆肥期35～37d。

2. 沼气处理技术

沼气是各种有机物质通过厌氧消化转化得到的产物，其主要成分是甲烷，是一种理想的气体燃料，无色无味，清洁无污染。沼气处理技术是一种能消纳有机废弃物、缓解能源短缺的环境友好型技术。养兔产生的粪污经沼气池消化转化，使之无害化和资源化再利用，沼渣和沼液用来灌溉施肥于果树牧草；产生的沼气可用于炊事、取暖、照明等。

3. 作饲料用

据报道风干兔粪含水7.9%，干物质92.1%；无水兔粪含粗蛋白质20.3%，其中可消化粗蛋白质5.7%、乙醚浸出物2.6%、粗纤维16.6%、无氮浸出物40.7%、矿物质10.7%；2kg鲜兔粪中的粗蛋白质含量相当于1kg苜蓿干草。将兔粪便进行加工处理用作猪、鸡、鱼、兔、牛等动物饲料，可以促进兔粪资源的饲料化利用，虽然有利用发酵兔粪饲喂獭兔的报道，但基于生物安全考虑，兔粪饲料化利用没有得到广泛实施。

四、兔疫苗接种方法及免疫程序

1.免疫接种

家兔疫苗常用的接种方法主要是皮下注射和肌内注射，具体操作要点见家兔给药方法中所述。

2.免疫程序

仅供参考，见表6-1～表6-3。

表6-1 肉兔免疫程序

疫苗名称	免疫时间	用法用量
兔病毒性出血症灭活疫苗	首免35～40日龄，留种兔55～60日龄加免1次，以后每4个月注射1次	皮下注射，首免2mL，二免以后1mL
兔禽多杀性巴氏杆菌病灭活疫苗	首免30～35日龄，以后每4个月注射1次	皮下注射，首免2mL，二免以后1mL
兔产气荚膜梭菌病（A型）灭活疫苗	首免35～40日龄，以后每4个月注射1次	皮下注射，首免2mL，二免以后1mL
兔病毒性出血症、多杀性巴氏杆菌病二联灭活疫苗	每4个月注射1次	皮下注射，1mL
兔病毒性出血症、多杀性巴氏杆菌病、产气荚膜梭菌病（A型）三联灭活疫苗	每4个月注射1次，适宜作二次免疫	皮下注射，2mL
根据疫情和疫苗选择免疫的疫病		
兔大肠杆菌病灭活疫苗	每4个月注射1次	皮下注射，1～2mL
兔巴氏杆菌、波氏杆菌二联灭活苗	每4个月注射1次	皮下注射，1mL

注：表中每4个月注射1次，免疫对象是青年兔、成年兔、种公兔、种母兔。

表6-2 长毛兔免疫程序

疫苗名称	免疫时间	用法用量
兔大肠杆菌病灭活疫苗	首免20～25日龄，70～75日龄二免	皮下注射，首免2mL，二免1mL
兔病毒性出血症灭活疫苗	首免30～35日龄，50～55日龄二免	皮下注射，首免2mL，二免以后1mL

续表

疫苗名称	免疫时间	用法用量
兔产气荚膜梭菌病（A型）灭活疫苗	首免25日龄，40～45日龄二免，65～70日龄三免	皮下注射，首免2mL，二免以后1mL
兔巴氏杆菌、波氏杆菌二联灭活苗	首免50～55日龄，80～85日龄二免	皮下注射，2mL

注：青年兔、成年兔、种公兔、种母兔：每隔4～6个月注射1次兔禽多杀性巴氏杆菌病灭活疫苗，兔病毒性出血症灭活疫苗或兔病毒性出血症、多杀性巴氏杆菌病二联灭活疫苗，兔产气荚膜梭菌病（A型）灭活疫苗。

表6–3　獭兔免疫程序

疫苗名称	免疫时间	用法用量
兔病毒性出血症灭活苗或兔病毒性出血症、多杀性巴氏杆菌病二联灭活疫苗	首免35～40日龄（兔瘟单苗），60～65日龄二免（二联苗），以后每4～6个月注射1次	皮下注射，首免2mL，二免1mL
兔产气荚膜梭菌病（A型）灭活疫苗	70日龄	皮下注射，2mL

注：青年兔、成年兔、种公兔、种母兔：每隔4～6个月注射1次兔禽多杀性巴氏杆菌病灭活疫苗，兔病毒性出血症灭活疫苗或兔病毒性出血症、多杀性巴氏杆菌病二联灭活疫苗，兔产气荚膜梭菌病（A型）灭活疫苗。

五、兔病毒性出血症

兔病毒性出血症又称兔瘟（RHD），是由兔出血症病毒引起的一种急性、热性、败血性和高度接触传染性、致死性传染病。临床上以呼吸系统出血、全身实质脏器水肿、淤血及出血性变化为特征，是目前危害养兔业最严重的传染病之一。

【识病原】

兔出血症病毒（RHDV），只有一个血清型。具有血凝性，能凝集人的各型红细胞，尤其对人的O型红细胞凝集作用更强。对鸡、羊、鹅红细胞呈轻度凝集。而对鸭、鹌鹑、水牛、黄牛、马、犬、豚鼠和小白鼠的红细胞均不能凝集。

【知规律】

① 传染源　主要是病兔、带毒兔和康复兔。

② 传播途径　可经消化道、呼吸道、外伤、肌肉、静脉、腹腔、鼻内、口腔及眼结膜等多种途径感染。

③ 易感动物　不同品种和性别的兔均可感染，但以长毛兔最敏感，青紫蓝兔和地方品种兔次之。2～3月龄以上的青年兔和成年兔发病率和死亡率最高；2月龄以下幼龄兔，特别是哺乳期仔兔有一定的抵抗力，极少发病或不发病。

④ 流行特点　一年四季均可发生，但以冬春季节多发，且多为暴发性。发病率达90%以上，病死率达76%～100%。

⑤ 最新动态　发病年龄呈现低龄化，幼龄兔（如40日龄左右的断奶兔）也发生兔瘟且症状典型，发病率、死亡率均较高；病变表现非典型化，病死率在20%～30%；剖检特征不明显，并不是所有的病例都能发现全身器官出血、瘀血、水肿的特征，多数仅肺、胸腺、肾出现出血、水肿，其他器官无明显变化。

【看症状】

自然感染的潜伏期为36～96h，人工感染的潜伏期为12～72h。根据临床症状可分为3种类型，即最急性型、急性型和慢性型，前两种病型大多数发生于青年兔和成年兔。

① 最急性型　常看不到任何症状，正在吃食，有的嘴上还衔着饲料突然叫几声即倒地死亡。多发生在流行初期。未注射疫苗的兔群，其发病率和病死率可高达90%以上，甚至可达100%。

② 急性型　病初精神沉郁，体温升高至41℃左右，不愿活动，食欲下降，口渴，临死前突然兴奋不安，在笼内狂奔后，前肢伏地，后肢支起，全身颤抖倒向一侧，四肢呈划水状，然后鱼跃式跳几下，惨叫几声即死亡。有的兔从鼻孔中流出泡沫状血液。

③ 慢性型　病程较长，可持续5～6d，多见于老疫区或流行后期，或断奶后的仔兔。精神不振，食欲减退，逐渐消瘦，呼吸加快，最后衰竭死亡。有些兔可耐过康复，康复后的兔可测出高价抗体。

【观病变】

① 喉头、气管黏膜严重出血，似红布状；气管及支气管内有泡沫状血液，肺水肿、膨胀、出血，或有数量不等的鲜红色及紫红色出血斑；胸腺严重水肿、出血、肿大，外观呈大理石样。切开肺部有大量

红色泡沫状液体流出。

② 肝脏肿大，质脆，土黄色，有出血点，切开后流出多量凝固不良的紫红色血液；胆囊肿大，充满黏稠胆汁。

③ 脾脏肿大，淤血，呈暗紫色，边缘有锯齿状坏死；胰脏有出血点。

④ 胃黏膜脱落，小肠黏膜有小出血点，结肠充气臌胀，浆膜有出血点或出血斑；肠系膜淋巴结水肿并有出血点。

⑤ 心脏显著扩张、充血，内积血凝块，心壁变薄，心包积液，心内外膜有针尖大小出血点。

⑥ 胸膜水肿，有散在针尖大小的出血点或出血斑。

⑦ 脑和脑膜血管淤血、水肿。

⑧ 肾脏淤血肿大，呈暗紫色，表面有针尖大小的出血点，并有白色坏死区，呈花斑肾。

⑨ 膀胱充满尿液，黏膜有出血点或出血斑。

⑩ 性腺、输卵管淤血或出血；子宫黏膜增厚、淤血或有出血斑点，睾丸肿胀、淤血。

【防混淆】

兔瘟与巴氏杆菌病的鉴别诊断，见表6-4。

表6-4　兔瘟与巴氏杆菌病的鉴别诊断

鉴别要点	兔瘟	巴氏杆菌病
侵害对象	仅兔感染，其他动物不发病；暴发性	多种动物，家畜、家禽均可感染；散发性
流行特点	无季节性	无季节性，但以冷热交替、气温骤变、闷热、潮湿多雨的季节发生较多
发病年龄	青年兔（3月龄以上）、成年兔；哺乳仔兔不发病	任何年龄
临床症状	死前尖叫，倒地抽搐，从鼻孔流出带血的泡沫，无中耳炎	呼吸急促，打喷嚏，流浆液性、黏性或脓性鼻涕，后期下痢，有中耳炎
神经症状	有（兴奋、狂奔、惊跑、抽搐）	无
病理变化	肝、肾肿大、出血；肺出血，间质增宽，脾脏淤血、肿大，内脏出血严重	肝脏不肿大，但有散在性或弥漫性灰白色坏死灶，肾脏也不肿大；肺脏有化脓性病灶和纤维素样胸膜肺炎
抗生素治疗	无效	有效

【重预防】

① 坚持自繁自养，严禁外来人员入场，严禁饲养人员购入市售兔肉。引进种兔时避免在疫区购买，引种时必须隔离观察 4 ～ 5周方可混入兔群。

② 加强饲养管理，保持兔舍及周围环境清洁、卫生，并定期消毒，增强兔群的抵抗力。

③ 免疫接种，目前使用的疫苗有兔病毒性出血症灭活疫苗，适合初免和加强免疫；兔病毒性出血症、多杀性巴氏杆菌病二联灭活疫苗，兔病毒性出血症、多杀性巴氏杆菌病、产气荚膜梭菌病（A型）三联灭活疫苗，联苗多用于二免以后。在使用疫苗时，应先用单苗后用联苗。

免疫程序：仔兔35 ～ 40日龄初免，55 ～ 60日龄加强免疫，皮下注射2mL，以后每隔3个月注射1次；种兔每隔3个月预防注射1次，皮下注射2mL。

【早治疗】

［**治疗原则**］ 抗病毒、防止继发感染。

［**治疗方案**］

方案1：兔瘟高免血清，肌注，成年兔3 ～ 5mL/只，仔兔、青年兔2 ～ 3mL/只，7 ～ 10d病情稳定后注射兔病毒性出血症灭活疫苗。

方案2：紧急接种，2 ～ 3倍兔病毒性出血症灭活疫苗，肌注。

方案3：复方大青叶注射液，2mL/只，肌注，1次/d，连用3d。对体质虚弱的兔用5%葡萄糖生理盐水20 ～ 30mL、维生素C 2 ～ 5mL、维生素B_1 2 ～ 5mL混合，耳静脉注射；伴有腹泻者加入庆大霉素2万～5万IU，2次/d，连用3 ～ 5d。

方案4：可试用清瘟败毒散、黄连解毒散混饲或黄芪多糖饮水等，饮水中添加抗生素，如阿莫西林、环丙沙星等防止继发感染。

六、传染性水疱性口炎

兔传染性水疱性口炎是由水疱性口炎病毒引起的以口腔黏膜水疱性炎症为主并伴有大量流涎的一种急性传染病，又名“流涎病”。

【识病原】

水疱性口炎病毒。存在于病兔的水疱液、水疱皮、口腔黏膜坏死

组织、唾液及局部淋巴结中。

【知规律】

① 传染源　患病兔。

② 传播途径　主要是消化道。病兔口腔中的分泌物或坏死黏膜含有大量病毒，健康兔通过直接接触，或食入被病毒污染的饲料或饮水等即可感染。

③ 易感动物　主要侵害1～3月龄（尤其是断奶后1～2周龄）幼兔，3～6月龄的青年兔及成年兔也有发病。

④ 流行特点　一年四季均可发生，但以春秋两季多发。饲喂发霉饲料或家兔发生口腔损伤等情况时，更易诱发本病。

【看症状】

① 初期舌、唇和口腔黏膜潮红、充血，继而出现粟粒大至扁豆大的水疱和小脓疱，水疱内充满含纤维素的清亮液体，破溃后形成溃疡面，同时有大量唾液沿口角流出。有时外生殖器也见类似水疱、烂斑。

② 由于流涎，唇周围、颌下、颈部、胸部和前爪的被毛湿成一片，局部皮肤常发生炎症和脱毛。

③ 精神沉郁，不能正常采食，食欲减退或废绝，并常发生腹泻，日渐消瘦，一般病后5～10d衰竭死亡，死亡率50%以上。大多数病例体温正常，极少数病例体温升高至41℃左右。

【观病变】

① 唇、舌和口腔黏膜糜烂和溃疡，咽和喉头部聚集有多量泡沫样唾液，唾液腺轻度肿大、发红。

② 胃扩张，内部充满黏稠液体和稀薄食物，酸度升高。

③ 肠黏膜（特别是小肠）卡他性炎症。

【重预防】

① 加强饲养管理，春秋季要严格执行卫生防疫措施，防止引进病兔。不喂霉烂变质的饲料。

② 引入种兔要隔离观察1个月以上，健康者方可入群。

③ 笼壁平整，以防尖锐物损伤口腔黏膜。搞好兔舍及环境卫生，定期消毒。

【早治疗】

［**治疗原则**］ 抗病毒，防止继发感染和对症治疗。

［**治疗方案**］

方案1：局部对症治疗，用2%硼酸溶液、2%明矾溶液、0.1%高锰酸钾溶液、1%食盐水等任选一种，冲洗口腔，然后涂碘甘油。也可取少量青霉素粉（剂量以火柴头大小为宜），直接涂于口腔内。

方案2：抗生素防止继发感染，如磺胺二甲嘧啶，内服，0.1～0.2g/kg体重，1次/d，连用3～5d，饮水中加入小苏打。为使病兔早日康复，应饲喂柔软优质草料。脱水严重者，可进行腹腔补液。

方案3：人用的冰硼散、青黛散、珍黛散等任选一种，先用凉开水或淡盐水洗净口腔，将药少许（0.5～1g）吹撒患处，2～3次/d，直至痊愈。或大青叶10g、黄连5g、野菊花15g，煎汤供5只家兔1次内服，1次/d，连用5～7d。

方案4：病毒灵1片（0.2g）、复方新诺明1/4片、维生素B_1和维生素B_2各1片，混合研末口服，2次/d，连用3d。同时金银花10g、野菊花5g煎汁饮水或拌料饲喂。

七、轮状病毒病

兔轮状病毒病是由轮状病毒引起的仔兔的一种急性肠道传染病。临床以水样腹泻和脱水为特征。

【识病原】

兔轮状病毒，属于呼肠孤病毒科、轮状病毒属，病毒呈车轮状，具有较强的抵抗力，耐酸碱。

【知规律】

① 传染源　病兔和带毒兔。

② 传播途径　病毒随粪便排出，污染环境、饲料及饮水，经消化道而感染。

③ 易感动物　不同年龄和品种的家兔均可感染，但主要发生于1～6周龄仔兔，尤以3～6周龄仔兔最易感，发病率（90%～100%）、死亡率（60%～80%）均高；青年兔和成年兔常呈隐性感染。

④ 流行特点　一年四季均可发生，但多发生于冬、春两季。兔群一旦感染本病，以后每年都将发生，很难根除。

【看症状】

① 仔兔常突然发病，病初精神沉郁，随之水样腹泻，带有黏液或血液，有的水样腹泻呈白色或棕色、灰色或浅绿色，并有恶臭气味，昏睡废食，双眼下陷，在腹泻2～3d后因脱水衰竭而死。

② 成年兔多不表现明显症状，仅见食欲不振和排稀软粪，大多可耐过自愈，但成为带毒者。

【观病变】

① 胃弛缓，内部充满未消化乳汁。

② 小肠黏膜充血，绒毛萎缩，肠壁菲薄，内容物呈灰黄或灰黑色液状；肠系膜淋巴结肿大。

③ 结肠淤血、盲肠扩张，内有大量液体内容物。

【防混淆】

家兔常见腹泻病的鉴别诊断，见表6-5。

表6–5　家兔常见腹泻病的鉴别诊断

鉴别要点	轮状病毒病	大肠杆菌病	沙门氏菌病	产气荚膜梭菌病	球虫病
发病日龄	1～6周龄	20日龄及断奶前后的仔兔和幼兔	断奶幼兔、怀孕25d以后的母兔	1～3月龄	断奶至3月龄
季节性	冬春季节	不明显	不明显	冬春季节	南方5～7月份，北方7～9月份
粪便性状	水样腹泻，粪便呈白色或棕色、灰色或浅绿色，带有黏液或血，有恶臭味	粪便细小、两头尖、成串，随后出现黄色或棕色水样腹泻，外包有胶冻状黏液，无血无臭	剧烈腹泻，粪便乳白色或淡黄色，有黏性，内含泡沫	水样腹泻，粪便呈黑绿色水样，具腥臭味	先便秘后腹泻或交替发生，先糊状后水样，粪便带血

续表

鉴别要点	轮状病毒病	大肠杆菌病	沙门氏菌病	产气荚膜梭菌病	球虫病
肠道病变	小肠黏膜充血，绒毛萎缩，肠壁菲薄，内容物呈灰黄或灰黑色液状；肠系膜淋巴结肿大；结肠淤血、盲肠扩张，内有大量液体内容物	胃膨大，内充满液体和气体，胃壁明显水肿，十二指肠充满气体及黏液，其余肠道内充满半透明胶冻样液体，并混有气泡	肠黏膜充血、出血；肠系膜淋巴结水肿、坏死，盲肠蚓突和圆小囊有粟粒状灰黄色小结节，被麸皮状物覆盖	胃底部黏膜脱落，有出血和黑色溃疡；肠壁弥漫性充血或出血，有溃疡，盲肠出血呈横行条带状，肠内容物稀软呈黑绿色，具腐败气味	血液凝固不良；小肠充血或出血，蚓突和圆小囊有灰白色坏死灶
其他病变	肝脏、脾脏淤血，肺脏有出血点或出血斑	肝脏、心脏有小坏死点	肝脏、脾脏有针尖大灰白色坏死灶	肝脏质地变脆；脾脏呈黑褐色；心脏表面血管怒张，呈树枝状	肝球虫和混合型球虫感染时，肝表面和内部有粟粒大至豌豆大的白色或淡黄色结节

【重预防】

① 不从有本病流行历史的兔场引进种兔，必须引进种兔时要严格隔离检疫，观察15～30d，确系健康者方可混群饲养。

② 坚持自繁自养，加强对仔兔的饲养管理，搞好卫生，注意防寒保温。

【早治疗】

［**治疗原则**］ 抗病毒，防止继发感染和对症治疗。

［**治疗方案**］

方案1：口服补液盐（配方：氯化钠3.5g、碳酸氢钠2.5g、氯化钾1.5g、葡萄糖20g，加常水1000mL）、庆大霉素注射液4万IU/只，混合，按10～20mL/kg体重自由饮用或灌服，2～3次/d，连用3～5d。

方案2：白头翁、紫苏、苍术、茯苓、桂枝各20g，木香15g，生姜、黄芩各10g，半夏、甘草各8g，煎汁灌服、药渣拌料，20只成兔用量，每日分2次喂给，1剂/d，幼兔用量酌减，连用2～3d。

八、兔痘

兔痘是由兔痘病毒引起家兔的一种高度接触性、致死性传染病。临床以结膜炎，皮肤出现红斑、丘疹及内脏器官发生结节性坏死为特征。

【识病原】

兔痘病毒，主要存在于血液、肝、脾、睾丸、卵巢等实质脏器，脑、胆汁、尿液也含有该病毒。对紫外线和碱敏感，常用的消毒药即可将其杀死。

【知规律】

① 传播途径　主要经消化道、呼吸道、伤口、交配感染。

② 易感动物　不同年龄的家兔均能感染，但以4～12周龄幼兔和妊娠母兔的死亡率最高。

【看症状】

① 痘疱型　初期体温升高至41℃，食欲下降，流鼻液，呼吸困难。咽淋巴结和腹股沟淋巴结肿大、坚硬，发病第5d皮肤上出现红斑，以后发展为丘疹，其中央凹陷坏死、干燥，形成浅表痂皮，病灶可分布于整个皮肤，多见于耳、嘴、眼、腹部、背部和阴囊等处。病兔流泪、羞明，继而发生眼结膜炎或溃疡性角膜炎，口腔和鼻腔水肿、坏死，生殖器官周围水肿，尿潴留。共济失调，痉挛，眼球震颤，肌肉麻痹。有时腹泻和流产。一般在感染后5～10d死亡。

② 非痘疱型　在自然条件下不出现皮肤损害，仅表现不食、发热和不安，舌唇部黏膜出现少数散在丘疹。有时出现结膜炎和腹泻等症状。一般于感染后1周死亡。

【观病变】

① 皮肤痘疹及病变部皮肤水肿、出血和坏死。

② 肺脏有灰白色坏死结节；肝脏、脾脏肿大，常有白色坏死灶。

③ 睾丸水肿和坏死，子宫常有坏死灶或脓肿。

④ 卵巢、淋巴结、肾上腺、甲状腺和心脏等有坏死灶。

⑤ 腹膜和网膜可见到灶状丘疹。

【重预防】

加强饲养管理，严格执行卫生消毒措施。引种或购入新兔时，应严格检疫并隔离观察，防止病兔混入兔群，以免发生疫情。

【早治疗】

目前尚无特效药，常采取对症治疗的措施。发生兔痘病后，局部可用0.1%高锰酸钾溶液清洗，擦干后涂抹紫药水或碘甘油。全身应用抗生素防止继发感染，如环丙沙星、硫酸庆大霉素、强力霉素、氟喹诺酮类广谱抗生素等。可试用病毒灵、阿莫西林各1片，双黄连口服液或清热解毒口服液2～3mL/只，口服，2次/d，连用3～5d。

九、巴氏杆菌病

兔巴氏杆菌病又名出血性败血症，是由多杀性巴氏杆菌引起的一种多型性、散发性或地方流行性传染病。由于病菌的毒力、感染途径以及病程长短不同，其临床症状和病理变化也不同，主要有全身败血症、传染性鼻炎、地方流行性肺炎、结膜炎、中耳炎、生殖器官感染和脓肿等。

【识病原】

多杀性巴氏杆菌，革兰氏阴性、两端钝圆、细小、卵圆形短杆菌。我国发生的主要有A、B、D、E、F 5个血清群、16个菌体血清型。数字代表O抗原（O抗原），字母代表荚膜抗原（K抗原）。家兔发生的主要为A型和D型、1型与3型。病毒对外界环境因素的抵抗力不强，一般常用消毒药均能将其杀死。

【知规律】

① 传染源　患病兔和隐性感染兔，处于亚临床型的病兔尤为危险。

② 传播途径　主要经呼吸道、消化道及损伤的皮肤、黏膜而感染。

③ 易感动物　任何年龄的兔均可发生，主要侵害2～6月龄的兔。

④ 流行特点　一年四季均可发生，但以春秋两季多发。该菌属于条件性致病菌，约30%～70%的健康兔鼻腔黏膜、扁桃体内携带有该菌而不表现临床症状，带菌兔在受寒、长途运输、过分拥挤、饲养管理不当、卫生条件不良或其他疾病侵袭使机体抵抗力降低时，可发生内源性感染。常呈散发或地方性流行。

【看症状】

① 鼻炎型　最常见。初期鼻腔流浆液性鼻液，后期转为黏性至脓

性分泌物。常打喷嚏、咳嗽，并出现鼻塞音等异常呼吸音。由于分泌物结痂，堵塞鼻孔，出现呼吸困难。病兔常用前爪抓揉鼻孔，使上唇和鼻孔皮肤红肿、发炎。最终因营养不良，衰竭而死亡。

② 败血型　由于死亡迅速，往往不见临床症状。病程稍长，精神沉郁，食欲减少或废绝，呼吸困难，体温升高至40℃，鼻腔流出浆液性、黏性或脓性分泌物，偶见下痢。死前体温下降，颤抖、抽搐。

③ 地方流行性肺炎型　自然发病时，很少观察到肺炎症状。即使大部分肺实质已发生炎性变化，也较少见到呼吸困难。一般表现为精神沉郁，食欲不振，最终因败血症而迅速死亡。

④ 中耳炎型　又称斜颈病，单纯的中耳炎不出现临床症状，斜颈是感染扩散到内耳或脑部的结果。严重者出现运动失调和其他神经症状。

⑤ 结膜炎型　羞明、流泪，结膜潮红，分泌物增多。严重病例，分泌物由浆液性转为黏性或脓性。眼睑肿胀，常被分泌物粘住。炎症可转为慢性，红肿消退，但流泪经久不止。

⑥ 生殖系统感染型　母兔子宫炎和子宫蓄脓，公兔睾丸炎和附睾炎。母兔阴道有浆液性、黏液性或脓性分泌物流出。慢性感染症状不明显，但可造成母兔不孕。

⑦ 脓肿型　脓肿可能发生于全身皮下和各种内脏器官，内含有白色、黄褐色奶油状的脓汁，病程长者多形成纤维素性的包囊，最后因败血症而死亡。

【观病变】

① 鼻炎型　鼻孔周围皮肤发炎，鼻腔内积有大量浆液性、黏性甚至脓性分泌物。鼻窦和副鼻窦黏膜红肿，有的糜烂。

② 地方流行性肺炎型　常呈急性纤维素性肺炎和胸膜炎变化，以肺叶前缘最为常见。肺脏实变、膨胀不全。严重病例，肺脏形成脓肿甚至出现空洞。

③ 败血型　鼻腔黏膜、喉头、气管黏膜充血、出血；肺脏充血、出血、水肿；心内外膜有出血斑点。肝脏变性并有点状坏死灶；脾脏、淋巴结肿大、出血；肠黏膜充血、出血。胸腹腔积有淡黄色液体。

④ 生殖系统感染型　母兔子宫扩张，常有水样渗出物或者脓性渗出物。公兔睾丸肿大，质地硬实，少数可能发生脓肿。

⑤ 中耳炎型　一侧或两侧鼓室内有白色渗出物，有时鼓膜破裂，脓性分泌物流出外耳道；中耳或内耳感染如扩散到脑，可出现化脓性脑膜炎。

【防混淆】

兔巴氏杆菌病与兔瘟的鉴别诊断，见表6-4。

【重预防】

① 加强饲养管理，减少应激因素，兔场应远离其他畜禽群，严禁兔与其他畜禽混群饲养。新引入兔须严格检疫，隔离观察，确定无病后方可混群饲养。

② 免疫接种，可用兔禽多杀性巴氏杆菌病灭活疫苗或兔病毒性出血症、多杀性巴氏杆菌病二联灭活疫苗等。幼兔断奶后7d皮下注射1～2mL，其他兔皮下注射3mL，1个月后二免，此后每4～6个月免疫1次，每次2～3mL。

【早治疗】

［**治疗原则**］抗菌消炎、对症治疗。

［**治疗方案**］

方案1：对未出现症状的兔，用兔禽多杀性巴氏杆菌病灭活疫苗或兔病毒性出血症、多杀性巴氏杆菌病二联灭活疫苗紧急接种，每只2mL。

方案2：常用的抗生素有氟苯尼考、强力霉素、丁胺卡那霉素、卡那霉素、头孢噻呋、磺胺间甲氧嘧啶、环丙沙星、阿莫西林等。如头孢噻呋2.2mg/kg体重，1～2次/d，或氟苯尼考10mg/kg体重，肌注，1～2次/d，连用3～5d；青霉素2万～5万IU/kg体重、链霉素1万IU/kg体重，或庆大霉素2万～4万IU/只，肌注，2次/d，连用3～5d，幼兔剂量减半；磺胺嘧啶钠，100～200mg/kg体重，配合等量的小苏打片服用，2次/d，连用5～7d。

方案3：（鼻炎型）氯霉素眼药水或青霉素、链霉素混合滴鼻（2万IU/mL），2次/d，连用5d。口服复方新诺明，大兔1片，中兔1/2片，小兔1/3片，连用3～5d。

方案4：（结膜炎型）氯霉素、妥布霉素、诺氟沙星、链霉素等眼药水滴眼，3～5滴/次，2次/d，连用3d。同时，每只口服头孢氨苄胶囊1～2粒，连用2d。

方案5：(脓肿型)外科疗法，切开成熟的脓肿排脓，用0.1%新洁尔灭溶液冲洗，再撒布消炎粉，或冲洗后以0.1%雷佛奴尔溶液灭菌纱布引流。

方案6：(中耳炎型)3%双氧水或2%硼酸溶液清洗消毒、排液，用棉签吸干清洗液，滴入氨苄西林钠、恩诺沙星注射液滴耳，2次/d，连用3～5d。

方案7：黄连5g、黄芩5g、黄柏10g，水煎服，1剂/d，连用3～5d。或金银花10g、野菊花5g，水煎服，1剂/d，连用3～5d。

十、产气荚膜梭菌病

兔产气荚膜梭菌病是由A型产气荚膜梭菌所产生的外毒素引起的肠毒血症。临床以急剧腹泻，排黑色水样或带血胶冻样粪便，盲肠浆膜有出血斑和胃黏膜出血、溃疡为主要特征。

【识病原】

A型产气荚膜梭菌，呈杆状，单个或成对，革兰氏染色阳性。分为A、B、C、D、E、F 6个型，感染家兔的多为A型，可产生α毒素，具溶血和致死作用。

【知规律】

① 传染源　病兔和带菌兔及其排泄物，以及含有本菌的土壤和水源。

② 传播途径　主要经消化道或伤口传播。

③ 易感动物　不同年龄、品种、性别的家兔均有易感性，毛兔、獭兔、纯种兔和幼兔最易感，以1～3月龄幼兔发病率最高，并且死亡率高。

④ 流行特点　一年四季均可发生，以冬、春两季最为常见。饲养管理不良及各种应激因素均可诱发本病。多为散发。

【看症状】

① 最急性病例常不见明显症状而突然死亡。

② 多数表现精神沉郁，厌食，下痢，粪带血或呈黑褐色水样或稀胶冻状，污染被毛，有腥臭气味；提起患兔摇动腹内有泼水音。

③ 体温一般不高，多数水泻后1～3d死亡，发病率、死亡率较高。

【观病变】

① 剖开腹腔可闻到特殊的腥臭味。

② 胃内充满带有气体的内容物，胃底部黏膜脱落、充血、出血，严重时形成溃疡。

③ 小肠充满气体，肠壁薄而透明。

④ 大肠内充满黑绿色的稀薄粪便，有腐败气味，肠黏膜有弥漫性充血和出血。

⑤ 肝脏质地变脆；脾脏呈黑褐色；肾、淋巴结多数无变化。

⑥ 膀胱内充满茶色样尿液。

⑦ 心脏表面血管怒张，呈树枝状。

【防混淆】

兔产气荚膜梭菌病与其他腹泻病的鉴别诊断，见表6-5。

【重预防】

① 加强饲养管理，消除诱发因素，断奶后适当控料，控料量掌握在自由采食的80%～85%为宜，少喂含有过高蛋白质的饲料和过多的谷物类饲料。严禁引进病兔，坚持各项卫生防疫措施。

② 免疫接种，用兔产气荚膜梭菌病（A型）灭活苗或兔病毒性出血症、多杀性巴氏杆菌病、产气荚膜梭菌病（A型）三联灭活苗，断奶前7d或20～30日龄，皮下注射，每只2mL，成年兔再注射1次，种兔非孕期注射，每年2次。

【早治疗】

［**治疗原则**］ 抗菌消炎、抗毒素、对症治疗。

［**治疗方案**］

方案1：初期，特异性高免血清，2～3mL/kg体重，皮下或肌肉注射，2次/d，连用2～3d。

方案2：常用的抗生素有氨苄青霉素、头孢噻肟、恩诺沙星、阿米卡星、庆大霉素等。如卡那霉素20mg/kg体重，肌注，2次/d，连用3d；恩诺沙星2.5～5mg/kg体重，肌注，1～2次/d，连用2～3d；头孢噻呋10mg/kg体重加双黄连注射液3～5mL，肌注，1次/d，连用3d；阿米卡星10mg/kg体重，肌注，2次/d，连用3d。

方案3：兔产气荚膜梭菌病（A型）灭活苗紧急接种，每只2mL；饮

水中添加恩诺沙星可溶性粉（2.5 ~ 5mg/kg体重）、葡萄糖（3% ~ 5%），连用5d；严重病例用恩诺沙星注射，2次/d。

方案4：郁金28g、诃子15g、黄芩28g、大黄57g、黄连28g、黄柏28g、栀子28g、白芍15g，混于100kg饲料，连用5d。

方案5：20%地美硝唑预混剂，3kg/t饲料，0.5%甲硝唑氯化钠注射液，灌服,5 ~ 10mL/只，连用5d。同时，口服食母生（5 ~ 8g/只）、胃蛋白酶片（1 ~ 2g/只）；腹腔注射5%葡萄糖生理盐水,20 ~ 50mL/次，1 ~ 2次/d，连用3 ~ 5d。

十一、大肠杆菌病

兔大肠杆菌病又称黏液性肠炎，是由致病性大肠杆菌引起的一种多型性、爆发性、死亡率高的传染病，临床主要表现为腹泻和败血症，以幼龄兔发生流涎、水泻、排鼠粪样或透明胶冻样粪为主要特征。

【识病原】

大肠杆菌，革兰氏阴性、中等大小、卵圆形杆菌，有鞭毛和荚膜，不形成芽孢。血清型较多，对家兔致病的血清型主要有O_{20}、O_{85}、O_{119}、O_{10}、O_{18}、O_{7}、O_{70}、O_{21}、O_{132}、O_{115}、O_{147}等。一般消毒药都能很快将其杀死。

【知规律】

① 传染源　病兔和带菌兔。

② 传播途径　病原菌污染环境、水源、饲料、母兔乳头和皮肤，仔兔吮乳、舔舐或饮食时，经消化道而感染。

③ 易感动物　主要侵害20日龄和断奶前后的仔兔和幼兔，成年兔很少发生。一般群养兔发病率高于笼养兔，高产毛用兔的发病率高于皮肉兔，发病率35% ～ 90%，病死率可高达100%。

④ 流行特点　一年四季均可发生，常呈地方性流行。该菌在自然界分布广泛，属于条件性致病菌，存在于健康兔的肠道内，一般不引起发病。当饲养管理不良、气候环境突变或其他疾病如沙门氏菌病、球虫病等协同作用下导致肠道菌群紊乱、仔兔抵抗力降低时即诱发本病。

【看症状】

① 潜伏期4～6d。最急性病例常不见任何症状即突然死亡。

② 急性型病例初期精神沉郁，食欲不振，腹部臌胀。

③ 粪便细小、成串，外包有透明、胶冻状黏液；随后水样腹泻，肛门、后肢、腹部和足部的被毛被黏液和黄色水样稀便沾污。

④ 将家兔提起摇动时可听到水晃动音。

⑤ 四肢发冷、磨牙、流涎、眼眶下陷，迅速消瘦，体温一般正常或降低，1～2d内死亡。

【观病变】

① 胃膨大，充满多量液体和气体，胃黏膜上有出血点。

② 十二指肠充满气体和染有胆汁的黏液。

③ 空肠、回肠、盲肠充满半透明胶冻样液体，并伴有气泡。

④ 结肠扩张，有透明胶冻样黏液。

⑤ 肠道黏膜和浆膜充血、出血、水肿。

⑥ 肝脏和心脏局部有小点状坏死病灶；胆囊扩张，黏膜水肿。

【防混淆】

兔大肠杆菌病与其他腹泻病的鉴别诊断，见表6-5。

【重预防】

① 加强饲养管理，搞好兔舍卫生，定期消毒。减少各种应激因素，特别是仔兔断奶前后饲料不能突然更换，以免引起肠道菌群紊乱。

② 免疫接种，常发本病的兔场，可用本场分离的大肠杆菌制成氢氧化铝甲醛菌苗，进行预防注射，一般20～30日龄的仔兔每只肌注1mL。

③ 药物预防，对断奶前后的仔兔，可在饲料或饮水添加新霉素、环丙沙星、氟苯尼考、阿米卡星等，或使用微生态制剂预防。

【早治疗】

[**治疗原则**] 抗菌消炎、止泻、补液。

[**治疗方案**]

方案1：常用的抗生素有新霉素、氟苯尼考、环丙沙星、阿莫西林、强力霉素、磺胺间甲氧嘧啶、头孢噻肟、庆大霉素等。用法用量：新霉素，口服，10～15mg/kg体重；盐酸环丙沙星，口服，

5 ～ 8mg/kg体重或肌注，4 ～ 5mg/kg体重；庆大霉素，肌注，2万～ 4万IU/只；头孢噻肟，肌注，20mg/kg体重；强力霉素，口服，15mg/kg体重；多黏菌素，肌注，2.5万IU/只；恩诺沙星，肌注或口服，5 ～ 10mg/kg体重；氟苯尼考，肌注，20mg/kg体重；1 ～ 2次/d，连用3 ～ 5d。

方案2：对症治疗，有严重脱水和体弱的病兔，静脉注射10%葡萄糖盐水20 ～ 40mL或口服补液盐，同时灌服黄连素、维生素C、维生素B_1各1片，矽炭银2g，2次/d，连用3 ～ 5d。

方案3：郁金45g、金银花45g、连翘45g、大黄50g、栀子20g、诃子35g、白芍20g、黄芩20 g、黄柏20g，水煎服（500只兔1d用量），连用3d。

十二、沙门氏菌病

兔沙门氏菌病又称兔副伤寒，是由沙门氏菌引起的一种消化道传染病。临床以严重腹泻、流产和败血症为特征。

【识病原】

鼠伤寒沙门氏菌和肠炎沙门氏菌，革兰氏阴性，有鞭毛，不形成芽孢。该菌广泛分布于自然界，属于条件性致病菌。耐干燥、耐低温和耐盐腌，但对消毒药的抵抗力不强。

【知规律】

① 传播途径　主要经消化道感染或内源性感染，幼兔也可经子宫内和脐带感染。

② 易感动物　不同品种和年龄的兔均易感，以幼龄兔和怀孕母兔（怀孕25d后）易感，致死率44%，有的可达 90%以上。4 ～ 5 日龄的初生仔兔也可发病。

③ 流行特点　无明显季节性，一般气候多变的季节多发。若营养不良，饲养管理条件较差，如笼舍潮湿、拥挤，气候突变等会使兔体抵抗力下降而发病。

【看症状】

① 潜伏期3 ～ 5d，少数急性病例不出现症状而突然死亡。

② 多数病兔精神沉郁，食欲减退或拒食，体温升高，有的可达42℃。

③ 下痢，粪便带有泡沫、血丝及黏液，污染肛门周围及后肢，逐渐消瘦，被毛粗乱，无光泽。常卧于暗处，不愿活动。

④ 有的粪便干硬，包有白色黏液，有的排粪少或不排粪，粪有臭味，肠蠕动消失，臌气。

⑤ 妊娠母兔流产，多为死胎，少数弱胎，阴道黏膜潮红、充血、水肿，并从阴道内流出黏性或脓性分泌物，流产胎儿体弱，皮下水肿，很快死亡。有30%～50%的母兔流产后死亡，康复兔不能再妊娠产仔。

【观病变】

① 败血症病兔胸、腹腔脏器有淤血点或出血点，胸腹腔中有多量浆液性或纤维素性渗出物。

② 流产兔子宫肿大，浆膜和黏膜充血，并有化脓性子宫炎，局部黏膜覆盖一层淡黄色纤维素性污秽物；有的子宫黏膜出血或溃疡。

③ 未流产的病兔子宫内有木乃伊状或液化的胎儿；阴道黏膜充血，腔内有脓性分泌物。

④ 肝脏有弥漫性或散在性淡黄色针尖至芝麻粒大的坏死灶；胆囊肿大，充满胆汁。

⑤ 脾脏肿大1～3倍，呈暗红色。

⑥ 肾脏有散在性针尖大的出血点。

⑦ 消化道黏膜水肿，肠系膜淋巴结肿大、出血，切面多汁。

【重预防】

加强饲养管理，注意饲料营养。消灭兔舍内的老鼠、苍蝇，防止病菌污染饲料、饮水、用具、垫草。病兔及时隔离治疗或淘汰处理。购进的种兔要隔离观察1个月才能合群饲养。兔舍及用具要彻底消毒。

【早治疗】

方案1：常用的抗生素有氟苯尼考、卡那霉素、恩诺沙星、磺胺二甲嘧啶、头孢噻肟、庆大霉素等。用法用量：卡那霉素，肌注，10～20mg/kg体重；恩诺沙星，肌注，5～10mg/kg体重；庆大霉素，肌注，2万～4万IU/只；头孢噻肟，肌注，20mg/kg体重；氟苯尼考，肌注，10～20mg/kg体重，内服，20～50mg/kg体重；磺胺二甲嘧啶，内服，0.3g/kg体重；1～2次/d，连用3～5d。同时，任选一种或两种药饮水治疗。

方案2:（幼兔）黄连5g、黄芩10g、黄柏10g、马齿苋10g，水煎灌服，1剂/d，2次/d，3 ~ 5mL/次，连用3d;（孕兔）野菊花15g、鱼腥草15g、土茯苓15g、败酱草15g、黄芩15g、黄芪15g，水煎灌服，2次/d，5 ~ 10mL/次，连用3d;（成年兔）车前草20g、鲜竹叶20g、马齿苋20g、萹蓄20g、鱼腥草20g，水煎灌服，2次/d，10mL/次，连用3d。

十三、波氏杆菌病

兔波氏杆菌病是由支气管败血波氏杆菌引起的一种多发性呼吸道疾病，临床以鼻炎、咽炎、支气管肺炎和脓疱性肺炎为特征。常与兔巴氏杆菌、葡萄球菌等混合感染，混合感染后病情加重。

【识病原】

支气管败血波氏杆菌。革兰氏阴性、卵圆形至多形态的小杆菌，具有周身鞭毛，有荚膜，不形成芽孢，常呈两极染色。本菌抵抗力不强，常用消毒药均对其有杀灭作用。

【知规律】

① 传播途径　主要经呼吸道传播。

② 易感动物　任何年龄的家兔均可感染，但仔兔和青年兔较成年兔易感。一般毛兔的发病率较高。哺乳仔兔和断奶仔兔发病常急性死亡，成年兔表现为鼻炎、支气管炎和脓疱性肺炎等。

③ 流行特点　多发于春、秋季节，秋末、冬季、初春的寒冷季节为该病的流行期。各种应激因素如气候骤变、感冒、寄生虫和强烈刺激性气体的刺激等，使上呼吸道黏膜脆弱，易引发本病。鼻炎型常呈地方性流行，支气管肺炎型多呈散发。仔兔、幼兔多呈急性型，成年兔呈慢性型。常与兔巴氏杆菌病、李氏杆菌病和大肠杆菌病并发。

【看症状】

① 鼻炎型　主要侵害仔兔和青年兔。发病早期患兔精神状况、饮欲、食欲、体温均正常，只表现有轻微的咳嗽、打喷嚏、鼻孔流出浆液性或黏液性鼻漏，通常不变为脓性。鼻腔黏膜充血，并附有浆液和黏液。病程较短，消除诱发因素后易康复。

② 支气管肺炎型　多见于成年兔和老龄兔。鼻炎长期不愈，鼻孔

流出黏液性或脓性分泌物，打喷嚏，呼吸加快，食欲不振，逐渐消瘦，病程可延续数月。

【观病变】

① 鼻炎型　鼻黏膜潮红，附有浆液性或黏液性分泌物，鼻甲骨变形。

② 支气管肺炎型　支气管黏膜充血、出血，管腔内充满黏液性或脓性分泌物。肺脏表面有凹凸不平，灰白色，小如粟粒、大如乒乓球大小，数量不等的脓肿，外有致密包膜，内有奶油状黏稠脓液，严重的占肺部的90%以上。肺组织大面积出血、坏死及间质水肿。肝脏表面有黄豆至蚕豆大的脓疱。有时胸腔浆膜及肾脏等也出现脓肿。此外尚可见化脓性胸膜炎、心包炎。

【防混淆】

兔波氏杆菌病与其他肺脏脓肿性疾病的鉴别诊断，见表6-6。

表6-6　兔波氏杆菌病与其他肺脏脓肿性疾病的鉴别诊断

鉴别要点	波氏杆菌病	巴氏杆菌病	葡萄球菌病	铜绿假单胞菌病
病原特征	革兰氏阴性杆菌，两极染色，多形态性	革兰氏阴性杆菌，两极染色	革兰氏阳性球菌，呈葡萄状	革兰氏阴性杆菌，单个或成双排列
肺脓肿	肺脏有数量不等、粟粒至乒乓球大小的脓肿，严重的占肺部90%以上，胸腔积液	急性败血症，胸膜炎、胸腔蓄脓，很少单独引起肺脏脓疱，比例较小	可形成肺脓疱，但比例较小	败血症，肺脏和内脏器官形成脓疱
脓疱和脓液	乳白色或浅灰白色	白色、黄褐色奶油状	乳白色乳油状	淡绿色或褐色
脓肿范围	主要在肺、胸膜，独立存在	全身皮下、内脏器官	皮下、肌肉、内脏器官	皮下、肌肉、内脏器官
临床表现	鼻炎、支气管肺炎	败血症、地方流行性肺炎、中耳炎、结膜炎、生殖器官感染、脓肿	脓毒败血症、鼻炎、黄尿病、脚皮炎、乳房炎、外生殖器炎症	结膜炎、腹泻、呼吸困难

【重预防】

① 坚持自繁自养，尽量不从外地引进，若需引进种兔时，必须隔离观察1个月以上，并进行细菌学、血清学检查，阴性者方可入群。

② 加强饲养管理，注意清洁卫生，做好日常兽医卫生防疫工作，兔舍要通风良好，保持适宜的温度和湿度。对舍内的工具、兔笼和工作服等要定期消毒。定期杀虫、灭鼠，淘汰病兔及阳性兔。消除一切不良外界环境的刺激，提高家兔的抵抗力。

③ 免疫接种，有条件的可用兔波氏杆菌病灭活苗，兔巴氏杆菌病、波氏杆菌病二联灭活苗，或兔瘟、兔巴氏杆菌、兔波氏杆菌三联蜂胶灭活苗皮下或肌肉注射。

【早治疗】

［**治疗原则**］ 抗菌消炎，减少渗出。

［**治疗方案**］

方案1：常用的抗生素有氟苯尼考、强力霉素、红霉素、环丙沙星、四环素、复方新诺明、硫酸丁胺卡那霉素、卡那霉素、庆大霉素等。用法用量：卡那霉素，肌注，10 ~ 30mg/kg体重；恩诺沙星，肌注，5 ~ 10mg/kg体重；庆大霉素，肌注，2万IU/kg体重；四环素，肌注，40mg/kg体重；氟苯尼考，肌注，20mg/kg体重；磺胺嘧啶，肌注，0.05 ~ 0.2g/kg体重；1 ~ 2次/d，连用3 ~ 5d。同时，任选上述一种或两种药饮水治疗。

方案2：局部治疗，滴鼻，卡那霉素注射液，5滴/次，氯霉素注射液或恩诺沙星注射液，5 ~ 8滴/次，2次/d，连用7d；链霉素50万IU稀释后滴鼻，1次/d，5滴/次，连用 4d。

十四、葡萄球菌病

兔葡萄球菌病是由金黄色葡萄球菌引起的一种多型性、常见多发的细菌病。临床特征为致死性脓毒败血症和各器官、各部位的化脓性炎症。

【识病原】

金黄色葡萄球菌。革兰氏阳性、卵圆形球菌，呈葡萄串状排列，无鞭毛和荚膜，不形成芽孢，能产生8种毒素。对外界环境的抵抗力较强，对抗生素易产生耐药性。常用的消毒剂有百毒杀、聚维酮碘、新洁尔灭、来苏尔等。

【知规律】

① 传播途径　主要经皮肤和黏膜伤口感染，也可经消化道、呼吸道和脐带感染。

② 易感动物　不同品种、年龄的兔均可感染。幼兔表现为脓毒败血症，成年兔表现为转移性脓毒败血症，成年兔和大体型兔可引起脚皮炎，哺乳母兔引起乳房炎，成年兔引起外生殖器炎症，初生兔引起急性肠炎。

③ 流行特点　无明显季节性。发病率可高达40%，病死率最高达50%。

【看症状】

潜伏期2～5d。根据病原菌侵入的部位和继续扩散的形式不同，可分为以下几种类型：

① 转移性脓毒败血症　多见于成年兔。皮下出现红肿硬块，随后形成1个或几个由豌豆粒至鸭蛋大的脓肿，触摸有弹性，有的经1～2个月自行破溃，流出浓稠白色或乳白色干酪样或油样脓液，经久不愈。附近皮肤因被脓污染和兔爪搔抓而损伤皮肤，又发生新脓肿。当内脏发生脓肿时，临床难以察觉；如有破溃，易发生脓毒败血症。

② 仔兔脓毒败血症　仔兔出生后最初几天内（大多数是2～3日龄），在胸腹、颈、颌下、腿内侧皮肤出现粟粒大乳白色脓疱，脓液奶油状，多数2～3d因败血症死亡。幸存仔兔脓肿变干消失而痊愈，形成僵兔。一窝仔兔多病的母兔也患有本病。

③ 鼻炎　鼻孔流出大量黏液性、脓性鼻液，鼻孔周围有干痂，呼吸困难，打喷嚏，常用爪抓鼻部，又引起结膜炎。

④ 仔兔黄尿病　因仔兔吸吮有乳房炎母兔的乳汁而引起，排黄色水样腥臭稀便，肛门四周毛湿润，体软，整日睡眠，一般常全窝发生，病程2～3d，死亡率较高。

⑤ 脚皮炎　常见于后腿跖趾区跖侧面皮肤，前肢则较少见。兔爪下面的表皮充血、肿胀，脱毛，而后出血、溃疡。经久不愈，行动困难，以致病兔不愿走动，食欲减退，消瘦，有时呈全身感染而很快死亡。

⑥ 乳房炎 多见于分娩后的最初几天内。急性病例先由局部红肿开始，再蔓延至整个乳房，局部发热变硬，逐渐变成紫红色，最后变成青紫色。乳汁中含有脓液、凝乳块、血液。体温升高，食欲减退，最后因脓毒败血症死亡。慢性型在皮下和乳房实质内形成大小不等、境界分明的硬块，以后变成脓肿，破溃流脓液。当深部脓肿向乳管内破溃时，病程加剧，可造成全身性感染。

⑦ 外生殖器炎症 母兔阴户周围和阴道溃烂，形成溃疡面，状如花椰菜样，溃疡面深红色、易出血，部分棕色结痂，有少量淡黄色黏性分泌物。有的阴户周围和阴道有大小不等的脓肿，阴道内可挤出黄白色黏稠脓液。妊娠母兔感染后可引起流产。公兔包皮有小脓肿、溃烂，或呈棕色结痂。

【观病变】

① 转移性脓毒败血症 皮下、肌肉、心脏、肺脏、肝脏、脾脏、睾丸和关节等处有脓肿。内脏脓肿常有结缔组织构成包膜，脓汁呈乳白色乳油状。有的有骨膜炎、脊髓炎、心包炎和胸膜炎。

② 仔兔脓毒败血症 患部的皮肤和皮下出现小脓疱；脓汁呈乳白色乳油状，多数病例的肺脏和心脏上有很多白色小脓疱。

③ 鼻炎 鼻窦黏膜充血，鼻腔内有大量脓性分泌物，内部积脓。有的有肺脓肿、肺炎和胸膜炎等变化。

④ 仔兔黄尿病 肠黏膜充血、出血，肠腔充满黏液；膀胱极度扩张并充满黄色尿液。

⑤ 脚皮炎 患部皮下有较多乳白色乳油状脓液。

⑥ 乳房炎 乳腺呈紫红色结缔组织，质地较硬，无脓性分泌物，乳腺内无乳汁分泌。

⑦ 外生殖器炎 膀胱内积有多量的块状脓液，阴道内充血并积有白色黏稠的脓液。

【防混淆】

兔葡萄球菌病与波氏杆菌病、巴氏杆菌病、铜绿假单胞菌病的鉴别诊断，见表6-6。

【重预防】

① 保持兔笼、产箱与运动场的清洁卫生、笼底平整。减少外伤，

消除舍内特别是笼内的一切锋利物，如钉子、铁丝头、木屑尖刺等。保持适宜的饲养密度，防止家兔间互相咬斗，把喜欢咬斗的兔分开饲养。哺乳母兔笼内要用柔软、干燥、清洁的垫料，以免新生仔兔皮肤擦伤。

② 适当调整精饲料与多汁饲料的比例，控制精饲料喂量，防止母兔发生乳房炎。

③ 刚产出的仔兔用3%碘酊、紫药水等涂擦脐带，防止感染。发现皮肤与黏膜有外伤时，应及时进行外科处理。

④ 药物预防，在产前3～5d，可在母兔饲料中添加土霉素（20～40mg/kg体重）或磺胺嘧啶（0.5g/只）。或产后每天口服复方新诺明1片，分两次喂服，连用3d。

【早治疗】

［**治疗原则**］抗菌消炎，体表脓肿外科处理。

［**治疗方案**］

方案1：全身疗法，常用的抗生素有青霉素、氨苄青霉素、卡那霉素、红霉素、庆大霉素、金霉素、复方新诺明、磺胺嘧啶、环丙沙星等。用法用量：卡那霉素，10～20mg/kg体重，肌注；红霉素，5～8mg/kg体重，5%葡萄糖稀释，静注；金霉素，100mg/kg体重，口服；磺胺嘧啶，0.2g/kg体重，内服；青霉素3万～5万IU/kg体重、链霉素10～15mg/kg体重，混合后肌注，2次/d，连用3～5d。

方案2：乳房炎，鱼腥草注射液，肌注，3mL/只，2次/d，连用3d；3%普鲁卡因2mL、注射用水8mL与青霉素20万IU混合，乳房基部封闭性皮下注射，隔天1次。

方案3：局部脓肿与溃疡按常规外科处理，涂擦5%龙胆紫酒精溶液或3%碘酊、3%双氧水、0.1%～0.2%高锰酸钾溶液、红霉素软膏等药物，然后撒上消炎粉或青霉素粉。

方案4：生殖器官炎症，母兔用0.1%高锰酸钾溶液冲洗子宫，然后青、链霉素肌注，2次/d，直至痊愈；公兔对患部进行消炎处理即可，无治疗价值的作淘汰处理。

方案5：仔兔脓毒败血症，用消毒后的针刺破脓点，挤出脓汁，用3%碘酊涂擦患部，2次/d，直至痊愈为止。

方案6：黄尿病，治疗母兔乳房炎，将仔兔寄养于泌乳正常的母兔；庆大霉素注射液灌服，0.5 ～ 1mL/只；黄连素滴服，2滴/次，2次/d，连用4d。

方案7：脚皮炎，清除患部污物，用0.1%高锰酸钾溶液等消毒药水清洗，去除坏死组织及脓汁等，撒以消炎粉、青霉素粉或涂以其他抗菌消炎软膏，用纱布将患部包扎紧，以免磨破伤口。每周换药2次，置于较软的笼底板上或带松土的地面上饲养，直至患部伤口愈合，被毛较长足以保护皮肤时，解除绑带，送回原笼。

十五、皮肤真菌病

兔皮肤真菌病是由须毛癣菌或小孢霉菌所引起的以皮肤角质化、炎性坏死、脱毛、断毛为特征的一种人畜共患传染病。俗称脱毛癣、钱癣。

【识病原】

主要是须癣毛癣菌（石膏样毛癣菌）、石膏样小孢子菌、犬小孢子菌、絮状表皮癣菌。

【知规律】

① 传播途径　主要通过污染的土壤、饲料、饮水、用具、脱落的被毛、饲养人员等间接传染以及交配、吮乳等直接接触而传染。

② 易感动物　不同性别、年龄、品种的兔均易感，但主要侵害仔兔和幼兔。除感染兔外，也可感染各种畜禽、野生动物和人。

③ 流行特点　一年四季均可发生，以春季和秋季换毛季节易发。有的地区（如山东）夏季多发。

【看症状】

① 须毛癣菌病　多发生在脑门和背部，其他部位皮肤也可发生，呈圆形、椭圆形脱毛，形成边缘整齐的脱毛斑，露出淡粉红色皮肤，皮肤表面略粗糙并伴有明显的灰色鳞屑。患兔一般无明显的临床症状。

② 小孢子霉菌病　开始大多发生在头部，如口眼周围、耳、鼻、面部及颈部等。患部皮肤出现圆形或椭圆形突起，继而感染肢体和腹下、腿内侧。患部被毛易断，脱落形成环形或不规则的脱毛区，皮肤粗糙，有灰色鳞屑。发生炎性变化时，最初为红斑、丘疹、水疱，最

后形成凸起状结痂，结痂脱落后就会出现小溃疡点。

【防混淆】

兔皮肤真菌病与疥癣病、营养性脱毛的鉴别诊断，见表6-7。

表6–7　兔皮肤真菌病与疥癣病、营养性脱毛的鉴别诊断

鉴别要点	皮肤真菌病	疥癣病	营养性脱毛
病原	须毛癣菌和其他几种小孢霉菌	疥螨和痒螨	毛囊、毛乳头营养吸收障碍，含硫氨基酸与微量元素缺乏
发病部位	主要在头部及其附近、口眼、鼻及面部	多发生在头、耳、鼻、足等部位，严重者蔓延全身	大腿外侧、肩胛两侧及头部较多
临床症状	患部有白色皮屑和炎症表现，周围有粟粒样突起，形成圆碟形，又称钱癣，断毛不均匀	脱毛、剧痒、结痂，患部有脓性分泌物，感染后有脓性痂皮，断毛不均匀	皮肤无异常反应，根部有毛茬，一般1cm以下，剪刀痕迹明显，长不出新毛
痂皮厚度	较薄，呈糠麸样	较厚，有石灰样的白色沉着物	无痂皮
痒感	在温暖环境中痒感不加剧	在温暖环境中痒感加剧	无痒感
拔毛鉴别	患部周围被毛轻拉易脱毛	无变化	无变化
流行特点	幼兔多发，呈散发	接触传染性强，冬春季节多发	夏秋多见，成年兔、老年兔及本地兔多发

【重预防】

① 加强饲养管理，保持兔舍通风良好、干燥卫生，饲养密度适宜。发现病兔须及时隔离或扑杀，兔舍及用具加强消毒。笼具及垫板可用火焰消毒，空兔舍可进行熏蒸消毒。

② 药物预防，灰黄霉素，按600g/t饲料添加混匀，连续饲喂10d，一般每半年饲喂1次，也可根据兔场的具体情况，每3个月或4个月饲喂1次。对初生仔兔在出生后12～24 h内，可用克霉唑酒精溶液进行全身涂擦。

【早治疗】

［专家告诫］皮肤真菌病会传染给人，应注意防范。局部用药前应将患部及其周围剪毛，洗去皮屑和结痂等污物后再涂软膏，每天2～3次，但应注意只涂外用药不易治愈，必须结合口服或注射抗菌药物治疗效果才会更好。

［治疗原则］抗真菌、止痒、修复皮肤黏膜。

［治疗方案］

方案1：灰黄霉素，单个病兔可以25mg/kg体重制成水悬剂，每日胃管投服，连用14d；全群按750g/t饲料添加，连用10d、停7d、再用10d。

方案2：局部用药，患部涂擦克霉唑溶液或软膏，3次/d；10%水杨酸钠溶液、6%苯甲酸溶液或5%～10%硫酸铜溶液涂擦患部，直至痊愈；5%碘酊或克霉唑酒精溶液、咪康唑软膏、皮康乐软膏、特比奈芬、特肤灵、来苏碘酊（碘酊与来苏尔1∶1混匀）等涂擦，1次/d，连续2～3次。配合每周2次带兔用百毒杀、碘制剂消毒。

十六、流行性腹胀病

家兔流行性腹胀病在我国始见于2004年，首先在山东省某兔场发生，之后该省诸多兔场均发生该病，继而在全国各地开始流行，如山东、四川、重庆、河南、河北、江苏、浙江、福建、安徽、黑龙江等全国主要养兔区。临床以胃肠膨气为主要临床特征。

【识病原】

关于病因目前尚无较为确切的定论，主要有以下几个方面。

① 生物性因素　细菌以产气荚膜梭菌为主，还有大肠杆菌、沙门氏菌等；也可能是某种未知的病毒；球虫等。

② 非生物性因素　主要与饲料、养殖环境、饲养管理与药物滥用等有关。如饲料营养不平衡、粗纤维水平低；兔舍寒冷、阴暗潮湿、阳光不足、通气不良和环境卫生差；突然更换饲料，饮用冰冻水、饲料，饲喂发霉变质饲料；滥用药物导致肠道菌群失调等。

【知规律】

一年四季均可发病，以春、秋两季发病率较高。各品种兔均可发病，以断奶后至3月龄仔兔发病为主，特别是2～3月龄兔发病率最高，成年兔较少发病，仔兔哺乳期未见发病。发病率一般为30%～60%，病死率达80%以上，有些兔场病死率甚至高达100%。

【看症状】

① 精神沉郁，食欲减退，体温变化不明显。

② 排小颗粒粪便，有的腹泻，有的便秘，有的排胶冻样黏液，之后很快死亡。

③ 腹部明显膨胀，触诊有的有硬物，晃动兔体有流水声。病程一般为3～5d，大多数发病并出现腹胀的兔死亡，很少能自然康复或治愈。

【观病变】

① 胃部臌胀，充气积液，胃黏膜脱落，有的出现溃疡灶。

② 小肠充满气体和稀薄内容物，部分肠壁出血和变薄。

③ 盲肠显著充气，内容物干硬成块状，结肠和直肠大多充满白色胶冻样黏液。

④ 部分气管环状充血、出血，肺脏局部出血或淤血，脾脏、肾脏出血，胸腺出血，心脏扩张，心外膜血管怒张淤血。

【重预防】

严格执行兔场兽医卫生制度，改善养兔环境，控制病原微生物；提供满足家兔营养需要的饲料，科学饲喂，提高兔群非特异性抗病力；使用酸化剂与微生态制剂等维护肠道健康；控制应激，增强兔群抗应激能力；合理使用药物，避免药害；预防其他疾病，尤其是与消化道有关的疾病，如大肠杆菌病、产气荚膜梭菌病、沙门氏菌病、球虫病和其他消化道寄生虫病等。

【早治疗】

［**治疗原则**］ 抗菌消炎、调整肠道菌群平衡和制止发酵。

［**治疗方案**］

方案1：复方新诺明，100g/100kg饲料，混饲，连用5～7d，严重病例，隔1周，再用1周。或4%恩拉霉素预混剂500g/t饲料，或溶菌酶200g/t饲料，混饲，连用5～7d。

方案2：微生态制剂混饲，酸化剂饮水，连用5～7d。微生态制剂禁与抗生素同时使用。

方案3：清瘟败毒散、白头翁散等，任选一种，按0.5% ~ 1%混饲，连用5d。

十七、李氏杆菌病

兔李氏杆菌病又称单核细胞增多症，是由李氏杆菌引起的以败血症、流产、脑膜脑炎和结膜炎为特征的散发性传染病。

【识病原】

李氏杆菌，呈杆状或球杆状，革兰氏染色阳性，无荚膜和芽孢，周围有鞭毛，能运动，需氧及兼性厌氧。

【知规律】

① 传播途径　主要经消化道、呼吸道、眼结膜、损伤的皮肤和交配等途径而传染。啮齿动物是本菌在自然界中的储存宿主，吸血昆虫也可成为传播媒介。

② 易感动物　各种家畜、家禽和野生动物均可自然感染本病。幼兔和妊娠母兔易感性高。

③ 流行特点　多发生于冬季和早春季节。多为散发，有时呈地方性流行，发病率低，死亡率高。

【看症状】

① 急性型　多发生于幼兔，体温升至40℃以上，精神沉郁，食欲减退或拒食，鼻黏膜发炎，流出浆液性或黏液性分泌物，侧卧，口吐白沫，背颈、四肢抽搐，低声嘶叫，经几小时或1 ~ 2d死亡。妊娠母兔感染后，产前5 ~ 7d阴道流出暗紫色的污秽液体，不久流产死亡。

② 亚急性型　母兔阴道中流出暗红色或棕褐色分泌物，分娩前2 ~ 3d流产或胎儿木乃伊化，且可造成母兔长期不孕。脑膜炎型表现为中枢神经系统功能障碍，精神委顿，食欲不振或拒食，消瘦，全身震颤，眼球突出，头颈歪斜，做转圈运动，病兔可维持数日至几周，继而死亡。

③ 慢性型　主要为子宫炎或脑膜炎，与亚急性型相似，但病程较长，有的长达6 ~ 8个月，并长期带菌。

【观病变】

① 急性或亚急性病例，肝脏、心肌、肾脏、脾脏等有散在性或弥漫性、针头大的淡黄色或灰白色坏死点。淋巴结肿大或水肿。胸、腹腔或心包内有多量清澈液体。皮下水肿。肺脏出血性梗死或水肿。

② 慢性病例除上述相同病变外，子宫内积有化脓性渗出物或暗红色的液体。妊娠母兔子宫内有变性胎儿或灰白色凝乳块状物，子宫壁增厚、有坏死病灶。

③ 脑膜和脑组织充血或水肿。

【重预防】

① 严格执行兽医卫生防疫制度，搞好环境卫生，粪尿发酵处理，消灭鼠类及吸血昆虫。防止饲草、饲料、水源污染，防止野兔及其他畜禽进入兔场。引进种兔要隔离观察，健康者方可入场。

② 发现病兔立即隔离治疗，无治疗价值者及时淘汰。死兔及病兔严禁食用，要深埋或烧毁。兔笼、兔舍及用具要进行彻底消毒。

③ 孕妇、儿童严禁接触病兔或污染物，工作人员须加强个人防护。

【早治疗】

［**专家告诫**］发病初期应用较大剂量的广谱抗生素治疗效果较好，但后期不易奏效。

［**治疗原则**］ 抗菌消炎、缓解神经症状。

［**治疗方案**］

方案1：链霉素，20mg/kg体重，分2次肌注，连用3 ~ 5d；青霉素，4万 ~ 5万IU/kg体重，肌注，2次/d，连用2 ~ 3d；硫酸丁胺卡那霉素，10 ~ 20mg/kg体重，肌注，2次/d，连用3d；磺胺嘧啶，0.3g/kg体重，肌注，2次/d，连用3d；恩诺沙星注射液，0.5 ~ 1mL/只，口服，1次/d，连用3d；氨苄青霉素，2万 ~ 4万IU/kg体重，肌注，2次/d，连用3d。有结膜炎的，用2%硼酸溶液洗眼，洗后滴加药液（每毫升含青霉素0.5万 ~ 1万IU）15 ~ 20滴。有神经症状的，苯巴比妥钠0.1 ~ 0.2mL，肌注，连用3d。

方案2：金银花、菊花、柴胡各100g，茵陈、黄芪各60g，水煎服，供50只兔1d使用，2次/d，连用3 ~ 5d。

十八、肺炎双球菌病

兔肺炎双球菌病是由链球菌科的肺炎双球菌所引起兔的一种呼吸道传染病。临床特征为体温升高、咳嗽、流鼻液和突然死亡。

【识病原】

肺炎双球菌，革兰氏染色阳性。菌体呈矛状，即2个菌体细胞平面相对，尖端向外。本菌抵抗力不强，热和消毒药均能很快将其杀死。

【知规律】

① 传播途径　既可由被污染的饲料和饮水等经消化道传染，也可由呼吸道和胎盘而感染。

② 易感动物　不同品种、年龄、性别的兔对本病均有易感性。妊娠母兔和成年兔多发，且常为散发。幼兔可呈地方性流行。

③ 流行特点　有明显的季节性，以春末夏初、秋末冬季多发。本菌为呼吸道常在菌，一旦兔的抵抗力下降，气候突变、长途运输、兔舍卫生条件恶劣、密度过大、拥挤等，均可诱发此病。

【看症状】

① 精神沉郁，体温升高，减食，咳嗽，流黏液性或脓性鼻液。

② 呼吸困难，呈腹式呼吸，鼻孔扩大，肺部听诊有啰音或捻发音，黏膜发绀，逐渐消瘦，最后衰竭死亡。幼兔多突然死亡，呈败血症。

③ 妊娠兔流产或产出弱仔，成活率低，产仔率和受胎率下降。

④ 有的病兔出现中耳炎及滚转等神经症状。

【观病变】

① 鼻腔、气管和支气管黏膜充血、出血，管腔内有粉红色黏液和纤维素性渗出物。

② 肺部有大片的出血斑或水肿、脓肿。

③ 纤维素性胸膜炎和心包炎，胸腔和心包有淡红色积液，心包与肺脏或与胸膜之间发生粘连。

④ 肝脏肿大，呈脂肪变性；脾脏肿大；肾脏肿大质软，被膜容易剥落，表面有针尖大小出血点。

⑤ 子宫和阴道黏膜出血。

⑥ 流产仔兔和弱仔兔多发育不良，肺淤血、水肿。

【防混淆】

兔肺炎双球菌病与波氏杆菌病、肺炎克雷伯氏杆菌病、链球菌病的鉴别诊断，见表6-8。

表6-8 兔肺炎双球菌病与波氏杆菌病、肺炎克雷伯氏杆菌病、链球菌病的鉴别诊断

鉴别要点	肺炎双球菌病	波氏杆菌病	肺炎克雷伯氏杆菌病	链球菌病
病原特性	革兰氏阳性、矛状双球菌	革兰氏阴性、多形性小杆菌	革兰氏阴性、短粗杆菌	革兰氏阳性、球状杆菌
发病对象	妊娠母兔	仔兔、幼兔	断奶前后仔兔、妊娠母兔	幼兔
临床症状	体温升高，咳嗽，流鼻液和突然死亡	鼻炎、咽炎、支气管肺炎和脓疱性肺炎	咳嗽、腹泻	体温升高、呼吸困难、间歇性腹泻和急性败血症
病理变化	肺部脓肿与出血，纤维素性胸膜炎、心包炎，子宫、阴道等生殖器官发生脓肿及脓性渗出物	肺与胸膜有大小不等的脓疱，小者豆大，大者乒乓球大，病灶一般不转移到其他器官	小叶性肺炎，肺表面有小坏死灶。肝脏有坏死灶，淋巴结肿大	皮下组织出血性浆液性浸润，肠黏膜弥漫性出血，肺脏暗红至灰白色，胸膜炎

【重预防】

① 加强饲养管理，坚持卫生防疫制度，搞好清洁卫生，定期消毒，严防带入传染源。

② 发现病兔或可疑病兔，立即隔离治疗，场地、兔舍、兔笼和其他用具彻底消毒。受威胁兔群，可使用药物（如阿莫西林、环丙沙星）进行预防性治疗。

【早治疗】

方案1：常用的抗生素有青霉素、阿米卡星、红霉素、阿莫西林等。用法用量：青霉素，2万～4万IU/kg体重，肌注，2～3次/d，连用3～5d；卡那霉素，10～20mg/kg体重，肌注，2次/d，连用3～5d。阿莫西林，混饲，30mg/kg体重，2次/d，连用3～5d；磺胺二甲嘧啶，混饲，0.05～0.1g/kg体重，连用4d。

方案2：板蓝根注射液3～5mL、头孢噻呋钠2mg/kg体重或泰乐

菌素10mg/kg，混合肌注，1次/d，连用4d。

十九、链球菌病

兔链球菌病是由溶血性链球菌引起的一种急性、热性、败血性传染病。临床以体温升高、呼吸困难、间歇性腹泻和急性败血症为主要特征。

【识病原】

溶血性链球菌，革兰氏阳性球状杆菌，无芽孢，无鞭毛，可形成荚膜，有20个血清群。

【知规律】

① 易感动物　主要侵害幼兔。

② 传播途径　主要经上呼吸道黏膜、眼结膜、生殖道黏膜、皮肤伤口或扁桃体而传染。

③ 流行特点　一年四季均可发生，但以春、秋两季多见。当饲养管理不当、受寒感冒、长途运输等应激因素使机体抵抗力降低时，可诱发本病。

【看症状】

① 多呈急性经过，往往在24h内不见任何症状即死亡。有的兔头天下午和晚上精神、食欲还正常，第二天早上即发现死亡。有的上午采食正常，下午便死亡。

② 病初精神沉郁，体温升高至40℃以上，食欲减退或废绝，后期俯卧地面，四肢麻痹，伸向外侧，以头支地，强行运动呈爬行姿势。

③ 耳根部肿胀，耳下垂，摇头，搔耳，外耳道内有多量黄色呈纸卷状干酪样渗出物。

④ 鼻孔流出白色浆液性或黄色脓性分泌物，鼻孔周围被毛潮湿并粘有分泌物。重者呼吸困难，间歇性腹泻，呈脓毒败血症而死亡。

⑤ 有的颈淋巴结发炎、肿大，之后排出脓液。严重者歪头、倒地、转圈、抽搐甚至死亡。

【观病变】

① 皮下组织出血性浆液浸润，喉头、气管黏膜出血。

② 肝肿大、淤血、出血和坏死，有的肝脏有大量黄色坏死灶，连

成片状或条状，表面粗糙不平。

③ 脾肿大，肝、肾脂肪变性；肺脏有局灶性或弥漫性出血点，各脏器及淋巴结出血；心肌色淡。

④ 肠黏膜弥漫性出血。

【重预防】

改善饲养管理，防止受凉感冒，尽量避免应激因素的发生。发现病兔应立即隔离治疗，兔舍兔笼及场地用3%来苏尔溶液或百毒杀、菌素敌等全面消毒。

【早治疗】

方案1：青霉素（2万～4万IU/kg体重）、红霉素（15mg/kg体重）、磺胺嘧啶钠（0.2～0.3g/kg体重）、氨苄青霉素（10～20mg/kg体重）、先锋霉素（20mg/kg体重）、卡那霉素（10～20mg/kg体重）、阿莫西林（1～2片/次，口服）等任选一种或两种，肌注，2～3次/d，连用3～5d。

方案2：穿心莲注射液3～5mL，头孢噻呋钠2mg/kg体重，混合肌注，1次/d，连用4d。

方案3：若发生脓肿，应切开排脓，用2%洗必泰或0.1%新洁尔灭溶液洗净后填入碘仿，1次/d，连用5d。

二十、肺炎克雷伯氏杆菌病

兔肺炎克雷伯氏杆菌病是由兔肺炎克雷伯氏杆菌引起的一种传染病。青年兔、成年兔以肺炎及其他器官化脓性病灶为主要特征，幼兔以腹泻为特征。

【识病原】

肺炎克雷伯氏杆菌，革兰氏阴性球杆菌，菌体较大，有荚膜，常成双或短链状或单个排列。

【知规律】

① 传播途径　主要经呼吸道、消化道及尿道感染。

② 易感动物　不同年龄、品种、性别的兔均易感，但以断奶前后的仔兔、妊娠母兔发病率最高。

③ 流行特点　多为散发，有时呈地方流行性。该菌常存在于人畜

的消化道、呼吸道以及土壤、水和饲料中，当兔机体免疫力下降、感冒和气候骤变时，常导致本病的发生。

【看症状】

① 青年兔、成年兔　精神沉郁，食欲减少，渐进性消瘦，被毛粗乱，行动迟缓，呼吸时而急促。病初常有咳嗽，咳嗽时有白色脓性分泌物咳出，打喷嚏，呼吸困难，体温升高。病程较长者，食欲不振，繁殖力下降，排褐色糊状或水样粪便，污染肛门周围被毛。孕兔流产。

② 幼年兔　剧烈腹泻，极度衰弱，很快死亡。

【观病变】

① 气管出血，内部充满泡沫样液体。

② 小叶性肺炎，肺表面散在少量粟粒大的深红色病变；严重时肺肝变硬，呈大理石状，质地硬，切面干燥呈紫红色。

③ 肝淤血、肿大，表面有灰白色坏死灶。

④ 脾脏淤血、肿大，边缘钝圆；肾脏呈土黄色。

⑤ 盲肠浆膜出血，充满大量的气体，肠内容物呈褐色糊状或水样；肠系膜淋巴结肿大。

⑥ 十二指肠充满气体，被胆汁染色，空肠、回肠壁薄而透明。

⑦ 胸腹腔积有淡黄色液体。

【重预防】

加强饲养管理和卫生消毒工作，灭鼠，减少应激因素。一旦发现病兔或可疑兔，立即隔离治疗，兔笼和用具进行消毒，对病死兔严格处理。

【早治疗】

环丙沙星、恩诺沙星、阿米卡星、庆大霉素、链霉素等，任选一种或两种，特殊情况下，可用头孢噻肟（20 ~ 25mg/kg体重）、头孢曲松（20 ~ 30mg/kg体重），肌注，2次/d，连用3 ~ 5d。

二十一、铜绿假单胞菌病

兔铜绿假单胞菌病是由铜绿假单胞菌（又称绿脓杆菌）引起的一种细菌性传染病，以出血性肠炎和肺炎为特征。

【识病原】

铜绿假单胞菌，革兰氏阴性杆菌，无芽孢、无荚膜、多形态，单个或成双排列。在普通培养基上生长良好，专性需氧。在血琼脂平板上形成透明溶血环。

【知规律】

① 传播途径　主要经消化道、呼吸道和皮肤、黏膜创伤而感染。

② 易感动物　各种年龄的兔均有易感性。

③ 流行特点　无明显季节性，一般为散发。该菌是条件性致病菌，广泛分布于土壤、水源、空气和牧草等环境中，正常家兔、人和其他动物的皮肤、黏膜及肠道也有本菌存在。若兔场卫生差、阴暗潮湿、拥挤、饲料缺乏、寄生虫侵袭等使兔抵抗力下降时，易发生流行。

【看症状】

① 仔兔发病后突然死亡。

② 成年兔食欲突然减退或废绝，精神不振，呼吸困难，体温升高，眼结膜红肿，咳嗽，从鼻孔中流出浆液性鼻液，病程长则流出脓性鼻液，有的病兔腹泻，排出水样带血的粪便。

③ 慢性病例腹泻或皮肤脓肿，病灶中散发出特殊气味。

④ 有的生前无任何症状，死后剖检才见病理变化。

【观病变】

① 腹部皮肤呈青紫色，皮下有黄绿色或深绿色渗出物，腹腔内有黄绿色积液。

② 胃、十二指肠、空肠黏膜出血，肠腔内充满血样液体。

③ 内脏浆膜有出血点或出血斑。

④ 肝脏有黄绿色脓疱，有的呈大小不一的黄色坏死灶。

⑤ 脾肿大，呈粉红色。

⑥ 肺脏有点状出血，有绿色或黄绿色脓疱，脓疱破溃后流出绿色脓液；肺与胸膜粘连，胸腔有黄绿色积液，气管及支气管黏膜出血。如脓疱较大时，挤压肺脏可致血管破裂出血。

【防混淆】

兔铜绿假单胞菌病与产气荚膜梭菌病、泰泽氏病、轮状病毒病的鉴别诊断，见表6-9。

表6-9　兔铜绿假单胞菌病与产气荚膜梭菌病、泰泽氏病、轮状病毒病的鉴别诊断

鉴别要点	铜绿假单胞菌病	产气荚膜梭菌病	泰泽氏病	轮状病毒病
病原特性	革兰氏阴性杆菌	革兰氏阳性大杆菌	毛样芽孢杆菌，革兰氏阴性菌	轮状病毒
病理变化	胃和小肠内有血样分泌物，脾肿大，肺有点状出血，有绿色或黄绿色脓疱	打开腹腔有特殊臭味，胃底黏膜有黑色溃疡，盲肠黏膜有鲜红色血斑，内部充满气体，胃和小肠内无血样分泌物	胃和小肠内无血样分泌物，脾不肿大，肺无点状出血	小肠明显膨胀，结肠淤血

【重预防】

平时搞好饮水和饲料卫生，防止水源和饲料污染。做好防鼠与灭鼠工作，防止鼠粪污染。发生本病时，对病兔和可疑兔要及时隔离治疗，污染的兔舍、兔笼和用具要彻底消毒。死亡兔和污物一律焚烧或深埋。

【早治疗】

方案1：多黏菌素2万IU/kg体重、磺胺嘧啶0.2g/kg体重，混饲，连用3～5d。

方案2：多黏菌素（2万IU/kg体重）、头孢他啶（20～25mg/kg体重）、庆大霉素（2万IU/kg体重）、卡那霉素（10～20mg/kg体重）、阿米卡星（7mg/kg体重）、恩诺沙星、环丙沙星等任选一种或两种，肌注，2次/d，连用3～4d。

方案3：郁金20g、白头翁20g、黄柏20g、黄芩20g、黄连10g、栀子20g、白芍20g、大黄10g、诃子10g、甘草10g，研末，开水浸泡半小时后拌料，每天2g/kg体重。

二十二、坏死杆菌病

兔坏死杆菌病是由坏死杆菌引起的兔的一种散发性传染病，以皮肤、皮下组织（尤其是面部、头部与颈部)、口腔黏膜的坏死、溃疡和脓肿为特征。

【识病原】

坏死杆菌，革兰氏阴性菌，多形态，呈长丝状、球状或球杆状，无鞭毛，不形成芽孢和荚膜，专性厌氧菌，能产生外毒素。

【知规律】

① 传播途径　主要通过损伤的皮肤、口腔和消化道黏膜而感染。

② 易感动物　不同品种、年龄的兔均可感染，幼兔比成年兔易感性高。

③ 流行特点　散发。环境潮湿、闷热、拥挤、吸血昆虫叮咬、营养不良等，均可诱发本病。

【看症状】

① 拒食，流涎，体重迅速减轻。

② 唇部、口腔黏膜和齿龈、脚底部、四肢关节及颌下、颈部、面部以至胸前等处的皮肤和皮下组织发生坏死性炎症，形成脓肿、溃疡，病灶破溃后散发恶臭气味，体温升高，消瘦，数周至数月，最后消瘦衰竭而死。

【观病变】

① 口腔黏膜、齿龈、舌面、颈部和胸前皮肤、肌肉坏死，有灰褐色或灰白色假膜和溃疡、化脓，坏死组织具有特殊臭味。

② 淋巴结尤其是颌下淋巴结肿大，并有干酪样坏死灶。

③ 四肢有深层溃疡病变，坏死组织有特殊臭味。

④ 肝脏、脾脏、肺脏等处有坏死灶和胸膜炎、心包炎。

【重预防】

加强饲养管理，兔舍要光线充足、干燥和空气流通，保持清洁卫生。除去兔笼内的尖锐物，防止损伤兔的皮肤。如皮肤已损伤，应及时治疗，防止感染。引进种兔要严格检疫，隔离观察。兔群一旦发病，要及时隔离治疗，清扫兔舍，彻底消毒，防止扩大传染。

【早治疗】

［**治疗原则**］ 清疮、抗菌消炎。

［**治疗方案**］

方案1：局部治疗，首先彻底清除坏死组织，口腔用0.1%高锰酸钾溶液冲洗，然后涂擦碘甘油，2次/d。其他部位可用3%过氧化氢溶液或3%来苏尔溶液冲洗，然后涂5%鱼石脂酒精或鱼石脂软膏。出现溃疡时，在清理创面后，涂擦土霉素软膏、金霉素软膏或磺胺嘧啶软膏，1次/d，连用3～5d。

方案2：全身治疗，磺胺二甲嘧啶，0.15～0.2g/kg体重，肌注，2次/d，连用3d；青霉素，4万IU/kg体重，腹腔注射，2次/d，连用4d；土霉素，30～40mg/kg体重，肌注，2次/d，连用3d；氟苯尼考，20～40mg/kg体重，肌注，2次/d，连用3d。

方案3：龙骨30g、枯矾30g、乳香20g、乌贼骨15g，研末，以适量撒于患部，1～2次/d，连用3～5d。

二十三、附红细胞体病

兔附红细胞体病是由附红细胞体引起的一种人畜共患传染病，临床以发热、贫血、黄疸、消瘦和脾脏、胆囊肿大为特征。

【识病原】

附红细胞体，多形态，多数为环形、球形和卵圆形，少数为顿号形和杆状，革兰氏染色阴性。主要附着在红细胞表面和血浆中。

【知规律】

① 传播途径　可经直接接触传播，如注射、打耳号、剪毛和人工授精等经血源传播，或经子宫感染垂直传播。吸血昆虫如扁虱、刺蝇、蚊、蜱等以及小型啮齿动物是本病的传播媒介。

② 易感动物　不同年龄、品种的兔均有易感性，家兔感染后多呈隐性经过。

③ 流行特点　一年四季均可发生，多发生于温暖的季节，尤其是吸血性昆虫大量繁殖滋生的夏秋两季。

【看症状】

① 精神不振，食欲减退，体温升高，结膜淡黄，贫血，消瘦，全身无力，不愿活动，喜卧。

② 呼吸加快，心力衰弱，尿黄，粪便时干时稀。

③ 神经症状，如四肢无力，运动失调，盲目运动，遇到障碍头顶不动。

【观病变】

① 血液稀薄，黏膜苍白，腹腔和心包腔积液。

② 肺脏水肿，并散布数量不等、大小不一的出血点。

③ 肝脏肿大、质脆、出血、黄染，表面散布黄色坏死条纹或灰白色坏死灶，胆囊充满黏稠胆汁。

④ 胃内充满食物，黏膜充血、出血，易脱落；肠黏膜也有类似病变，肠系膜淋巴结水肿。

⑤ 脾脏淤血、肿大；肾脏色淡、肿大，髓质散布数量不等的出血点。

⑥ 脑部充血、水肿；有的可见黄疸、肝脂肪变性。

【重预防】

加强饲养管理，搞好兔舍、用具、兔笼和环境的卫生，定期全面消毒，清除污水、污物和杂草，消灭吸血昆虫。消除各种应激因素，夏、秋季节可对兔体喷洒药物防止昆虫叮咬，并口服抗生素，进行药物预防。引种要严格检疫，防止带入传染源。

【早治疗】

方案1：贝尼尔（血虫净），5 ~ 10mg/kg体重，用生理盐水稀释成10%溶液，静注，1次/d，连用3d。

方案2：强力霉素，15mg/kg体重混饲，连用3 ~ 5d；或磺胺间甲氧嘧啶钠，15 ~ 20mg/kg体重，混饲，连用5 ~ 7d。

方案3：贝尼尔，5mg/kg体重，肌注，隔日1次；同时用强力霉素，15mg/kg体重，混饲，连用3d，或10mg/kg体重，肌注，连用3d。

方案4：磺胺间甲氧嘧啶钠,0.1 ~ 0.2mL/kg体重，肌内或皮下注射，1次/d，连用2 ~ 3d；土霉素40mg/kg体重或金霉素15mg/kg体重，口服或肌注，2次/d，连用3 ~ 5d。或磺胺间甲氧嘧啶钠，15 ~ 20mg/kg体重，混饲，连用5 ~ 7d。

方案5：严重病例，配合强心、补液、抗贫血、安定解热，补充维生素C、B族维生素等。

二十四、泰泽氏病

兔泰泽氏病是由在细胞质内生长的毛发状芽孢杆菌引起的一种急

性、高度致死性传染病。临床以严重腹泻，排水样或黏液样粪便，脱水并迅速死亡为特征。

【识病原】

毛发状芽孢杆菌，细长、多形性和非抗酸染色的革兰氏阴性杆菌。能产生芽孢，细胞内寄生。

【知规律】

① 传播途径　主要经消化道感染。

② 易感动物　主要侵害3～12周龄的兔，断奶前仔兔和成年兔也能发病。

③ 流行特点　一年四季均可发生，秋末至春初多发。病初呈隐性感染。当拥挤、过热、运输和饲养管理不良等使机体抵抗力下降时，可诱发本病。

【看症状】

精神沉郁，食欲废绝，发病急，严重腹泻，粪便呈褐色糊状或水样，脱水，并有腹胀，体温一般正常，常在出现症状后12～48h死亡。耐过病例表现食欲不振，生长停滞，成为僵兔。

【观病变】

① 盲肠和结肠浆膜、黏膜弥漫性充血、出血，肠壁水肿。

② 盲肠充满气体和褐色糊状或水样内容物，蚓突部有暗红色坏死灶，回肠也有类似变化。

③ 肝脏肿大，有灰白色条纹状坏死灶。

④ 脾脏萎缩，肠系膜淋巴结水肿。

⑤ 肝实质中散布数量不等、灰白色至灰红色的坏死灶。

⑥ 心肌有灰白色条纹、斑点或片状坏死灶。

【重预防】

改善饲养管理，加强卫生措施，定期消毒，消除各种应激因素。注意灭鼠，严禁其他动物进入兔场。发病兔群要及时隔离治疗，无治疗效果者严格淘汰。兔舍全面消毒，排泄物发酵处理或烧毁，以控制病原菌扩散。

【早治疗】

方案1：青霉素2万～4万IU/kg体重、链霉素20mg/kg体重，混合肌注，2次/d，连用3～5d。

方案2：丁胺卡那霉素，2万～3万IU/kg体重，肌注，2次/d，连用3～5d。

方案3：红霉素，15mg/kg体重，分2次口服，连用3～5d。

方案4：乳糖酸红霉素5～10mg/kg体重、5%葡萄糖生理盐水20～50mL，混合一次静脉注射，2次/d，连用3～5d。

二十五、密螺旋体病

兔密螺旋体病是由密螺旋体引起的一种慢性生殖器官传染病，以生殖器、面部和肛门部的皮肤和黏膜发生炎症，出现水肿、结节和溃疡，患部淋巴结发炎为特征。

【识病原】

兔密螺旋体，呈纤细的螺旋状构造，革兰氏染色阴性。暗视野显微镜下可见该菌旋转运动。

【知规律】

① 传播途径　主要通过交配经生殖道传染，少数可由受损的皮肤感染，也可由污染的垫料、笼架和饲料传播。

② 易感动物　只发生于家兔和野兔，多发生于成年兔，青年兔、幼兔少见，育龄母兔比公兔发病多。放养和群养兔发病率较笼养兔高。

【看症状】

① 精神、食欲、体温均正常。

② 公兔龟头、包皮、阴囊部皮肤或母兔的阴门外黏膜、肛门周围皮肤和黏膜等处，初潮红、水肿，形成粟粒大的小结节，流出黏液性或脓性分泌物；以后水肿部和结节的表面渐渐因渗出物而变得湿润，形成红紫色、棕色瘤状痂皮。

③ 剥离结痂后可露出溃疡面，湿润凹下、边缘不整齐，易出血。

④ 由于损伤部位疼痛和痒感，病兔经常用爪抓痒，并把病菌带到鼻、眼睑、唇、爪等部位，使这些部位的被毛脱落，皮肤红肿，形成结痂。

⑤ 公兔阴囊水肿，皮肤呈糠麸状，性欲减退，失去配种能力；母兔受胎率明显下降，所产仔兔成活率降低。

【防混淆】

兔密螺旋体病与疥螨病、兔痘、葡萄球菌病的鉴别诊断，见表6-10。

表6–10　兔密螺旋体病与疥螨病、兔痘、葡萄球菌病的鉴别诊断

鉴别要点	密螺旋体病	疥螨病	兔痘	葡萄球菌病
病原	密螺旋体	疥螨	痘病毒	葡萄球菌
临床症状	生殖器、面部和肛门部的皮肤和黏膜发生炎症，出现水肿、结节和溃疡，内脏无肉眼可见病变	皮肤剧痒，皮屑多，中耳炎；皮肤损伤多发生于无毛或少毛的部位，外生殖器一般无明显病理变化	除阴囊水肿外，主要以皮肤红斑、丘疹，颜面部水肿为特征	阴道流黏液或脓液，阴道黏膜有溃疡和脓疱，脾脏变黄、质脆，膀胱内有大量块状脓液

【重预防】

① 无病兔群要严防引进病兔。引进新兔应隔离观察1个月，并定期检查外生殖器官，无病者方可入群饲养。配种时要详细进行临床检查或血清学检测，健康者方能配种。

② 对病兔和可疑病兔停止配种，隔离饲养，进行治疗。病重者应淘汰。彻底清除污物，用1%～2%氢氧化钠或2%～3%来苏尔溶液消毒兔笼、用具和环境等。严防发生外伤、咬伤等，一旦发生外伤，应及时进行外科处理，以免通过外伤发生感染。

【早治疗】

方案1：新胂凡纳明（914），40～60mg/kg体重，用生理盐水配成5%注射液，静注，必要时隔1～2周再重复注射1次；配合青霉素，4万～5万IU/kg体重，肌注，2～3次/d，连用3～5d。

方案2：头孢噻肟（特殊情况下使用），25～40mg/kg体重，肌注，2～3次/d，连用3～5d。

方案3：局部用2%硼酸溶液、0.1%高锰酸钾溶液或人用洁尔阴洗液冲洗后，涂擦3%碘甘油或土霉素软膏。治疗期间停止配种。

二十六、球虫病

兔球虫病是由艾美耳属的多种兔球虫寄生于肠上皮细胞和肝脏、胆管上皮细胞内而引起的一种原虫病，是危害最严重的寄生虫病之一。

临床以肠臌气、痉挛、消瘦虚脱、贫血和生长受阻为特征。

【识病原】

寄生于兔的艾美耳球虫有16种。常见的有10种，分别是黄艾美耳球虫、穿孔艾美耳球虫、大型艾美耳球虫、中型艾美耳球虫、无残艾美耳球虫、梨形艾美耳球虫、盲肠艾美耳球虫、肠艾美耳球虫、小型艾美耳球虫及兔艾美耳球虫。其中穿孔艾美耳球虫最为常见，其次为中型艾美耳球虫、大型艾美耳球虫、无残艾美耳球虫、肠艾美耳球虫，且多为混合感染。除斯氏艾美耳球虫寄生于胆管上皮之外，其余各种均寄生于肠黏膜上皮。致病性较强的是肠艾美耳球虫和黄艾美耳球虫及斯氏艾美耳球虫。

【知规律】

① 传播途径　主要是采食、饮水、哺乳经消化道感染。

② 易感动物　不同年龄、性别、品种的兔均能感染，但以1～3月龄的幼兔感染率、发病率和死亡率最高，死亡率可达70%，以后随兔年龄增长呈下降趋势。

③ 流行特点　多发生于温暖多雨季节，兔舍内温度保持在10℃以上时可随时发病。耐过的家兔生长发育受到严重阻碍，且长期带虫成为传染源。

【看症状】

由于球虫的种类和寄生部位不同，可将球虫病分为肠型球虫病、肝型球虫病和混合型球虫病。

① 肠型　多见于20～60日龄的幼兔。多为急性死亡，突然倒地、角弓反张、尖叫而死亡。随着病情的发展，精神沉郁，食欲不振或拒食，消瘦，喜卧地，眼鼻分泌物增多，腹部膨胀，下痢，肛门周围被粪便污染，频频有排粪动作。

② 肝型　多呈慢性经过。前期症状不明显，后期可视黏膜黄染。肝区触诊有痛感，结膜苍白，出现神经症状，如转圈、翻滚、肌肉痉挛，尖叫，前肢抽搐，后肢强直，头后仰，很快衰竭而亡。

③ 混合型　兼具上述两种类型的临床表现。临床上多为此型。

【观病变】

① 肠型　肠壁及肠系膜血管充血，十二指肠扩张、肥厚，肠黏膜

卡他性炎症。小肠内充满大量气体和黏液，黏膜充血并伴有出血点。慢性病例肠黏膜呈淡灰色，尤其是盲肠蚓突部有许多小而硬的白色结节，内含卵囊，有时可见到化脓性坏死病灶。

② 肝型　肝脏肿大，表面和实质内有许多白色或淡黄色结节，呈圆形，如粟粒至豌豆大，沿胆小管分布。慢性病例肝脏结缔组织增生，使肝细胞萎缩，肝体积缩小；胆囊黏膜有卡他性炎症。

③ 混合型　可见上述两种病变，且较为严重。

【重预防】

① 加强饲养管理，搞好饮食卫生和环境卫生。定期对笼具消毒，粪便堆积发酵处理，严防饲草、饲料及饮水被兔粪污染，成兔与幼兔分开饲养，病死兔应深埋或烧毁。

② 药物预防，在球虫病多发季节和兔易发年龄段，在饲料中添加抗球虫药物，如氯苯胍（120～150mg/kg体重）、莫能霉素（50mg/kg体重）、盐霉素（50mg/kg体重）、球痢灵（125～250mg/kg饲料）和癸氧喹酯（30mg/kg体重）等。

【早治疗】

［**专家告诫**］球虫极易产生耐药性，使用抗球虫药应轮换用药或穿梭用药；药物剂量要足，拌料要均匀。

［**治疗方案**］

方案1：地克珠利，1mg/kg体重或1～2mg/kg饲料，混饲，连用7d。或球痢灵、磺胺喹噁啉（0.03%）、磺胺氯吡嗪（30mg/kg体重）、百球清（0.0025%）、磺胺二甲嘧啶（2g/L）等混饲或混饮，连用5～7d。

方案2：氨丙啉（欧盟禁用）25mg/kg体重，阿莫西林25mg/kg体重，混饮，连用5～7d。

方案3：常山150g、柴胡80g、苦参150g、青蒿150g、地榆80g、白茅根100g、仙鹤草50g、白芍50g、甘草80g、板蓝根80g，混合粉碎，按0.3%比例混饲，连用5～7d；妥曲珠利，10mg/kg体重，混饲，连用5～7d。

二十七、螨病

兔螨病又称疥癣病，是由痒螨和疥螨引起的一种体外寄生虫性皮肤病。主要特征为患部皮肤剧痒、脱毛、发炎、结痂。人感染疥螨后，皮肤发生丘疹、剧痒，夜间加重。

【识病原】

① 痒螨　寄生于兔外耳道（耳壳）。呈黄白色或灰白色。长0.5～0.8mm，眼观如针尖大，虫体全形呈椭圆形。以吸吮皮肤渗出液为食。

② 疥螨　寄生于兔体表。呈黄白色或灰白色，长0.2～0.5mm，眼观不易认出，虫体呈圆形。在宿主表皮挖掘隧道，以皮肤组织、细胞和淋巴液为食，并在隧道内发育和繁殖。

【知规律】

① 易感动物　不同年龄的兔均可发病，但幼兔比成年兔患病严重。营养不良和体弱的兔较营养好的兔发病严重。

② 流行特点　多发生于秋、冬季及初春季节。

③ 传播途径　既能直接接触传染，也可通过兔舍、兔笼、地面、墙壁、食具、产箱、饲养人员工作服、手套等间接接触传染。

【看症状】

① 痒螨病　主要侵害外耳道，引起外耳道炎，渗出物干燥结成黄色痂皮，塞满耳道如纸卷样。耳朵下垂，不断摇头和用爪搔耳朵。如扩散到中耳和内耳或到达脑膜，可引起神经症状，如歪头、转圈，最后抽搐而死。

② 疥螨病　一般由嘴、鼻周围和脚爪部发病，奇痒。病兔不停用嘴啃咬脚部或用脚搔抓嘴、鼻等处，严重发痒时前后脚抓地。病变部出现灰白色结痂，变硬，采食困难、食欲减退，脚爪上产生灰白色痂块。病变向鼻梁、眼圈、前脚底面和后脚跖部蔓延，出现皮屑和血痂。嘴唇肿胀，影响采食，迅速消瘦，直至死亡。

【防混淆】

兔螨病与皮肤真菌病、湿性皮肤炎、营养性脱毛、中耳炎的鉴别诊断，见表6-11。

表6-11　兔螨病与皮肤真菌病、湿性皮肤炎、营养性脱毛、中耳炎的鉴别诊断

鉴别要点	螨病	皮肤真菌病	湿性皮肤炎	营养性脱毛	中耳炎
发病部位	耳内外侧、鼻尖、四肢末端、爪部、下腹及阴部或全身	脸部，耳外侧，大腿外侧或背部，腹部被毛处；多从头部开始蔓延至全身，也可由身上某一部位发病	颌部、颈部或前肢	大腿和肩胛两侧	耳道
临床表现	病初毛根发红、搔痒、起絮状白皮；患兔不时搔抓，皮肤脱毛形成较硬痂皮，有石灰样的白色沉着物	病灶呈不规则块状或圆形脱毛或断落性脱毛；患部周边被毛轻轻拉扯即易脱落，痂皮较薄，呈糠麸样	皮肤发红，有腐烂、溃疡、坏死等	断毛整齐，根部有毛茬，长度在1cm以下	耳道内发炎，初期耳道内有少量痂皮，继而痂皮增多，塞满耳道；严重病例病灶处化脓、甚至穿孔，继发脑膜炎而死

【重预防】

加强饲养管理，兔舍要经常清扫，定期消毒，保持干燥和良好的通风。经常检查兔群，发现病兔立即隔离。病兔用过的笼与食盆要进行彻底清洗消毒。引入兔时应进行彻底检查，并隔离观察15d，确认无螨病时再合群饲养。

【早治疗】

［**专家告诫**］在使用伊维菌素皮下注射的同时，配合使用双甲脒、除癞灵等溶液喷洒患部效果会更好。

［**治疗方案**］

方案1：局部处理，治疗时先对患部剪毛，除去患部痂皮，然后用50 ~ 60℃温肥皂水或0.1%高锰酸钾溶液清洗患部，待清洗药液风干后再用药治疗。

方案2：伊维菌素（1%）或阿维菌素（1%），0.2mg/kg体重，皮下注射，间隔7d后再注射1次，连用2 ~ 3次。

方案3：先用伊维菌素浇泼剂溶液直接喷浇涂抹，1次/d，2d后再按0.2mg/kg体重皮下注射伊维菌素，间隔7d后再注射1次。

方案4：双甲脒溶液（12.5%），按1 ∶ 250的比例加水稀释成0.05%水溶液，涂擦患部。对耳螨可用棉球蘸取0.05%的药液涂擦患部后，将棉球放入外耳道。

方案5：除癞灵（精制马拉硫磷溶液）或螨净除癞一喷灵（二嗪农），用镊子将患兔耳道内痂皮清除，用棉签蘸取除癞灵药液涂擦耳部并喷洒全身，2次/d，连用3d，间隔1周后再用3d。或1.0% ~ 2.0%敌百虫溶液喷洒患部，1次/d，直至痊愈。

二十八、豆状囊尾蚴病

兔豆状囊尾蚴病是由带绦虫科、带绦虫属的豆状带绦虫的中绦期幼虫——豆状囊尾蚴寄生于家兔及野兔的肝脏被膜、胃大网膜和肠系膜等部位所引起的寄生虫病。

【识病原】

豆状囊尾蚴，成虫（绦虫）寄生于犬科动物的小肠内，幼虫称豆状囊尾蚴，呈球形、透明，囊泡大小10 ~ 18mm，泡内充满无色囊液和一个白色头节，并具有成虫头节的特征。

【知规律】

① 易感动物　不同日龄的兔均可感染，但主要发生于幼兔和成年兔，哺乳仔兔很少发生。

② 宿主　中间宿主是家兔，终末宿主是犬、红狐、狼和金豺等。

【看症状】

① 少量感染时一般无明显临床症状。

② 大量感染时可导致肝炎和消化障碍，腹围增大，精神不振，嗜睡，食欲减退，逐渐消瘦；后期病兔耳朵、眼结膜苍白，最后因衰竭而死亡。急性发病时可突然死亡。

【观病变】

① 肝脏肿大，表面有灰白色坏死条痕或坏死灶，肝实质有幼虫移行损伤的痕迹，表面呈“嵌花”状，即在肝脏表面和切面有黑红色或黄白色条纹状病灶，后期实变、萎缩、硬化。

② 肠壁、肠系膜、胃网膜等处有数量不等的豆状囊尾蚴，状似葡萄串，肠壁出血。

③ 皮下水肿，腹腔有大量黄色腹水。

【重预防】

加强犬、猫的管理，防止饲料、饮水被猫、犬粪便污染。死亡兔应将内脏深埋或焚烧处理。

【早治疗】

吡喹酮（35 ~ 50mg/kg体重）、甲苯咪唑（35 ~ 50mg/kg体重）或丙硫苯咪唑（35 ~ 40mg/kg体重）、芬苯达唑（20 ~ 30mg/kg体重），口服，1次/d，连用3d，间隔1周再用药3次。

二十九、脑炎原虫病

兔脑炎原虫病是由兔脑炎原虫引起的一种慢性、亚临床性人畜共患寄生虫病。临床以中枢神经组织形成肉芽肿、非化脓性脑炎以及间质性肾炎为主要特征。

【识病原】

兔脑炎原虫，细胞内寄生。

【知规律】

① 传播途径　可经消化道、胎盘传播感染。

② 易感动物　在家畜中，对兔和犬的危害最大，且可相互传播。不同年龄的兔均可发病，但以断奶至3月龄的幼兔高发。

③ 流行特点　一年四季均可发生，以阴冷、湿热季节多发。

【看症状】

① 成年兔一般为隐性感染，不表现临床症状。

② 幼兔初期精神沉郁，食欲减退，消瘦；中期少尿，腹胀，腹围增大；后期出现神经症状，颤抖、斜颈、共济失调。

③ 少尿，排尿疼痛，排尿后症状减轻，濒死期腹围进一步增大，少尿或不排尿，抽搐，昏迷直至死亡。

【观病变】

① 肾脏表面有许多散在的、灰白色点状坏死灶，切面有直径2 ～ 3mm、锯齿形的灰色坏死灶。

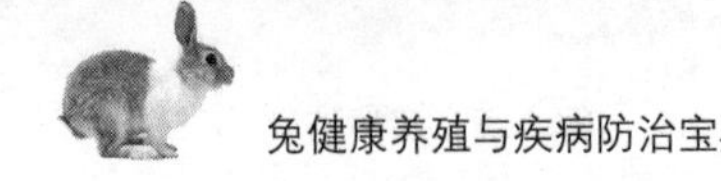

② 脑膜血管轻度扩张充血，脑实质无明显异常。脑组织有肉芽肿病变，但需病理学检查才可见。

【防混淆】

兔脑炎原虫病与耳螨病、巴氏杆菌病性中耳炎的鉴别诊断，见表6-12。

表6-12 兔脑炎原虫病与耳螨病、巴氏杆菌病性中耳炎的鉴别诊断

鉴别要点	脑炎原虫病	耳螨病	巴氏杆菌病性中耳炎
病原特性	脑炎原虫，属于微孢子虫	痒螨	多杀性巴氏杆菌
耳道检查	干净，无任何皮屑和脓性分泌物	耳道发炎，分泌物干涸成痂，较厚，嵌在耳道内如纸卷状，有明显的痒觉	有较多的脓性分泌物，甚至耳内蓄脓
眼	眼角膜混浊，眼房中有云雾样色彩，瞬膜突出，充血，呈鲜红色，内眼角常见增生的肉芽组织	无明显变化	眼结膜炎，羞明流泪，眼睑肿胀，结膜潮红，有脓性分泌物流出，严重时分泌物与眼周围被毛黏结成痂，粘住眼睛，失明
病理变化	肾脏有灰白色坏死灶、非化脓性脑炎	内部脏器无明显变化	中耳炎、内耳炎、化脓性支气管肺炎、脏器有化脓灶

【重预防】

改善饲养环境，增强兔的抵抗力，供给全价饲料，注意补充维生素。

【早治疗】

方案1：阿苯达唑，30mg/kg体重（首次给药量为50mg/kg体重），2次/d，连用10d为1个疗程，停药1周，再治疗2个疗程。

方案2：芬苯达唑，25mg/kg体重，1次/d，连用5d，停药1周后再用3d。

三十、线虫病

兔线虫病种类较多，寄生于消化道的有类圆线虫病、毛圆线虫病、胃线虫病、栓尾线虫病、鞭虫病；寄生于肝脏的有毛细线虫病；寄生

于肺脏的有原圆线虫病；寄生于眼的有吸吮线虫病等。兔常见线虫病的诊断和防治要点，见表6-13。

表6–13　兔常见线虫病的诊断和防治要点

疾病名称	临床症状	病理变化	治疗
肝毛细线虫病	少量感染时无明显症状；严重感染时消化紊乱，消瘦，黄疸等	肝脏有黄豆大小、白色或淡黄色结节，质硬；有时见成虫移行孔道，并可找到虫体	丙硫苯咪唑20～25mg/kg体重，甲苯咪唑30mg/kg体重，左旋咪唑15～20mg/kg体重，1次口服；伊维菌素或阿维菌素0.2～0.4mg/kg体重，皮下注射
栓尾线虫病（蛲虫病）	少量感染时无症状；严重感染时贫血，被毛粗乱，腹泻，渐进性消瘦，重者衰竭死亡	盲肠和结肠黏膜发生溃疡和炎症	左旋咪唑15～20mg/kg体重，丙硫苯咪唑10～20mg/kg体重，1次口服；伊维菌素0.2～0.4mg/kg体重，皮下注射
吸吮线虫病	结膜炎、角膜炎，眼分泌物异常增多，眼结膜充血、出血、瘙痒、流泪；严重时糜烂和溃疡，形成疤痕，角膜混浊，视力减退或失明，采食困难，消瘦，虚弱	无	伊维菌素0.2～0.4mg/kg体重，皮下注射；同时眼部用2%～3%硼酸溶液冲洗，2次/d，直至痊愈；2%可卡因滴眼，可使虫体受刺激爬出
鞭虫病	贫血、消瘦、腹泻，有时排出带血或黏液性粪便	盲肠卡他性炎症，有时见出血、坏死、水肿和溃疡；有的形成虫体和虫卵的结节	左旋咪唑15～20mg/kg体重，丙硫苯咪唑20～25mg/kg体重，1次口服；伊维菌素0.2～0.4mg/kg体重，皮下注射

三十一、虱病

兔虱病是由兔虱寄生于兔体表所引起的一种慢性寄生虫病。

【识病原】

兔虱。成虱长1.2～1.5mm，靠吸兔血维持生命，1只成虱每日可吸血0.2～0.6mL。

【知规律】

主要通过接触传染，病兔和健康兔直接接触或通过接触被污染的兔笼、用具而感染。

【看症状】

兔虱在叮咬兔体时分泌出有毒唾液，刺激兔皮肤引起发痒。病兔用嘴咬或用爪抓痒而使皮肤损伤，导致出血、渗血而形成干涸硬痂，出现脱毛、脱皮、皮肤增厚和皮炎等症状，呈现不安和食欲减退、贫血。

【重预防】

加强卫生管理，兔舍要经常保持干净，兔舍、兔笼要经常清扫消毒，保持兔舍通风干燥，对兔群要定期检查，发现病兔应及时隔离治疗。

【早治疗】

伊维菌素，0.2 ~ 0.4mg/kg体重，皮下注射；0.5% ~ 1.0%敌百虫溶液涂擦，20%杀灭菊酯5000倍稀释后涂擦，最好隔7 ~ 10d重复用药1次，以杀灭由虫卵新孵出的若虫。或百部1份、水7份，煮沸20min，冷却至30℃时用棉花蘸取在兔体上涂擦。

三十二、消化系统疾病

1. 口炎

又称口疮，是口腔黏膜表层或深层的炎症，以流涎及口腔黏膜潮红、肿胀、水疱、溃疡为特征。

【识病因】

① 机械性刺激　如硬质和棘刺饲料、尖锐牙齿、异物（玻璃、钉子、铁丝等）等直接损伤口腔黏膜，继而引起炎症。

② 化学性因素　如采食有毒植物、霉变饲料或过热饲料、误食生石灰等，均可引起口炎。

③ 继发性因素　水疱性口炎及舌伤、咽炎等邻近器官的炎症波及所致。

【看症状】

大量流涎，口温增高，舌体肿胀，严重时唇内、舌下有水疱和大小不一的烂斑，有食欲但不吃食或食欲减退，下颌及前胸的被毛常被沾湿。

【重预防】

饮水要清洁，不喂粗硬带刺和发霉腐败或过热的草料，及时除去

口腔异物，修整锐齿，以防止口腔黏膜机械损伤。平时避免化学有害物质对口腔的刺激。

【早治疗】

［**治疗原则**］ 消除病因，加强护理，净化口腔，收敛病灶和消炎。

［**治疗方案**］

除去致病诱因，给以柔软饲料和清洁饮水。用1%食盐水、2% ~ 3%硼酸溶液、0.1%高锰酸钾溶液等消毒冲洗口腔，2 ~ 3次/d，连用3 ~ 5d；发现异物要及时清理，并涂抹碘酊、龙胆紫、碘甘油或撒上冰硼散、青黛散等。同时，八味地黄丸15g，每次喂料后30min灌服，2 ~ 3次/d，连用3 ~ 5d。

2. 消化不良

【识病因】

① 原发性　主要与饲养管理及其他因素有关。如突然变换草料，随意改变饲喂习惯，使兔过饱或过饥，欠渴或暴饮等；饲喂粗硬、腐败变质或冷冻且不易消化的草料；服用刺激性药物或化学物质等。

② 继发性　如消化器官疾病、营养代谢病、某些传染病和寄生虫病以及感冒、热性病等全身性疾病也可继发消化不良。

【看症状】

① 急性消化不良　精神沉郁，食欲减退或废绝，多烦渴而贪饮；粪便稀软或排出水样粪便，粪便中夹有未消化的草料，并发出难闻的臭味；尿量少且色黄。体温一般正常或稍高。

② 慢性消化不良　精神沉郁，食欲时好时坏，有舌苔，口臭，异嗜；粪便时干时稀。逐渐消瘦，被毛失去光泽，可视黏膜苍白或略显黄色。

【重预防】

加强饲养管理，建立科学合理的饲养管理制度。保证饲料品质，严禁饲喂发霉、变质、冷冻或有毒的草料。饲喂要定时定量、少喂勤添和先草后料，防止兔饥饱不均。定期驱除体内外寄生虫，积极防治与本病相关的其他疾病。

【早治疗】

［**治疗原则**］ 排除病因，清理胃肠道，制止腐败发酵。

［**治疗方案**］

方案1：人工盐或硫酸钠3 ~ 5g，加入少量水1次灌服，或植物油、液体石蜡10 ~ 20mL，口服；若伴有腹胀，克辽林1 ~ 2mL或鱼石脂1g、干酵母片2 ~ 3片，口服；伴有胃肠炎时，环丙沙星10 ~ 15mg/kg体重，或黄连素片1片（0.1g），与健胃剂混合后灌服。

方案2：胃蛋白酶、食母生、碳酸氢钠、维生素B_1各10g，研末，混匀内服，2g/次，2 ~ 3次/d。

3. 胃积食（胃扩张）

又称肚胀病或胃扩张，多发生于2～6月龄的幼兔和青年家兔，以消化功能障碍，大量食物滞留于胃，发酵产气，不拉稀、粪便干硬为特征，治疗不及时易引起家兔死亡。

【识病因】

① 饲喂方法不当　饲喂过多豆科牧草或不易消化、含有露水、冰冻和泥沙的饲料，突然更换饲料或粗饲料喂量过多，饮水不足等。

② 饲料保管不善　精料加工水分过多，收割晒制的花生藤、甘薯藤、玉米秸等未及时晒干或颗粒料保存时间过长等导致饲料发霉变质，从而诱发本病。

③ 环境条件不良　兔舍潮湿、寒冷、光照不足，饲槽清理不及时和舍内环境卫生差等，导致家兔抵抗力下降，引发本病。

④ 疾病诱发　如肠阻塞、大肠臌气、球虫病以及各种应激等均可诱发本病。

【看症状】

一般采食后2～4h发病。初期精神不振，食欲减退，起卧不安，流涎磨牙；腹部胀大，触诊胃部明显胀大，充满气体，叩诊呈鼓音；便秘或排出带酸臭味软粪。后期食欲废绝，呼吸困难，心跳加快。若不及时治疗常出现胃肠破裂，窒息死亡。

【重预防】

① 饲料加工要严格控制水分，饲料贮存要注意通风、避光、防潮，防止饲料发霉。

② 严禁饲喂冰冻、带露水、含泥沙、易发酵的饲料，控制玉米、麦麸及豆饼等用量。

③ 饲喂要少量多次、定时定量，饮水要充足，切忌饥饱不均，暴饮暴食。

④ 饲料更换要逐渐进行，防止各种应激反应。及时清除饲槽中残料，控制舍内温度和湿度，创造良好的环境条件。

【早治疗】

［**治疗原则**］ 健胃消食，润肠通便，防腐止酵，排空胃肠积物，恢复胃肠机能。

［**治疗方案**］

方案1：十滴水2mL、温开水10mL，混匀，1次灌服，2次/d，连用3d。便秘兔灌服植物油或蜂蜜15 ~ 20mL，分2次喂服，以软化胃内容物和通便。

方案2：磺胺脒1片、酵母片6片，研末，加水适量调成糊状，1次灌服，再用液体石蜡10 ~ 15mL，1次灌服，2次/d。

方案3：黄连素片、土霉素片各1片喂服，同时加喂少量苏打片，疗效更好。

方案4：姜酊2mL、大黄酊1mL，加适量水混匀，1次喂服，2次/d，连用3 ~ 5d。

方案5：新斯的明0.1 ~ 0.25mg（或0.5 ~ 1mL/kg体重内服）、10%安钠咖0.5 ~ 1mL，分别肌注，2次/d，连用2 ~ 3d。

方案6：厚朴、苏梗各10g，山楂12g，茯苓8g，水煎取汁，灌服，15mL/（只·次），3次/d，连用2 ~ 3d。

4.臌胀病

又称胃肠臌气，由于兔胃被大量饲料积滞、胃壁扩张造成的消化障碍性疾病。多见于断奶后至3个月的幼兔。

【识病因】

过量采食易发酵、易膨胀的饲料（如麸皮、豆渣），腐败变质、霉烂、冰冻或带泥土的饲料，带水的饲草等；饲料突然变换，气候反常，冬季饮用冷水，兔舍寒冷、潮湿、阳光不足均可诱发本病。继发性臌胀见于结肠阻塞、便秘等。

【看症状】

精神沉郁，食欲废绝，腹部膨大，叩诊呈鼓音，触诊胃部充满气体，肠内存在大量气体，腹痛，不断呻吟，咬牙，呼吸困难，重者窒息急性死亡。

【重预防】

饲喂要做到定时、定量，少喂多餐。要有足够的饮水，适当的运动；饲料供应要有计划，对易发酵和易臌气饲料要适当搭配，不可饥饱过度，对贪食兔要分开饲喂，保证饲料品质优良，不喂腐败变质饲料，更换饲料应该逐渐进行，幼兔断奶不宜过早。

【早治疗】

［**治疗原则**］ 排空胃肠积物，恢复胃肠机能，制止发酵，缓泻。

［**治疗方案**］

方案1：大黄碳酸氢钠片2～4片、二甲硅油片2片，口服，2次/d，连用2～3d。或配合植物油15mL、小苏打6g、温水100mL，1次灌服。

方案2：乳酶生2片、复合维生素B 1片、多酶片1片，用温开水调匀灌服，2次/d，连用2～3d；同时用山楂12g，厚朴、神曲、茯苓各10g，大腹皮、甘草、黄连各6g，用水200mL煎为30%浓药液，供10只病兔1次内服，2次/d，连用2d。

5. 毛球病

又称毛团病，指家兔食入过多的兔毛与胃内食物混合，形成毛球而滞留于胃内的一种疾病。多见于长毛兔。特别是在春秋换毛之际多发，以不食、喜饮水、粪球干燥、粪中带毛等为特征，严重者可造成胃肠阻塞而死亡。

【识病因】

① 饲养管理不当，如兔笼狭小，互相拥挤而吞食其他兔的绒毛，或长毛兔身上的毛久未梳理造成不适，兔遂咬毛吞食或互相啃咬，形成吞食被毛的恶癖。

② 被毛清理不及时，掉到饲料、垫草中的被毛，易随饲料一起吞下而发病，或某些外寄生虫（如蚤、毛虱、螨等）刺激发痒，兔持续性啃咬患处，将被毛吞入胃内。

③ 营养缺乏，如钙、磷等矿物质、微量元素、维生素及某些氨基酸（蛋氨酸和胱氨酸），或饲料中精料比例过大、过细，粗纤维不足。

【看症状】

精神不振，食欲减退，喜饮水，喜卧，并伴有腹胀、便秘及腹痛等症。病程长者消瘦、贫血，触诊胃部可摸到有椭圆形、似鸽蛋乃至鸡蛋大小的毛球，常作排粪姿势，但仅排出干小粪球，或粗硬的索状粪，或粪球中因含有大量的兔毛纤维而形成一长串。有时家兔在触诊时有疼痛感。如不及时治疗可引起家兔死亡。

【观病变】

胃部硬满、臌胀，胃内容物中混有大量的兔毛纤维，胃幽门及十二指肠中被成团的毛球阻塞，结肠后段有毛粪相缠的秘结段，阻塞肠道，肠黏膜大面积淤血、坏死、脱落。

【重预防】

及时清理食槽内的兔毛，保持兔笼清洁卫生。限制笼内兔的饲养密度，避免过分拥挤，隔离有食毛癖的兔；精、粗饲料的比例要适当，适当添加微量元素、维生素、蛋氨酸等添加剂，以补充饲料中某些营养成分的不足，防止兔异食癖的发生；加喂适量的青饲料或优质干草，会加速胃内食物的移动，能有效地减少毛球病的发生；及时治疗外寄生虫病或皮肤病；冬季，毛用兔要在暖和的天气剪毛，毛茬不要留得过短，剪毛后要采取保暖措施。

【早治疗】

方案1：较轻的患兔停食1d后，灌服植物油10 ～ 15mL，让其充分运动，配合腹部按摩。

方案2：稍重病例，大黄60g、芒硝180g、厚朴30g、枳实30g（20只兔的用药量），研末，开水冲调，候温灌服，1次/d，连用2 ～ 3d。注意用药后供足饮水。

方案3：粪中毛球较小者，大黄碳酸氢钠片，口服，2片/次，2次/d；多酶片，4片/次，2次/d；毛球较大者，灌服豆油、花生油、液体石蜡等20 ～ 30mL。

6.便秘

由于食物在肠中停留时间过长，变干、变硬，致使排泄困难，甚至阻塞肠管的一种肠道疾病。

【识病因】

青、粗饲料比例小，精饲料过多；长期饲喂干饲料且饮水不足；饲料中有泥沙、毛等异物，致使形成大的粪块而导致本病发生；某些疾病如热性病，使体内水分散失较多等诱发本病；长期用药、暴饮暴食、采食量过大等也可诱发。

【看症状】

① 精神不振，食欲减退或废绝，不愿活动，听诊腹部肠鸣音减弱或消失。频作排便姿势，但无粪便排出或排少量坚硬的粪球；排便次数减少，甚至数日不排便。

② 腹胀，反复起卧，头下俯、弓背凝视肛门处。触诊腹部时有痛感，且能摸到坚硬的粪球；直肠指诊时发现直肠内蓄有干燥硬结的粪块。

【重预防】

合理搭配精、粗、青绿多汁饲料，供给充足的饮水；加强运动；饲喂要定时、定量；保持食盆清洁卫生，每日清除食盆内的泥沙、被毛等污物。

【早治疗】

［**治疗原则**］ 润肠通便，健胃，促消化。

［**治疗方案**］

方案1：大黄碳酸氢钠片，1 ～ 2片/次，2次/d；人工盐，成年兔6 ～ 10g，幼兔减半，加温水20mL口服，2次/d，连用3 ～ 5d。

方案2：灌服，将45℃左右的肥皂水30 ～ 40mL，用导管从患兔肛门灌入腹部并按摩；或人用开塞露液，从肛门注入3mL左右，操作者用手压迫肛门防止流出，5min后放开很快即可排便。

方案3：硫酸钠4 ～ 8g，植物油10 ～ 20mL，液体石蜡20 ～ 30mL混合灌服，20mL/（只·次），2次/d，直至痊愈。

方案4：硫酸新斯的明，成年兔0.3mg/只，幼兔减半，肌注，1 ～ 2次/d，连用2 ～ 3d。

7.腹泻

指由于各种原因导致兔以排稀软、糊状或水样便为主要特征的一类疾病的总称，是目前危害家兔的重要疾病之一，发病率和死亡率较高，尤其是对幼兔危害最大。

【识病因】

饲料发霉、腐败，水分过多，或吃了带有露水或结冰的草，或饲料中精料比例过高；饲料不清洁，混有泥沙、污物等；饲料突然变换或饲喂方式改变；断奶过早或刚断奶的幼兔贪食过多饲料；兔舍过冷过湿以及气候寒冷，使兔腹部受凉；饮水不洁等。此外，某些传染病（如产气荚膜梭菌病、大肠杆菌病、沙门氏菌病、巴氏杆菌病等）、寄生虫病（如球虫病等）等也可导致腹泻。

【看症状】

（1）症状　初期食欲减退，消化不良和粪便带黏液；后期拒食，精神沉郁。有时先便秘后腹泻，肠臌气，肠音响亮，排糊状或水样恶臭粪便，并混有黏液，肛门周围沾污稀粪；脱水，眼球下陷，迅速消瘦，体温升高且在短期内降至正常以下，很快死亡。

（2）中兽医辨证

① 外感型腹泻　精神不振，腹部胀气，起卧不安，腹痛，尿黄少，粪便呈灰白色如水泥浆样，有酸臭味，四肢发冷，耳鼻俱凉。

② 寒湿型腹泻　食欲减退或废食，四肢强拘，肠鸣如雷，尿量减少，粪便稀薄如水，但无特殊臭气。有的伴有咳嗽，咳嗽时常有稀便从肛门喷出。

③ 脾虚型腹泻　喜卧懒动，眼窝下陷，肛门松弛，粪便如浆，带有未消化的食物，臭味不重。

④ 湿热型腹泻　体温升高，耳鼻俱热，口气恶臭，呕吐，尿短少，粪便呈稀液，并带有黏液。

⑤ 伤食型腹泻　厌食，腹胀，隐痛；粪便稀软酸臭，色黄而黏，且含未消化食物。

【重预防】

加强饲养管理，不喂霉变腐败饲料、饲草；保持兔舍清洁、干燥，通风采光良好；饲槽、水槽定期清洗、消毒；断奶幼兔要防止采食过多；更换饲料要逐渐进行。

【早治疗】

［**治疗原则**］ 消除病因，改善管理，清理胃肠，恢复胃肠功能。

［**治疗方案**］

方案1：消化不良性腹泻，兔用复合酶、乳酶生、多酶片、食母生、微生态制剂等口服或混饲。

方案2：细菌性腹泻如大肠杆菌病、沙门氏菌病、产气荚膜梭菌病等，寄生虫性腹泻如球虫病等，参考前述治疗方案。

方案3：使用抗生素（如氨苄青霉素、阿莫西林、林可霉素、头孢菌素等）导致的二重感染性腹泻，立即停止用药，在饲料中添加兔用复合酶、乳酶生、多酶片、食母生等，饮水中添加家兔专用微生态制剂。

方案4：饲料中毒性腹泻，立即停止使用有毒有害饲料，并在饲料中添加家兔专用复合酶，饮水中加入家兔专用微生态制剂。

方案5：中兽医疗法，分型治疗如下。

① 外感型腹泻　白头翁、紫苏、苍术、茯苓、桂枝各20g，木香15g，生姜、黄芩各10g，半夏、甘草各8g（20只成兔用量），水煎灌服或拌料，分2次喂给，1剂/d，幼兔用量酌减，连用2～3d。

② 寒湿型腹泻　苍术、神曲、生姜各20g，麦芽、甘草、桂枝各10g（15只成兔或25只幼兔用量），水煎取汁，灌服或拌料，1剂/d，分2次喂给，连用2d。

③ 脾虚型腹泻　柴胡15g，山楂15g，麦芽、神曲各12g，陈皮、党参、黄芪、升麻、茯苓、白术、车前各15g（15只成兔或30只幼兔用量），水煎取汁，灌服或拌料，1剂/d，分2次喂给，连用2d。

④ 湿热型腹泻　白头翁30g，黄柏、黄连、秦皮各15g（15只成兔或30只幼兔用量），水煎取汁，灌服或拌料，1剂/d，分2次喂给，连用2d。

⑤ 伤食型腹泻　大黄、枳实、茯苓、槟榔、陈皮、焦三仙（三楂、麦芽、神曲）各15g（30只成兔或50只幼兔用量），水煎取汁，灌服或拌料，1剂/d，分2次喂给，连用2d。

在应用中药制剂的同时，用黄芪多糖注射液5～10mL，肌注，2次/d，连用2～3d；再配合口服补液盐，成兔、幼兔按10～15mL/kg体重自由饮用或灌服，2～次/d，连用2～3d。

三十三、呼吸系统疾病

1.感冒

急性上呼吸道感染的总称，以流鼻液、体温升高、呼吸困难为特征。

【识病因】

气候突然变化，饲养管理不当，体质虚弱，受寒冷刺激所引起。

【看症状】

精神沉郁，食欲减少，畏寒怕冷，不爱活动，眼半闭，多眼眵，羞明流泪，结膜潮红，眼无神并稍湿润。打喷嚏、咳嗽，流水样或黏稠鼻涕，体温升高。严重时呼吸困难，体温升高到40℃以上，耳尖、四肢末端发凉，食欲废绝。若不及时治疗，易继发支气管肺炎而出现呼吸困难等症状。

【重预防】

加强饲养管理，增强体质，做好防寒保暖工作。兔舍要保持干爽、清洁、通风良好。

【早治疗】

［**治疗原则**］ 解热镇痛、消炎、祛风散寒。

［**治疗方案**］

方案1：复方氨基比林注射液2～4mL、青霉素、链霉素各10万～20万IU，混合肌注,2次/d，连用2～3d。或安痛定5～10mL、地塞米松5mg、青霉素2万～4万IU/kg体重，肌注，2次/d，连用3～5d。

方案2：单纯的感冒，安乃近片或阿司匹林片，0.5～1片/次，2次/d，连用3d。或感冒清片，1片/次，2次/d，连用3d；板蓝根冲剂，1包/次，3次/d，连用3～5d。

方案3：风寒感冒，荆防败毒散1～2g/只，煎汁灌服或拌料；风热感冒，银翘散1～2g/只，煎汁灌服或拌料，1剂/d，连用3～5d。

2.肺炎

一般由支气管炎症蔓延所引起，是细支气管与个别肺小叶或小叶群肺泡的炎症。分为小叶性肺炎和大叶性肺炎，小叶性肺炎以肺局部炎症为特征；大叶性肺炎是整个肺发生的急性炎症，临床以体温升高、

咳嗽为特征。多见于4～8周龄的幼兔，多发生于气候骤变季节，如初春、秋末、初冬等时节。

【识病因】

寒冷因素刺激，受寒感冒，机体抵抗力降低，受条件性病原菌的侵害，如肺炎双球菌、葡萄球菌、巴氏杆菌、波氏杆菌等的感染而引起。此外，误咽或灌药时使药液误入气管，可引起异物性肺炎。

【看症状】

① 精神不振，打喷嚏，不愿运动，减食或废食，粪便干小，体温升高至40～41℃，结膜潮红或发绀，呼吸困难，脉搏加快，阵发性咳嗽，严重时头颈向上仰，张口呼吸。

② 口鼻呈青紫色，鼻液初为浆液性，后变为黏液性或黏液脓性，前爪抓鼻，阵发性咳嗽。

③ 听诊肺泡呼吸音增强，有干、湿啰音。部分病例可并发中耳炎，头颈歪斜。

【重预防】

加强饲养管理，喂给营养丰富、易消化、适口性好的饲料，增强家兔抵抗力。兔舍要阳光充足、通风、保暖。防止发生感冒是预防发生肺炎的关键。

【早治疗】

方案1：青霉素2万～4万IU/kg体重，链霉素10～15mg/kg体重，混合肌注，2次/d，连用2～3d；10%磺胺嘧啶钠注射液2～4mL，或卡那霉素10～15mg/kg体重、红霉素20～30mg/kg体重，肌注，2次/d，连用3d。

方案2：对症治疗，体温升高时，复方氨基比林2～4mL，肌注，2次/d；呼吸困难，分泌物阻塞支气管时，氨茶碱5mg/kg体重，肌注；咳嗽有痰液时，磷酸可待因片22mg/kg体重，内服，2～3次/d。

3. 中暑

热射病和日射病的统称，常发生于炎热的夏季。

【识病因】

家兔缺少汗腺，散热功能较差，盛夏酷暑季节，暴晒、闷热、饲养密度大、通风不良等易引发本病。尤以长毛兔和妊娠后期母兔多发。

【看症状】

① 精神沉郁，拒食，体温升高至40～42℃，全身灼热，呼吸加快，结膜潮红、发绀，口鼻流黏液，有的带血。

② 全身无力，四肢撑开，行走不稳，突然虚脱、昏倒。

③ 严重时伏卧或侧卧不动，四肢间歇性痉挛，直至死亡。

④ 有的兴奋，狂躁，盲目奔跑，倒地痉挛，呼吸困难，口鼻流出带血的泡沫液体，很快死亡。

【重预防】

加强饲养管理，做好防暑降温工作，兔舍要通风良好，保持空气新鲜、凉爽，温度过高时可用喷洒水的方法降温。兔笼要宽敞，防止家兔过于拥挤。露天兔场要设凉棚，避免日光直射，并保证有充足的饮水。

【早治疗】

方案1：将病兔移至阴凉通风处，用凉水冲洗头部或将冰块置于头部，并用冷水浸湿的毛巾冷敷头部或躯体部，每3～5min更换1次；每只灌服0.5%淡盐水、生理盐水或用冷水20mL，直到体温降至常温为止。

方案2：藿香正气水或十滴水1～2mL，或人丹2～3粒，口服，2～3次/d，连用2～3d。

方案3：降低颅内压和缓解肺水肿，从耳静脉、尾尖或脚趾等处进行放血，也可耳静脉注射20%甘露醇或25%山梨醇10～30mL；当体温下降、症状有缓解时，静脉注射5%葡萄糖生理盐水40mL、樟脑磺酸钠注射0.5～1mL，兴奋呼吸中枢和血管运动中枢，以促进全身功能的恢复。

三十四、外科病

1.创伤

【识病因】

各种机械性外力作用于兔体组织和器官而引起，如笼舍的铁皮、铁钉、铁丝断头等锐利物刺（划）伤，互相咬斗及剪毛时的误伤等。

【看症状】

包括新鲜创伤和化脓疮，主要表现为创口裂开、出血、疼痛、肿胀、伤口流脓或形成脓痂、机能障碍等。

【早治疗】

方案1：一般创伤应及时止血、清创、消毒、缝合、包扎，以防止化脓。

① 创伤止血　用压迫法或注射止血药来制止出血，以免失血过多。如伤口出血不止，可施行压迫、钳夹或结扎止血。还可应用止血剂，如外用止血粉撒布创面，必要时可用安络血注射液（肌注5～10mg，2～3次/d）、维生素K_3（肌注1～2mL，2～3次/d）等全身止血剂。

② 清洁创围　先用灭菌纱布将创口盖住，剪除周围被毛，用0.1%新洁尔灭溶液或生理盐水将创围洗净，然后用5%～10%碘酊进行创围消毒。

③ 清理创腔　除去覆盖物，用镊子仔细除去创内异物、血块及挫伤组织，反复用生理盐水、0.1%高锰酸钾溶液等反复冲洗创腔，直至冲洗干净为止，然后用灭菌纱布轻轻地吸蘸创伤内残存的药液和污物，再于创面涂布碘酊。

④ 消毒　不能缝合且较严重的外伤，应撒布适量青霉素、链霉素、四环素等抗生素防止感染。

⑤ 防止感染　伤口小而深或污染严重时，及时注射破伤风抗毒素并应用抗生素。

方案2：对化脓疮，清洁创围，用0.1%高锰酸钾溶液、3%过氧化氢溶液或0.1%新洁尔灭溶液等冲洗创腔，除去深部异物和坏死组织，排出脓液，创内涂抹祛腐生肌膏、松碘流膏等。

方案3：对肉芽创，清理创围，然后清洁创面（生理盐水轻轻清洗），最后再局部用药（应用刺激性小、能促进肉芽组织和上皮生长的药，如3%龙胆紫等）。如肉芽组织赘生，可用硫酸铜腐蚀。

2. 结膜炎

眼结膜受外界刺激和感染而引起的炎症，主要是眼睑结膜、眼球结膜的炎症。

【识病因】

机械性刺激，主要见于各种异物对眼结膜的刺激，如灰尘、草屑、草籽、被毛等；化学性刺激如舍内氨气浓度过高、各种化学药品或农药误入眼内以及石灰粉、熏烟的刺激；物理性刺激如火焰灼烧、紫外线的刺激；传染性因素，多种微生物经常潜伏在结膜囊内，当结膜的完整性遭到破坏时，易引起感染而发病，如传染性鼻炎、维生素A缺乏症等，亦可继发于邻近器官或组织的炎症。

【看症状】

① 黏液性结膜炎　初期结膜轻度潮红肿胀，分泌物为浆液性且量少，后期分泌物变为黏液性且量增多，眼睑闭合。下眼睑和两颊皮肤由于泪水和分泌物的长期刺激而发炎，绒毛脱落，有痒感。若治疗不及时，会发展为化脓性结膜炎。

② 化脓性结膜炎　眼内流出多量脓性分泌物，上、下眼睑粘连，常波及角膜而形成溃疡甚至穿孔而继发全眼球炎，可造成兔失明。

【早治疗】

先用生理盐水、2% ~ 3%硼酸溶液、0.01%新洁尔灭溶液等清洗患眼，除去异物后，用抗菌消炎药液如氯霉素、诺氟沙星、妥布霉素滴眼液、金叶滴眼剂、金霉素或红霉素眼药膏等滴眼或涂敷，2 ~ 3 滴/d，3 ~ 5次/d，连用3 ~ 5d。疼痛剧烈的，用1% ~ 3%盐酸普鲁卡因青霉素溶液滴眼。分泌物多时，用硫酸锌滴眼液。

3. 脓肿

任何组织或器官因化脓性炎症形成局限性脓液积聚，并被脓肿膜包裹称为脓肿。

【识病因】

伤口感染、注射部位消毒不严、药物刺激等。

【看症状】

① 急性浅在性脓肿　局部增温、疼痛和肿胀。肿胀中央逐渐软化而有波动感，并有自溃倾向。皮肤变薄，被毛脱落，继而皮肤破溃，向外排脓。

② 急性深在性脓肿　初期炎症表现不明显，仅表现患部皮肤和皮下组织轻微炎性水肿。触诊疼痛，常有指压痕，活动不自如。脓肿成熟后，波动感也不明显。

③ 慢性脓肿　局部炎症反应轻微或无反应。脓肿膜薄，外表好似

囊肿，有波动感；有的脓肿壁增生大量的纤维性结缔组织，外表好似纤维瘤。有的脓液逐渐浓缩甚至钙化。

【防混淆】

血肿发生较脓肿迅速，穿刺可见血液；淋巴外渗炎症轻微，穿刺可见黄白色淋巴液。

【早治疗】

初期脓肿尚未成熟（较硬）时，连续应用抗生素或磺胺类药物。当出现明显的波动感、脓肿已成熟时，应立即进行脓液抽取（局部剪毛消毒后，用注射器抽出脓液，然后反复注入生理盐水冲洗脓腔，再抽净腔中液体，最后灌注青霉素溶液）或脓肿切开（适用于较大的脓肿，局部剃毛，用碘酊消毒，在最软化部位切开）。

4.湿性皮炎

家兔皮肤的慢性炎症，多发于下颌和颈下部位，又称为垂涎病、湿肉垂病等。

【识病因】

由于下颌、颈下长期潮湿（牙齿、口腔疾病；饮水方法不当；饲养管理不善，垫料潮湿，长期不换）继发感染而造成。

【看症状】

局部皮肤发炎，脱毛、糜烂、溃疡甚至坏死。继发铜绿假单胞菌感染时常将被毛染为绿色，坏死杆菌感染时可通过淋巴系统和血液向全身扩散。

【早治疗】

剪去患部被毛，用0.1%新洁尔灭溶液洗净，局部涂抗生素软膏（红霉素、土霉素、金霉素等）。或剪毛后用3%过氧化氢溶液清洗消毒后，涂擦5%碘酊。感染严重时应用抗生素全身治疗。

5.中耳炎

鼓室和耳管的炎症称为中耳炎。

【识病因】

鼓膜穿孔、外耳道炎症、感冒、耳痒螨、巴氏杆菌病、传染性鼻炎或化脓性结膜炎等继发感染，均可引起中耳炎。多发生于青年兔和成年兔，仔兔少见。

【看症状】

① 单侧性中耳炎 头颈歪向患侧，患耳朝下，两眼不能正视，出现回转甚至滚转运动，故又称斜颈病。

② 两侧性中耳炎 低头伸颈，体温升高，精神沉郁，食欲不振。有脓液潴留时，听觉迟钝。鼓室内壁充血变红，积有奶油状的白色脓性渗出物。若鼓膜破裂，脓性渗出物可流出外耳道。感染可扩散到脑，引起化脓性脑膜脑炎。

【早治疗】

局部用3%过氧化氢溶液、2%～3%硼酸溶液等消毒、排液，用棉球吸干清洗液，滴入氨苄西林钠、恩诺沙星注射液或青霉素、链霉素等，2次/d，连用5d。同时，庆大霉素，肌注，2万～4万IU/只，2次/d，连用5～7d。巴氏杆菌引起的中耳炎，参考巴氏杆菌病所述治疗方案。

6.冻伤

【识病因】

外界气温过低，兔笼、兔舍保温性差、湿度大，以及饥饿、衰竭、仔兔适应性差等，易造成冻伤。冻伤常发生于机体末梢、被毛少和皮肤薄嫩处，如耳、足部。

【看症状】

轻度冻伤，局部肿胀、发红、疼痛、稍温热；中度冻伤，局部出现充满透明液体的水疱，有疼痛感，水疱破溃后形成溃疡，愈后留有瘢痕；重度冻伤，局部组织坏死、干枯、皱缩，以后脱落。

【早治疗】

方案1：轻度冻伤，将患兔转移到温暖处，对受冻部加温，局部干燥后涂樟脑软膏或聚维酮碘软膏（碘软膏），并同时内服温姜汤。

方案2：中度冻伤，有水疱时，先排出液体，然后涂擦3%龙胆紫溶液或水杨酸氧化锌软膏等，1次/d，直至痊愈。

方案3：重度冻伤，清除坏死组织，用0.1%高锰酸钾溶液或2%硼酸溶液清洗，涂擦碘甘油或用白酒或10%～20%樟脑酒精外擦并按摩。为防止感染，可在外涂的药膏中加入抗生素软膏（如红霉素软膏），如发生全身感染，可对患部组织按创伤感染治疗。

7.截瘫

又称创伤性脊椎骨折、断背、掉腰或后躯麻痹。

【识病因】

家兔捕捉和保定方法不当，使其突然受到惊吓而蹿跳，从高处跌落等，从而造成腰椎骨折或腰荐部脱位而发生截瘫。

【看症状】

突然发病，后躯完全或部分运动麻痹、皮肤感觉丧失。若脊髓完全损害，则肛门括约肌和膀胱失控，导致膀胱充盈并引起尿毒症，肛门周围与后肢被尿液和粪便沾污。若为不完全骨折或断端仍保持原位，只是局部肿胀暂时性地压迫脊髓时，后躯运动不灵活，痛觉迟钝，1～2周后运动功能可逐渐恢复。

【早治疗】

完全截瘫若预后不良，应予淘汰。轻微者整复后应保持安静，待其自愈。

8.直肠脱出和脱肛

直肠后段全部脱出于肛门外，称为直肠脱出；若仅直肠后段黏膜脱出肛门外，称为脱肛。

【识病因】

长期便秘或腹泻、直肠炎，以及营养不良、年老体弱、长期患慢性消耗性疾病和某些维生素缺乏症等均可引发本病。

【看症状】

初期仅在排便后见少量直肠黏膜外翻，呈粉红色或鲜红色，但仍能恢复。严重时，脱出部不能自行恢复，引起水肿、淤血，呈暗红色或青紫色，易出血，最后黏膜坏死、结痂，并附有兔毛、粪便和草屑。排便困难，若治疗不及时可引起家兔死亡。

【早治疗】

方案1：轻症，用0.1%高锰酸钾溶液、0.1%新洁尔灭溶液或3%明矾溶液等清洗消毒后，提起后肢，促其复位。

方案2：重症，脱出时间长、水肿严重甚至部分黏膜已发生坏死时，用消毒液清洗消毒后，去除坏死组织，用注射针头刺破水肿部，并稍用力挤出水肿液，轻轻整复，并伸入手指，判定是否有肠套叠。

整复后肛门周围做荷包缝合，但要松紧适度，以不影响排便为宜。为防止剧烈努责而复发，可在肛门上方的后海穴注射1%盐酸普鲁卡因注射液3～5mL。若脱出部坏死糜烂严重、无法整复时，则行截除手术或及时淘汰。

9.脚垫和脚皮炎

【识病因】

笼底或地面粗糙坚硬，家兔四肢所承受的压力过大，引起脚部皮肤和脚垫的压迫性坏死，多发生于成年兔，幼兔和小型兔发生较少。笼底潮湿、粪尿浸渍，易引起溃疡性脚垫、脚皮炎。该病以后肢最为常见，前肢较少。

【看症状】

患部覆有干性痂皮，或有大小不等的溃疡区，有时痂皮下、溃疡上皮及周围发生脓肿，行走困难，肢体频频轮换负重。因后肢发病造成负重前移，诱使前肢发病。病兔食欲减退，体重下降，甚至引起败血症而死亡。

【早治疗】

局部病变按一般外科处理，除去干燥痂皮和坏死溃疡组织，用0.1%高锰酸钾溶液等消毒液冲洗，然后涂氧化锌软膏、碘软膏或抗生素软膏。有脓肿时，应切开肿部排脓，并应用抗生素。对于溃疡型脚皮炎病例，应予以淘汰。

三十五、产科病

1.难产

孕兔妊娠期满，胎儿不能顺利产下，称为难产。

【识病因】

① 产道性难产　母兔发育未全，提早配种，骨盆和产道狭窄，加之胎儿过大，不能顺利产出。

② 产力性难产　饲养失调、营养不良、运动不足、体质虚弱等引起子宫及腹壁收缩微弱和努责无力，胎儿难以产出。

③ 胎儿性难产　胎儿过大、畸形、胎儿气肿或两个胎儿同时进入产道等，均可导致母兔难产。

【看症状】

母兔时起时卧，骚动不安，鸣叫，频频排尿，努责，阴门有血水流出，腹部肥大，触摸腹后部可摸到未产出的胎儿；有时可见胎儿部分露出于阴门外；若胎死腹中，触摸时有硬物，过几天才见排出腐烂的胎儿。

【重预防】

平时供给妊娠母兔全面的营养，尤其是矿物质和维生素；增加运动和光照。不要提早配种；淘汰老龄兔和习惯性难产母兔。

【早治疗】

若胎儿过大且怀胎数量较少，催产素10IU，肌注，待胎儿部分露出体外时进行助产，缓慢拉出胎儿。若产道狭窄，2%盐酸普鲁卡因溶液在产道周围封闭注射，3 ~ 5min后再肌注催产素5IU。若子宫收缩无力，催产素5 ~ 10IU，肌注，增强子宫收缩力，加快胎儿产出。

若以上催产无效时，可立即准备助产或剖宫产。助产时用0.1%新洁尔灭溶液消毒手臂、器械和母兔外阴，用一手指伸入产道，检查校正胎儿，另一手持止血钳夹出胎儿。剖宫产时须保定母兔，术部剃毛消毒，用0.5%盐酸普鲁卡因溶液局部浸润麻醉，在腹部后端至耻骨前缘的腹正中切开皮肤、肌肉，拉出子宫，用消毒纱布将子宫和腹壁隔开，切开子宫取出胎儿，缝合子宫，送回腹腔，最后缝合腹壁，创口涂抗生素软膏，手术后肌注青霉素，25万IU/次，2次/d，连用3 ~ 5d。

2. 生殖器官炎症

主要有母兔的阴部炎、阴道炎、子宫内膜炎以及公兔的包皮炎和睾丸炎等。

【识病因】

配种、分娩、难产时受到损伤或因笼舍地面污秽不洁受感染而发生，也可继发于其他疾病，如睾丸外伤、寄生虫病、沙门氏菌病、兔梅毒等。

【看症状】

① 阴部炎　外阴唇肿大，潮红湿润，有痒感、溃烂、结痂，拒绝交配。

② 阴道炎　阴道内流出不同性状的分泌物，阴道黏膜肿胀、充血

和出血，甚至形成脓肿和溃烂，有疼痛感，拒绝交配。

③ 子宫内膜炎　急性者多发生于产后和流产后，全身症状明显，时常努责，有时随同努责从阴道内排出较臭、污秽不洁的红褐色黏液或脓性分泌物。慢性者全身症状不明显，周期性地从阴道内排出少量浑浊的黏液，即使发情也屡配不孕。

④ 包皮炎　包皮肿大、热痛、有痒感。排尿时小心，尿流不整齐，有的呈喷洒状流出。包皮内常有垢块，坚硬如石。严重者排尿困难。

⑤ 睾丸炎　睾丸肿胀、发热、疼痛，精索变粗，阴囊皮肤呈炎性浸润，有时可化脓破溃，甚至蔓延继发化脓性腹膜炎。病兔不愿走动。

【重预防】

保持笼舍的清洁卫生，定期消毒兔舍、笼具以及各种用具；配种前要检查公母兔是否患有生殖器官炎症，严禁带病交配，隔离治疗病兔，避免交配时互相感染。

【早治疗】

方案1：阴部炎、阴道炎，外阴部红肿，用碘甘油涂擦患部；发炎溃烂时，用3%食盐水或2%硼酸溶液冲洗患部，涂抹磺胺类软膏或红霉素软膏，同时青霉素3万～5万IU/kg体重，肌注，2次/d，连用3d。

方案2：子宫炎，子宫冲洗和灌注，用生理盐水、0.1%高锰酸钾溶液、1%食盐水等冲洗子宫，1次/d，连用2～4d，至排出的液体透明为止。冲洗后，用10mL生理盐水溶解青、链霉素各20万IU灌入子宫，1次/d，连用3～5d。为促进渗出物排出，用缩宫素注射液5～10IU，皮下或肌注。

方案3：睾丸炎，局部温敷，化脓性睾丸炎时可行去势术（阉割）。配合龙胆草（酒炒）6g、黄芩（炒）9g、栀子（酒炒）9g、泽泻12g、木通9g、车前子9g、当归（酒炒）3g、柴胡6g、甘草6g、生地9g，用水200mL煎成75mL浓药液，供10只患兔1次内服，2次/d。

3.乳房炎

由多种因素引起的兔乳腺组织的一种炎症性疾病，多见于产后5～20d的哺乳母兔。

【识病因】

① 母兔泌乳不足或过多　母兔妊娠末期、哺乳初期饲喂大量精饲

料，导致营养过剩，产后乳汁分泌多而稠，或因仔兔少、弱小不能将乳房中的乳汁及时吸完，使乳汁在乳房内长时间过量蓄积而引起乳房炎。此外，母兔营养差，泌乳量过少，致使仔兔咬伤乳头感染发炎所致。

② 外伤感染　如仔兔啃咬、抓伤、兔笼和产箱进出口的铁丝刺伤等，导致金黄色葡萄球菌、链球菌等感染。

③ 兔舍和兔笼卫生条件差，也易诱发本病。

【看症状】

① 急性病例　乳房肿胀、发热、疼痛，继而患部皮肤发红，以致变成蓝紫色。严重时，乳汁中混有脓液和血液，精神不振，食欲减少，体温升高，拒绝哺乳。

② 慢性病例　乳房局部形成大小不一的硬块，之后形成脓肿。脓肿破溃后流出豆渣样脓汁。仔兔常因吮吸发病母兔的乳汁后患黄尿病而死亡。

【重预防】

① 加强饲养管理，保持兔笼、产箱、笼底板和运动场的清洁卫生并定期消毒。清除兔笼、笼底板、产箱和环境中的尖锐杂物，保持笼底板光滑且无毛刺，防止损伤乳房。

② 分娩后根据母兔泌乳能力，合理调整母兔带仔数。

③ 产前2～3d应适量减少精料，产后3～5d内多喂青绿多汁饲料，少喂精料，以防乳汁分泌异常。

【早治疗】

方案1：轻症，挤出乳汁，局部涂以消炎软膏如10%鱼石脂软膏、10%樟脑软膏、氧化锌软膏或碘软膏等。局部进行封闭疗法，用0.25%～1%盐酸普鲁卡因注射液5～10mL，加入20万IU青霉素，平行腹壁刺入针头，将药液分点注射于乳房基部，间隔1～2d再用1次，连用2～3次。

方案2：发生脓肿时，应及早进行纵切开，排出脓液，然后用3%过氧化氢溶液等冲洗，按化脓创治疗。对于多个乳头发生脓肿的母兔，最好作淘汰处理，愈后不宜再用作繁殖母兔。有全身症状时，用青、链霉素各10万～20万IU，加鱼腥草注射液2～4mL，肌注，2次/d，连用2～3d。

4.子宫脱出与阴道脱出

阴道壁部分或全部突出于阴门外，称为阴道脱出，产前产后均可发生，尤以产后多发。子宫部分或全部翻转脱出于阴门外，称为子宫脱出，通常发生于产后数小时内。

【识病因】

怀孕期饲养管理不当，体质瘦弱，饲料单一，运动不足，营养不良，难产等导致腹内压增高和过度努责导致阴道脱出。分娩后数小时，子宫尚未完全收缩，子宫颈口仍然开张，此时子宫体、子宫角容易翻转脱出。

【看症状】

① 阴道不全脱时，脱出部分较小，呈球形，站立时腹压小，可自行缩回。阴道全脱时，呈红色球柱状脱出于阴门外，不能缩回，脱出物淤血、水肿、损伤、发炎和坏死。

② 子宫全脱时，肌肉震颤，两前肢趴地，有不规则的长圆形物体垂突于阴门外，有时可达跗关节。脱出的子宫黏膜表面常附着尚未脱落的胎膜，剥去胎膜或自行脱落后，呈粉红色或红色，后因淤血而变为紫红色或深灰色，进而结痂、干裂、糜烂等。有细菌感染时，体温升高，全身症状严重。

【早治疗】

方案1：（阴道脱）参考直肠脱出的治疗方案。

方案2：（子宫脱）用3%过氧化氢溶液或0.1%高锰酸钾溶液将病兔脱出的子宫表面清洗干净；将母兔头朝下、后肢朝上，用手指将子宫送回阴道复原，把阴户缝合一针，以免子宫再次脱出，7d后拆掉缝合线；手术结束后，维生素K 0.5 ～ 1mL、青霉素3万～ 5万IU/kg体重，混合肌注，2次/d，连用3d。脱出的子宫无法整复或有大的损伤和坏死时，可行子宫切除术。患兔留作育肥。

5.缺乳和无乳

【识病因】

母兔妊娠期和哺乳期饲喂不当或营养不平衡；疾病因素，如某些寄生虫病、热性病、乳房疾病及其他慢性消耗性疾病，过早交配，乳腺发育不全或年龄过大，乳腺萎缩，均可造成缺乳或无乳。

【看症状】

泌乳量减少，乳房内无乳汁，乳房和乳头松弛、柔软或萎缩变小，用手挤时挤不出乳汁或挤出量很少。母兔不愿喂乳，仔兔因饥饿在箱内爬动、发出“吱吱”叫声，或因缺乏营养而明显消瘦，甚至死亡。

【重预防】

改善饲养管理，供给母兔全价饲料，增加精饲料和青绿多汁饲料。防止早配，淘汰过老母兔，选育饲养母性好、泌乳多的品种。

【早治疗】

方案1：初产母兔缺乳或无乳，加强营养、调整饲料结构；未拉毛的母兔，将其乳头周围的毛拉光，以刺激乳腺；用温淡盐水擦洗乳房后，每天按摩1～2次，促进乳腺发育和泌乳；或浸泡的黄豆，按15～20粒/只拌料喂服，连喂2～3d。

方案2：经产母兔，减少精料喂量，多喂青绿多汁饲料；复合维生素B注射液，0.1mL/kg体重，肌注，1次/d，连用2～3d；人用催乳片（主要成分王不留行），2片/次，2次/d，压碎拌料，连用3～5d。或催奶灵散，1～2g/只，拌料喂服，连用5～7d。

方案3：垂体后叶素10IU，皮下或肌肉注射；苯甲酸雌二醇0.5～1mL，肌注。同时可配合应用抗生素或磺胺类药物。

6.流产与死产

母兔妊娠终止，排出未足月的胎儿，称为流产；妊娠足月，但产出死的胎儿，称为死产。

【识病因】

① 机械性因素　如剧烈运动、捕捉保定方法不当、摸胎用力过大、产箱过高、笼舍狭小使腹部受挤压和撞击等。

② 饲养管理因素　噪声、猫狗进入兔舍使兔受惊吓，营养不全面（如某些维生素和微量元素缺乏）、饲料含有毒成分使兔中毒等。

③ 疾病因素　生殖器官疾病（如子宫内膜炎）、某些传染病（如布鲁氏杆菌病、沙门氏菌病、衣原体病等）、肠炎等。

④ 药物因素　如口服大量泻剂、利尿剂、麻醉剂等及一些活血化瘀的中药。

【看症状】

① 一般在流产与死产前无明显症状，或仅有精神、食欲的轻微变化，不易觉察，常常是在笼舍内见到母兔产出未足月胎儿或死胎时才发现。

② 妊娠初期流产多为隐性，胎儿被母体吸收，不排出体外。有的妊娠15d左右，衔草拉毛，产出未成形的胎儿；有的提前4～5d产出死胎；有的产仔延续2～3d；有的产出部分死胎和活胎。

③ 产后母兔精神沉郁，体温升高，食欲不振。有的继发阴道炎、子宫炎，屡配不孕。

【重预防】

防止早配和近亲繁殖。发现有流产征兆的母兔，可肌注黄体酮15mg保胎。加强饲养管理，对于有习惯性流产的母兔，应及时淘汰或用中药安胎散［配方：白术30g、砂仁20g、当归30g、川芎20g、熟地20g、白芍20g、陈皮25g、艾叶25g、黄芩5g、党参20g、干姜15g、甘草15g、炒阿胶20g，粉碎，拌料，7～10g/（只·d），连用10d］预防流产。

【早治疗】

流产后的母兔，保持安静，注意休息，供给充足营养，饮用3%葡萄糖溶液。用0.1%雷佛奴尔溶液、0.1%来苏尔溶液或0.1%高锰酸钾溶液冲洗子宫，直至子宫中排出的分泌物变为正常。为防止继发感染，可注射抗生素，如青链霉素、磺胺类药物等。

7.新生仔兔不食症

【识病因】

母兔妊娠后期营养不平衡所致，仔兔多在出生后2～3d内发病。在同一窝仔兔内，部分或整窝相继发病。

【看症状】

患病仔兔不吮乳，皮肤凉而发暗，全身绵软无力，最后昏迷而死。

【早治疗】

仔兔不吮乳时，用自行车气门芯乳胶管2cm，套在注射器上，吸取25%葡萄糖溶液，将乳胶管插入仔兔口中，灌服，1～2mL/只。对已不会吞咽的仔兔，腹腔注射5%～10%葡萄糖注射液4～5mL，间隔

4 ～ 5h后再用1次，以后连续3d灌服葡萄糖溶液，2次/d，直至痊愈。

8.不孕症

【识病因】

疾病因素，包括生殖器官疾病（如母兔子宫内膜炎、阴道炎、卵巢肿瘤，以及公兔生殖器官疾病、精液不足或品质差等）和某些传染病（葡萄球菌病、李氏杆菌病、兔梅毒等）；营养因素，如母兔过肥、过瘦，饲料中蛋白质、维生素E缺乏或质量差；换毛期间内分泌功能紊乱等。

【早治疗】

及时治疗生殖器官疾病，屡配不孕者，应予淘汰；科学营养，避免母兔过肥或过瘦，配种前5 ～ 10d适当补充维生素E；保证每天光照时间10 ～ 12h，自然光照不足时补充人工光照；若因卵巢功能降低而不孕，垂体促卵泡素，肌注，5 ～ 10IU/次，用4mL生理盐水溶解，2次/d，连用3d，第4d早晨母兔发情后，垂体促黄体素，肌注，25IU/次，注射后马上配种。

9.产后瘫痪

以四肢或后肢麻痹，出现跛行、昏睡为特征的疾病。多发于产后2 ～ 5d、产仔率较高的母兔。

【识病因】

产前光照不足、运动不够，兔舍潮湿，分娩时受惊，饲料中钙、磷缺乏或比例不当，母兔营养不良，使产后血糖、血钙浓度降低。产仔数多，产仔胎次过密，哺乳仔兔过多等，均可引起产后瘫痪。饲料中毒以及球虫病、梅毒病、子宫内膜炎、肾病等也可引起。

【看症状】

一般在分娩后3 ～ 5d发生。精神沉郁，食欲减少或废绝，消瘦。病初粪粒干、硬、小，呈黑色，继而停止排便、排尿，泌乳量减少以至停止。轻者跛行，重者四肢尤其是后肢麻痹，不能站立，不愿活动。对周围环境失去反应能力，呈昏睡状态。有时伴有子宫脱出。

【重预防】

加强饲养管理，注意防寒保暖，喂给营养全面的饲料，尤其是要满足维生素D的补充和钙、磷等矿物质的平衡。产后注意多喂青绿多汁饲料，不要突然一次投喂大量精饲料。对断奶后母兔及体质虚弱的母兔，要及时补充营养，恢复体质后再配种生产。

【早治疗】

方案1：10%葡萄糖酸钙溶液20～40mL，静注，2次/d，连用5d；或维丁胶性钙注射液2～4mL，肌注，1次/d，连用3d。

方案2：蜂蜜10～20mL，口服，2次/d，连用3～5d；口服鱼肝油丸，每次1粒，2次/d。

方案3：采食减少时，生理盐水30mL、50%葡萄糖注射液20mL、维生素C注射液2mL、维生素B_2注射液2mL，混合静注，1次/d，连用3～4d；便秘患兔，硫酸镁5g，加水50～80mL灌服。

10. 吞食仔兔癖

【识病因】

饲料中钙、磷、某些蛋白质、B族维生素等缺乏，平时饮水不足、母兔分娩后口渴无水可饮，分娩时受惊扰，产箱或仔兔有异味，死仔兔未及时取出，均可诱发母兔吞食仔兔。

【看症状】

母兔吞食刚生下或产后数天的仔兔，可将仔兔全部吃光或吃掉一部分；有时可见仔兔被食而肢体不全。

【重预防】

产前加强饲养管理，供足饮水，使产后母兔能站立时即能喝到温淡盐水。保持安静，不打扰其分娩，避免将异味带入窝内，及时取出死仔兔。有吞食仔兔恶癖的母兔，产后立即将其与仔兔分开，定时监视哺乳。

11. 妊娠毒血症

母兔在产前或产后的一种代谢性疾病，病死率高，多发于母兔怀孕后期。以神经功能受损、共济失调、虚弱、失明和死亡为主要特征，妊娠、哺乳、假妊娠母兔均可发生。獭兔发病率高，肉兔发病率低。

【识病因】

原因尚不十分清楚，目前认为与营养失调和运动不足有关。如品种、年龄、肥胖度、经产胎次和环境的变化等，均可导致内分泌功能异常而发病。此外，与生殖功能障碍如流产、死产、遗弃仔兔、吞食仔兔、胎儿异常和子宫瘤等也密切相关。

【看症状】

症状轻重不一。轻者无明显临床症状，重者可迅速死亡。一般表现为精神沉郁，拒食，呼吸困难，呼出的气体带有酮味（似烂苹果味），尿量减少，尿液呈黄白色，浓稠如奶油样。粪便干、量少，粪常被胶冻样黏液包裹，或排稀粪，有黏液或呈水样，墨绿色，有恶臭味。死前出现流产、共济失调、惊厥、昏迷等神经症状。

【重预防】

加强母兔的饲养管理，维持七八成膘情。在妊娠后期供给富含蛋白质和碳水化合物的饲料，不喂腐败变质饲料，避免饲料突然更换和其他应激因素。注意补充葡萄糖、维生素C。

【早治疗】

［**治疗原则**］ 补充血糖，降低血脂，保肝解毒，维护心肾功能。

［**治疗方案**］

方案1：25%～50%葡萄糖溶液15～20mL，维生素C注射液2mL，静注，1次/d，连用3d，或口服丙二醇4.0mL，2次/d，连用3～5d；维生素B_1、维生素B_2各2mL，肌注，1次/d。

方案2：氢化可的松注射液2mL，静注，1次/d，连用2～3d。

方案3：维生素B_1、维生素B_2、维生素B_6和氢化可的松各2mL，肌注，1次/d，连用2～3d。

12.初生仔兔死亡

【识病因】

母兔拒绝哺乳、仔兔饥饿和受冷等。

【重预防】

① 加强妊娠期和哺乳期母兔的饲养管理，提高日粮质量，及时治疗母兔乳房炎、子宫炎等疾病。

② 对于拒绝哺乳母兔所产的仔兔，立即人工辅助哺乳，1次/d，并使母兔逐渐适应自行哺乳。

③ 母兔产后无乳或患乳房炎不便哺乳，以及产仔过多时，对仔兔施行人工哺乳或调给其他哺乳母兔。

④ 对受冻濒死的仔兔进行抢救，将仔兔全身浸泡在30～37℃的

温水中，露出口、鼻呼吸，待其蠕动、发出叫声后取出，用干软毛巾轻轻擦干，迅速放回窝箱。切忌用嘴哈气来温暖、抢救仔兔，否则结果将适得其反，加速仔兔死亡。

三十六、营养代谢病

1.维生素缺乏症

家兔常见维生素缺乏症的诊断及防治要点，见表6-14。

表6–14　家兔常见维生素缺乏症的诊断及防治要点

疾病名称	症状	治疗
维生素A缺乏症	生长迟缓、视力减弱、角膜角化、干眼、生殖机能低下	维生素AD油（每毫升含维生素A 5000IU、维生素D 500IU），内服，2～3mL/次，2～3次/d，连用10～15d；或维生素A 8万～10万IU/kg饲料，连用10d。重症者，维生素AD注射液（每毫升含维生素A 5万IU、维生素D 0.5万IU），肌注，0.3～0.5mL/次，1次/d，连用3～5d
维生素D缺乏症	骨骼变粗，突起，关节肿胀、疼痛，步态强拘、跛行，起立困难，异食癖、消化障碍、消瘦	维生素AD油，内服，2～3mL/次，2次/d，连用3～5d；维生素D_3注射液，1～2mL/次，肌注，隔日1次
维生素K缺乏症	神经过敏，食欲不振，皮肤和黏膜出血，血液如水，凝固不良，黏膜苍白，心跳加快，若有外伤则流血不止，皮下、肌肉和胃肠道出血。妊娠母兔胎盘出血、流产	维生素K_1注射液5mg，肌注，1～2次/d，连用3～5d
维生素E缺乏症	肌肉强直，进行性肌无力，不爱运动，喜卧，肌肉萎缩，运动障碍，步态不稳，平衡失调，食欲减退或废绝，体重减轻，骨骼肌和心肌变性，全身衰竭。幼兔生长发育停滞	维生素E注射液10～20mg，肌注，1次/d，连用3～5d；或亚硒酸钠维生素E注射液，0.5～1mL/次，肌注，1次/d，连用2～3d
维生素B_1缺乏症	消化障碍、食欲不振、便秘或腹泻，渐进性水肿，运动失调、麻痹、痉挛、抽搐、昏迷甚至死亡	维生素B_1片（10mg/片），1～2片/次，2次/d；或维生素B_1注射液，肌注，0.25～0.5mL/kg体重，1次/d，连用3～5d

续表

疾病名称	症状	治疗
维生素B_2缺乏症	消瘦，厌食，生长缓慢，被毛粗乱、脱毛、脱色；黏膜黄染，流泪，流涎；共济失调、痉挛、麻痹、瘫痪；母兔不育或所产仔兔畸形，泌乳减少，繁殖率下降，新生仔兔灰黄色	维生素B_2，20mg/kg饲料，连用1～2周
维生素B_6缺乏症	耳周围皮肤增厚和鳞片，鼻端和爪出现疮痂，结膜炎，神经功能紊乱，骚动不安，瘫痪；母兔不发情或空怀率增高，死胎；公兔睾丸萎缩，无精或性机能丧失；仔兔生长缓慢	维生素B_6，1.2～2mg/kg饲料，连用1～2周
胆碱缺乏症	食欲减退，生长发育缓慢，体重减轻，贫血，肌肉萎缩、无力	比赛可灵（氯化氨甲酰甲胆碱）注射液，皮下注射，0.05～0.08mg/kg体重，1次/d，根据病情决定是否停药

2.矿物质缺乏症

家兔常见矿物质缺乏症的诊断及防治要点，见表6-15。

表6-15　家兔常见矿物质缺乏症的诊断及防治要点

疾病名称	症状	治疗
钙磷缺乏症	幼兔佝偻病（骨质松软，腿骨弯曲，脊柱弯曲成弓状，骨端粗大），青年兔骨软症（消化机能紊乱、异食癖，骨骼严重变形，易骨折等），妊娠母兔产后瘫痪	10%葡萄糖酸钙注射液，0.5～1.5mL/kg体重，静注，2次/d，连用5～7d；维生素D_2胶性钙注射液，0.5～1mL/次，肌注，1次/d，连用5～7d；维生素D_3注射液，1500～3000IU/kg体重，肌注
锌缺乏症	食欲减退，被毛无光泽且部分脱落，口角肿胀、溃疡，有痛感。幼兔生长发育迟滞，成年兔繁殖力下降或完全丧失。妊娠母兔分娩时间延长，胎盘停滞，仔兔死亡	硫酸锌或碳酸锌，口服，0.01～0.05g/次，拌料或饮水，1次/d，连用3～4周
镁缺乏症	被毛粗乱无光，易脱落（特别是背部、四肢和尾部被毛），性情急躁、心动过速、厌食和惊厥，常因心力衰竭而死；母兔出现死胎	硫酸镁注射液，静注，1～2g/次；注射速度宜缓慢，否则易导致呼吸抑制

续表

疾病名称	症状	治疗
铜缺乏症	初食欲不振，体况下降，衰弱，贫血；继而被毛褪色和脱毛，并伴发皮肤病变；后期长管骨弯曲，关节肿大变形，起立困难，跛行，严重的后躯麻痹	饲料中添加微量元素添加剂或硫酸铜
锰缺乏症	骨骼发育异常，前肢弯曲，肱骨短而脆，骨骼重量、密度和长度、灰分含量均降低。幼兔生长受阻，共济失调，母兔繁殖障碍	硫酸锰，70mg/kg饲料，连用15d，或1∶3000的高锰酸钾溶液饮水，连用1～2周

3.异食癖

异食癖发生的特点、原因及防治要点，见表6-16。

表6–16　异食癖发生的特点、原因及防治

类型	发生特点	原因	防治
食毛癖	多发于早春和深秋季节，以1～4月龄幼兔最常见	日粮中含硫氨基酸（蛋氨酸和胱氨酸）不足，维生素和某些微量元素缺乏等；兔笼狭小，兔群过度拥挤，气候忽冷忽热	先将患兔和健康兔分开饲养，再在饲料中添加1%～1.5%硫酸盐（硫酮钠）和0.1%～0.2%含硫氨基酸（胱氨酸＋蛋氨酸）或0.5%石膏；淘汰习惯性食仔的母兔，增喂青绿饲料
食仔癖	以过早初产母兔为多见，多发生在产后3d内	母兔怀孕期和哺乳期缺乏蛋白质、矿物质和维生素；产后缺水；分娩或哺乳过程中受到惊吓；仔兔身上有异味；母兔有食仔恶癖	促持分娩环境安静，产前和产后供足饮水，饲料营养全价、平衡
食足癖	青年兔、成年兔多发，獭兔易发	饲料营养不平衡，寄生虫病或内分泌失调等	加强饲养管理，避免家兔外伤，防止家兔脚皮炎、足癣的发生
食土癖		日粮中矿物质缺乏或比例失调	笼养，饲喂定时、定量；饲料中补充食盐、骨粉和微量元素
食木癖		家兔有磨牙习性；饲料中粗纤维含量不足或饲料硬度不够	食盐按每只兔2g溶于水中，喷洒在一次能吃完的饲草上喂兔，每隔5d喷洒一次，连用3～5次；对啃吃木制或竹制兔笼形成恶癖的兔，可用钢丝钳剪断下颌两枚门齿1/2左右，每半年1次

三十七、中毒病

1. 霉菌毒素中毒

【识病因】

家兔采食被霉菌污染并产生毒素的饲料、饲草等所致。常见的毒素有黄曲霉菌毒素、玉米赤霉烯酮（ZEA）等。

【看症状】

常呈急性发作，中毒者精神沉郁，不食，先便秘后腹泻，粪便混有黏液或血液。流涎，口唇皮肤发绀，两后肢膝关节常突出于臀部两侧，呈“山”字形伏卧笼内。呼吸急促，出现神经症状，后肢软瘫，全身麻痹。母兔不孕，妊娠母兔流产或死胎。慢性者精神萎靡，不食，腹围膨大。

玉米赤霉烯酮中毒，母兔阴道脱垂、阴门肿大、乳腺肿胀，流产、死胎、瘫痪、肠炎、便秘以及青年兔死亡等。

【观病变】

肝脏肿大，呈淡黄色。肺脏充血、出血。肠黏膜易脱落，肠腔内有白色黏液。肾脏、脾脏肿大、淤血。盲肠积有大量硬粪，肠壁菲薄，有的浆膜有出血斑点。

【重预防】

妥善保管饲料，防止饲料发霉；严禁饲喂发霉变质的饲料。

【早治疗】

立即停喂发霉饲料，用0.1%高锰酸钾溶液或2%碳酸氢钠溶液50～100mL洗胃、灌肠，然后内服5%硫酸钠溶液50mL，同时静注5%葡萄糖氯化钠液50～100mL、维生素C 0.5～1.0g，1～2次/d，连用1～2d。全群用5%葡萄糖、0.1%维生素C饮水，连用5～7d。

2. 食盐中毒

【识病因】

饲料或饮水中含盐量过高。

【看症状】

精神沉郁，食欲减退，结膜潮红，腹泻，口渴；继而兴奋不安，头部震颤，步样蹒跚，癫痫痉挛、角弓反张、呼吸困难；最后卧地不

起而死。

【重预防】

饮水的食盐含量不能超过10%，日粮中的含盐量不应超过0.5%。平时供应充足的饮水。

【早治疗】

供给充足饮水，饮水中加入5%～10%葡萄糖，口服油类泻剂（植物油）5～10mL，并用10%安钠咖溶液0.1～0.5mL或樟脑磺酸钠0.5～1mL、维生素C 0.5～2mL，皮下注射。

3.药物中毒

【识病因】

用药量大或重复用药，用药时间长，拌料不均匀等。

【看症状】

① 马杜拉霉素中毒　精神沉郁，食欲废绝，反应迟钝，嗜睡，体温正常，口耳青紫，流涎，口腔周围被毛被浸湿，粪球变小。四肢瘫软无力，站立不稳，共济失调，呈醉酒状。母兔早产、流产和死胎。

② 土霉素中毒　精神沉郁，被毛粗乱，消瘦，呆立无神，食欲减少或废绝，体温正常或稍高，口流黏液，眼结膜潮红，呼吸加快。腹痛，磨牙，腹泻，排黏液状或水样粪便，肛门周围被毛有粪污，尿液呈铁锈色，卧地不起。严重者四肢划动，触摸家兔惊叫，共济失调，头触地撞笼，有的瘫痪，反应迟钝，死前尖叫，角弓反张。

③ 伊维菌毒中毒　精神沉郁，食欲减退或废绝，四肢无力，呈躺卧姿势，前肢向前，后肢撑开，头能转动，手伸进笼内拍打惊忧时可挣扎着站起来，共济失调。体温基本正常，心跳、呼吸稍快。

【观病变】

① 马杜拉霉素中毒　心包腔与腹腔积液，胃黏膜脱落，肝淤血肿大，肾变性色黄等。

② 土霉素中毒　胸腔积液，气管和支气管有黏液、黏膜有出血点。肺水肿，呈红褐色。心脏血液凝固不良，呈紫黑色。肝肿大，呈黄褐色，质脆，肿胀，有点状出血。脾肿胀、点状出血。胃肠黏膜脱落，有大面积溃疡和出血点，内容物腐臭。膀胱积尿，肾包膜易剥离，肾肿大，质地柔软，并有弥漫性出血点。

③ 伊维菌毒中毒　气管有泡沫样黏液；肺水肿，并有肉样变。心脏极度扩张，心肌松软；脑膜有光泽，沟回变浅。

【早治疗】

方案1:（马杜拉霉素中毒）立即停喂含药饲料，改用新饲料。对中毒兔用5%葡萄糖、电解多维饮水，连用3～5d。

方案2:（土霉素中毒）未发病兔，用2%碳酸氢钠溶液和5%葡萄糖生理盐饮水，连用5d。病重兔，5%碳酸氢钠注射液，静注，大兔20mL，中兔15mL，小兔10mL；25%葡萄糖溶液，静注，10～20mL/只，1次/d；地塞米松、维生素C注射液各2mL，混合肌注，1次/d。乳酶片、碳酸氢钠片各1片，活性炭0.5g，口服，2次/d，连用3d。

方案3:（伊维菌素中毒）第1d，50%葡萄糖溶液，口服，30mL/只，3次/d；第2d，10%葡萄糖溶液，30mL/只，3次/d，直至痊愈。严重病例，皮下注射阿托品0.5mg。

4.亚硝酸盐中毒

由于饲料、饮水中的硝酸盐被微生物还原为亚硝酸盐而引起中毒。

【识病因】

饲料贮放、运输不当，使其组织破坏和腐烂，在适当的温度、湿度下，被自然界或肠道细菌作用使硝酸盐转化为亚硝酸盐，家兔采食后引起中毒。

【看症状】

精神沉郁，被毛粗乱，蜷缩在笼内一角，不能站立，趴在笼中，呼吸困难，食欲废绝。口流白沫，磨牙，腹痛。呼吸、脉搏加快，粪便内混有大量黏液，并散发恶臭；皮肤及口腔黏膜发绀，眼球突出；孕兔流产。急性病例无明显症状，在采食后不久突然死亡。

【观病变】

可视黏膜发绀，从口腔中流出内容物。血液暗褐似酱油色且凝固不良，暴露在空气中长时间不变红。胃底部和小肠黏膜充血、出血，肠道呈透明状，胃肠黏膜脱落。肺充血，心内外膜、心肌有出血点。肝脏肿大，色黄，质脆，肾脏发白，肿大。肠系膜淋巴结出血，气管和支气管黏膜充血、出血，内部充满红色泡沫状液体。

【早治疗】

1%亚甲蓝（美蓝）注射液，0.1～0.2mL/kg体重，用10%葡萄糖溶液稀释成0.01%，静注，同时用维生素C 5～10mL与10%葡萄糖10mL混合，分点皮下注射，1次/d，连用2～3d。

5.有毒植物中毒

【识病因】

由于大量采食野姜、曼陀罗、夹竹桃、牵牛子、灰灰菜、土豆秧、苍耳、大麻等植物引起中毒。

【看症状】

突然发生，病情急剧，死亡率较高。一般是食欲好的兔先出现症状，反应迟钝、失神、嗜睡或兴奋不安，前肢或后肢麻痹，瞳孔放大或缩小，食欲减退或废绝，流涎，呕吐，便秘或腹泻。心跳加快，心律失常，血尿或尿闭等。

【观病变】

胃肠黏膜充血或出血。肝脏质脆，有的变为土黄色。肾脏、脾脏、心肌出血。

【早治疗】

立即停喂有毒或可疑植物。对已有中毒症状的家兔，先灌服10%红糖水，成年兔20～30mL，幼兔减半，然后口服活性炭（2～3g）、豆浆、牛奶等，再口服硫酸钠3～5g或硫酸镁5～10g，最后静注10%葡萄糖溶液30～40mL，加维生素C1mL。心脏衰弱的可注射强心剂。

6.棉籽饼和菜籽饼中毒

【识病因】

长期饲喂不经脱毒处理的棉籽饼和菜籽饼。

【看症状】

① 棉籽饼中毒　精神沉郁，食欲减退，有轻度震颤，食欲减退或废绝，先便秘后腹泻，粪便中混有黏液或血液。体温正常或略升高，呼吸急促，尿频，有时排尿带痛，尿液呈红色。

② 菜籽饼中毒　呼吸加快，可视黏膜发绀，肚腹胀满，有轻微腹痛，腹泻，粪便中带血。严重的口吐白沫，瞳孔散大，四肢末梢发凉，全身无力，站立不稳。妊娠母兔流产。

【观病变】

① 棉籽饼中毒　胃肠道出血。肾脏肿大、水肿，皮质有点状出血。

② 菜籽饼中毒　胃肠黏膜充血，有点状或小片状出血。肾脏、肝脏等实质脏器肿胀、质地变脆。

【早治疗】

立即停喂棉籽饼和菜籽饼，口服盐类泻剂如硫酸钠或硫酸镁，5%葡萄糖溶液、0.1%维生素C饮水，连用5～7d。严重病例，对症治疗，如补液、强心，以维护全身功能。

第七章　经营管理

一、兔场经营目标确定

无论是散养户、养兔专业户、中小型养兔场还是较大规模的兔场，在组织生产之前均应考虑以下问题：

1.当地的自然和气候条件，如气候、温度、湿度、地形、饲草资源等。

2.自身的经济实力、劳力、资金、设备、技术、交通与运输、饲料来源、经营模式、产品销售（市场需求、品种价格、消费者的习惯和爱好、销售渠道等）。

根据以上内容确定经营方向（是饲养肉兔，还是獭兔、长毛兔）、生产规模（取决于投资能力、饲养条件、技术水平、家兔来源和产品销售等因素，但从经济效益来说，养兔生产的规模效益比较明显，也就是说，只有形成批量生产才能有较高的经济效益）、饲养品种（是本地兔如福建黄兔、塞北兔、哈尔滨白兔等，还是国外优良品种如伊拉兔、齐卡兔、新西兰兔、加利福尼亚兔、比利时兔、獭兔、长毛兔等）、养殖模式（是家庭养殖，还是规模化养殖、合作社养殖，还是工厂化规模养殖及种养结合生态养殖，还是自繁自养或自繁选留）、生产方式（必须按人力、物力和自然条件情况来决定，一个兔场是否采用机械化和机械化程度如何，应取决于资金和劳动者的素质以及工人工资的高低）、饲养方式（是笼养，还是棚养、放养）等，并对投产后产

品的产量，每年支出、收入、利润，多长时间能收回投资，未来几年内的预决算等有一个较可靠的预测。

二、兔场经营决策

1.经营方向决策

先进行市场调研，了解产品行情和销售渠道，然后进行养殖效益分析，最后确定经营方向。决策时必须根据地理条件、饲料资源、技术力量、市场需求、效益分析等情况分析后，做出抉择，是建种兔场还是建商品兔场，是专门饲养一个品种还是两个品种或三个品种兼而有之；是饲养肉兔，还是獭兔、长毛兔。总之，经济效益是根本，哪种方法能提高经济效益，就选择哪种经营方向，同时还要考虑生产可行性，最后再作出选择。

2.生产规模决策

新建兔场究竟以多大规模为宜，既要考虑规模效益，又要考虑可行性。具体来说，就是要考虑人力（经营管理者及辅助劳力）、智力（饲养技术和经营能力）、物力（场地、建材、设备和饲料）、财力、市场行情及自然资源和社会条件等。养殖户可充分利用简易棚舍、闲房、大棚，以减少基础建设投资。开始时可适度规模饲养，经过短期饲养取得经验，学到技术并对市场比较了解后再增加投资，扩大饲养规模。

3.品种决策

家兔有不同的品种类群，不同的地区，饲养模式和消费习惯不同，选择的兔品种也不同。兔品种的选择应根据市场需求、饲养者本身的需要和考虑本地的环境气候等能否适应所引进的品种兔来决定。个别品种其优良特性虽是饲养者所需要的，但因环境、气候、饲草与引进地悬殊太大，该品种兔的引进饲养将很难表现出与引进地一致的优越性。引种时首先考虑繁殖性能好、生长速度快、适应性广的家兔品种。

4.生产计划决策

要根据本兔场的兔舍设备、人员、技术条件及品种、市场需求状况等，分别制定好兔舍的建设或改造计划、兔群的周转计划、利润计划、产品生产计划、饲料供应计划和产品销售计划及其他开支计划等。

5. 产品营销决策

根据市场状况，确定产品价格，选择销售渠道，决定销售方法等。

三、兔场经营管理

1. 饲料管理

在养兔生产中，饲料费用占到整个生产成本的60% ～ 70%左右。目前，在饲料价格颇高、养殖利润趋薄的形势下，减少饲料浪费，降低生产成本、提高经济效益显得尤为重要。

（1）管理原则　质量并重的原则，根据生产上的要求，尽量发挥当地饲料资源的优势，扩大饲料来源渠道，既要满足生产上的需要，又要力争降低饲料成本。饲料供给要注意合理配制日粮的要求，做到均衡供应。

（2）饲料供应　了解市场的供求信息，熟悉产地，摸清当前的市场产销情况，联系采购点，把握好价格、质量、数量、验收和运输，对一些季节性强的饲料、饲草，要做好收购后的贮藏工作，以保证不受损失。

（3）饲料开发利用　能满足兔营养需要的饲料丰富多样，除种植的豆科、禾本科牧草外，粮食作物如谷类、薯类副产品可作能量饲料，经济作物主要是油料作物副产品可提供大量饼类，是植物蛋白的主要来源。

（4）合理利用　通过合理的饲料配合和采用科学的饲养方法来实现。根据不同生理时期、不同年龄、不同生产要求的兔群对营养的不同需求，经过试验和计算配制不同的日粮，既满足兔的营养需要，也不浪费饲料。

2. 人员管理

培养、利用优秀的技术人员及饲养员，是保证科学饲养管理的关键。人是核心因素，要实行亲情化管理、标准化管理等，调动人的积极性，挖掘劳动潜力，是企业取得经济效益的关键。兔场应制定劳动管理制度（如劳动定额、上下班时间）、饲养管理制度、防疫制度要求工作人员遵循。还应有合理的奖惩制度，使企业的总收入和劳动者的经济利益结合起来，充分调动人的积极因素。

3.生产管理

建立场长负责制，场长可行使指挥、监督、管理、控制等职能，实行生产责任制，建立健全养兔生产责任制，加强兔场经营管理，提高生产管理水平，调动职工生产积极性，奖勤罚懒。制定各种规章制度，并认真组织落实。定期开展企业经营活动分析，收集各种核算资料和记录数据，加以综合处理，得出结论，提出建议，制定新的实施方案。

4.财务管理

兔场应建立严格的财务管理制度，重点搞好经济核算（资金核算、成本核算、盈利核算），积极进行企业经营活动分析。重点分析：固定资金产值率、固定资金利润率、流动资金周转率、产值资金率、资金利润率、成本利润率、销售利润率、产值利润率等数据，以利于及时控制资金使用，获得最佳经济效益。

5.物资管理

根据物资的用途分类管理，工具类、药品类和生活用品类等；根据物资的使用频率分类管理，常用的物资和使用频率高的物品要放在显眼和好找的地方；根据有效期分类管理，生活用品和药品大都有明确的有效期，对于时间影响品质的物资要少购、勤购及定期用完；对于重要物资要单独存放和妥善管理，比如饲料粉碎机、混合机、制粒机等易损物资及配件。

6.计划管理

包括产品生产与销售计划、饲养管理计划、周转计划和饲料计划等。

（1）产品生产与销售计划　该计划是指养兔经营者在年度或生产周期内力争完成或达到的商品总量。对一个种兔经营者来讲，是指他在该计划期间所出售的各种商品兔的总只数，包括出售的仔兔以及其他不宜做种用或淘汰出售的商品兔。制订此项计划时，还应该考虑确定单只兔的产量计划，因为它会影响到总产量计划的实现。

（2）饲养管理计划　根据技术方案，以预期增重或产量为生产目标，建立总的饲养管理计划和新进兔调整计划。

（3）周转计划　根据市场行情、资金情况制定每月家兔周转计划。

（4）饲料计划　包括饲料采购、生产与使用计划。根据兔的入栏、出栏及存栏量，确定每月饲料种类及使用量，制定饲料生产与采购计划。不同的饲养管理方式对饲料的需要量不同，应根据家兔品种和经营规模妥善安排。工厂化饲养方式全部采用全价颗粒饲料，兔场消耗的饲料数量可按以下标准估算：配种期公兔、妊娠母兔每天需颗粒饲料175～225g；非配种期公兔和空怀母兔每天需颗粒饲料为150～200g；生长兔（4～12周龄）平均每天需颗粒饲料100～120g；哺乳母兔每天需颗粒饲料225～300g。

（5）利润计划　即全年的纯收入。利润计划受生产规模、生产水平、经营管理水平、饲料条件、技术条件、市场情况及各种费用开支等因素制约。兔场可根据自己的实际情况来制订利润计划，并尽可能将其分解下达到各有关兔舍、班组或个人，与他们的利益挂钩，以确保利润计划的顺利实现。

7.安全管理

主要是用电安全、生活安全、设备安全、生产安全及产品安全等，包括人员安全。

8.技术管理

（1）技术培训　从事兔群饲养管理的人员，应经常接受技术培训和指导。饲养人员应熟悉家兔的习性，了解常规饲养管理技术和常见疾病防治，以及兔舍环境的管理和消毒等技术知识。有条件的兔场，可结合实际问题开展科研活动，可以与科研单位、院校、科技人员开展横向联合，开展各种技术承包、技术合作、技术服务，及时推广先进技术和成果，提高经济效益。

（2）建立技术档案　兔场应认真做好种兔繁殖，幼兔生长发育，种兔、商品兔、淘汰兔的销售，饲料、药费、劳动工资等支出情况的记载工作。根据记录和档案，及时进行检查，发现问题、解决问题。

（3）组织合理的兔群结构　理想的兔群结构，毛用兔：7～12月龄的后备兔占兔群总数的20%～25%，1～2岁的壮年兔占40%～50%，2～3岁占25%～40%；肉用兔：7～12月龄的后备兔占兔群总数的35%～40%，1～2岁的壮年兔占40%～50%，2～3岁占10%～25%。一般每年对兔群进行一次定期的淘汰更新，淘汰比例控制在20%～30%。

9. 信息化管理

随着科学信息技术的推广应用，兔场的信息化管理已越来越重要。如人员信息化管理、兔群信息化管理、市场信息收集、各级政府政策信息发布等都会给兔场带来很大帮助和支持。所以，兔场一定要利用好信息这个平台，争取更多政策支持。

四、养兔市场调查、预测及动态分析

1. 市场调查

（1）调查内容

① 市场环境调查　主要包括政治、法律、经济、社会文化、科技、地理和气候等市场宏观环境调查以及市场需求、消费者人口状况、消费者购买动机和行为、市场供给、市场营销活动等市场微观环境调查。

② 消费者需求调查　主要包括服务对象的人口总数或用户规模、人口结构或用户类型、购买力水平及购买规律、消费结构及变化趋势、购买动机及购买行为、购买习惯及潜在需求、对产品的改进意见及服务要求等。

③ 生产供应调查　应侧重于本行业有关的社会商品资源及其构成情况，有关企业的生产规模和技术进步情况，产品的质量、数量、品种、规格的发展情况，原料、材料的供应变化趋势等情况，并且从中推测出对市场需求和企业经营的影响。

④ 销售渠道调查　调查了解商品销售渠道的过去与现状，包括推销机构和人员的基本情况、销售渠道的利用情况、促销手段的运用及其存在的问题等。

⑤ 产品调查　调查了解消费者对畜（兔）产品的价格、产品状况、服务和使用效果、接受程度和评价意见，为企业开发新产品和开拓新市场搜集有关情报。内容包括社会上的新技术、新工艺、新材料的发展状况，新产品与新包装的发展动态或上市情况，某些产品所处的市场生命周期阶段情况等。

⑥ 市场竞争情况调查　调查了解同行业或相近行业的各企业的经济实力、技术和管理方面的进步情况，竞争性产品销售和市场占有情况，竞争者的主要竞争策略，竞争性产品的品质、包装、价格等。

（2）调查方法　根据调查的基本操作方法分类，分为询问法、观察法和实验法三种；根据调查对象的范围，分为全面调查法、重点调查法、个案调查法、典型调查法、抽样调查法和专家调查法。在实地的市场调查研究中，应根据具体调查的要求以及目标和对象的不同而采取不同的调查方法。

2. 市场预测

所谓市场预测就是掌握市场需求与价格的信息，经营者可以按照一般的市场经济规律和自身的经验，对市场的现状、发展趋势作出客观的综合分析与评估。

（1）预测内容　主要有养兔生产的发展变化情况；城乡消费习惯、消费结构、消费增长和消费心理的变化；市场价格变化情况；同类产品进出口贸易情况；国家法律、政策和国际贸易政策的变化对市场供求的影响；本地区及国内养兔业的变化；市场饲料、生产设备价格变化情况等。

（2）预测方法

① 经验判断法　主要依靠从业者本身的业务经验、销售人员的直觉以及专家的综合分析，来全面判断市场的发展趋势。只适宜缺乏数据、无资料（如新产品），或者资料不够完备，或者预测的问题不能进行定量分析，只能采用定性分析（如对消费心理的分析）的研究对象。

② 市场调查预测法　主要通过市场调查来预测产品销售趋势，可采取典型调查、抽样调查、表格调查、询问调查和样品征询法等。

③ 实销趋势分析法　可根据以往实际销售增长趋势（即百分比），推算下期预测值的方法，计算公式为：下期销售预测值＝本期销售实际值×（本期销售实际值/上期销售实际值）。

（3）预测步骤

① 确定预测目标　主要是确定预测对象、预测目的、预测时期和预测范围。预测对象是指预测何种产品，预测目的是指预测的销售量（销售额）、市场总需求量或收益等，预测时间是指起止时间和每个阶段的时间及所要达到的时间目标，预测范围是指某一地区。

② 搜集资料　在生产经营中，要做出正确的国内外市场预测和经营决策，必须搜集大量准确的预测资料。若单凭主观印象去决策，容

易造成决策失误。因此，必须采取各种办法，通过有效的途径调查和搜集资料。

③ 选择预测方法　同一预测对象，不同的预测方法所得的预测结果可能不同，准确率也不一样。因此，对同一预测目标，应允许同时运用多种预测方法进行预测，以便相互比较、分析和修正，使得预测结果更加准确。

3. 市场动态分析

主要是对饲料市场、肉兔、獭兔、毛兔、种兔、商品兔、兔肉等不同用途价格的变化和社会需求量的变化因素进行综合性、客观性分析。

（1）饲料市场变化　除青绿饲料、粗饲料外，主要还有玉米、豆粕等粮油作物及其副产品。因此，农业的丰歉直接影响到饲料工业的生产，并直接制约着兔饲料的价格。养兔的饲料费用占生产成本的70%左右，因而饲料又影响到兔产品的经济效益。

（2）兔产品价格变化　兔肉（包括包装兔肉及加工品、散装熟兔肉及加工品、新鲜兔肉）、兔毛、兔皮等价格直接影响到养兔生产者的经济效益。

（3）消费习惯变化　社会的需求直接左右着兔产品的价格，而市场价格又刺激着养兔业的生产和发展。随着国民经济的快速发展和城乡居民收入水平的持续提高，人们的膳食结构也发生一定程度的变化，增加了对肉产品的消费量。但由于对兔肉营养特性的宣传力度不够，绝大多数居民并不真正了解兔肉，缺乏对兔肉消费的正确认识，加上传统肉食习惯（以猪肉为主）和莫须有的“传说”（妇女不能吃兔肉，否则生下小孩是豁嘴唇），兔肉自身的某些不足（不香、发柴、口感不佳、有腥味），兔肉烹饪技术知识普及不足，兔肉加工相对落后等，诸多因素、多方面地影响着兔肉的消费市场和消费量。

五、兔场效益与经济核算

经济核算的目的在于用最少的物质消耗和劳动消耗，尽可能地降低养兔成本，获得最大经济效益。通过经济核算可以预测养兔的投资和效益，避免盲目性和不必要的损失。现以商品兔场年度生产计划、利润计划执行情况的检查为例分析如下。

1.核实全年总产量和总收入

（1）全年商品兔总产量　指1月1日至年末出售商品兔的总量。

（2）全年出售商品兔的总收入　指1月1日至年末出售商品兔收入的总和（未出售应盘点折价列账）。

（3）全年淘汰兔收入　指出售淘汰兔的实际收入。

（4）粪便收入　按每只成年兔年产粪便100～150kg计算，价格按当地粪便价格折算。

（5）兔只盘点　年终进行兔只盘点，按各类兔的只数分别折价，盘点后算出存栏数，减去上年存栏数，即为本年增值数，再乘以每只折价，就得出全部增值兔的经济价值。

2.兔场总开支（投入）

（1）饲料费　包括兔群实际耗用的各种饲料，上年库存的饲料应折价列入当年开支，年底库存节余的饲料应折价转为下年开支。

（2）生产人员的工资、奖金、劳保福利费。

（3）固定资产折旧费　房屋（兔舍、库房、饲料间、办公室、宿舍等）的折旧年限：砖木结构房为15年，土木结构房为10年；设备（兔笼、产仔箱、饲料加工机械等）的折旧年限一般为5年；汽车、拖拉机折旧年限为10年。凡价值为100元以上的设备均属固定资产。固定资产修理费按折旧费的10%计算。

（4）燃料费、水电费、运输费、引种费；医药费、防疫费；维修费。

（5）低值易耗品费　指百元以下零星开支，如购买工具、劳保用品等。

（6）管理费　指非直接生产人员的工资、奖金、福利以及对外联系的差旅费等。

（7）其他费用　指上述6项以外的开支。

3.兔场年盈亏计算法

各项收入的总和减去各项支出的总和，所得正数即为赢利数，负数即为亏损数。赢利核算的指标，通常以利润额和利润率两个方面衡量。

（1）利润额　指兔场利润的绝对数量。利润额＝销售收入－生产成本－销售费用－税金±营业外收支差额。营业外收支是指与兔场生产经营无直接关系的收入和支出。

（2）利润率　因兔场规模大小不同，所以不能单纯考核利润额，而对利润率进行比较则能公正地评价兔场经营得好与坏。利润率是将利润与成本、产值、资金对比，从不同的角度说明经营情况。

① 资金利润率＝（年利润总额/年平均占有资金总额）×100%。

② 年平均占有资金总额＝年流动资金平均占用额＋年固定资金平均净值。

③ 产值利润率＝（年利润总额/年产值总额）×100%。

④ 成本利润率＝（年利润总额/年成本总额）×100%。

六、兔场的经营模式

1. 规模化养殖模式

兔场规模的大小，一要根据兔场的技术和管理水平以及自身条件等决定；二要结合市场供需状况决定，两者必须统筹兼顾。只有经营方向正确，规模适度，才能最大限度地提高劳动生产率和资金利润率，取得最佳经济效益。目前，我国的养兔规模分为5种类型，即散户规模（100只以下）、大户规模（100～500只）、中型规模（500～1000只）、大型规模（1000～10000只）及超大型规模（＞10000只）。

2. 合作社养殖模式

每个合作社成员也同时是养兔户，养兔合作社采用统一引种、统一进料、统一饲养、统一防疫、统一销售等“五统一”，降低了养殖成本和运输成本，增加了抗风险的能力。缺点是组织结构比较松散，约束力也不够强，容易产生各种矛盾。

3. “公司＋农户”模式

公司统一技术，以优惠价格销售或赊销向农户提供种兔，养殖户只需要投入前期的饲料成本，待商品兔出栏后按保护价回收，回收价格随市场浮动，惠顾养殖户利益，即使市场价再低迷，回收价也不低于保护价，养殖户风险相对较小。

4. “公司＋基地＋合作社＋担保公司”模式

通过养兔专业合作社将各种规模的养兔场组织起来，合作社与兔肉产业化龙头企业签订保护价供货合作合同（最大限度降低养兔经营风险），合作社将龙头企业的大订单分解成每个养殖场能够完成的小订单。

5. 养殖小区模式

企业投资建成养殖小区，建成后吸纳农户进入园区养殖，产业集团与养殖户实行“一定五统一”，即：按照双方自愿的原则，与养殖户签订一份合同；对园区内的养兔户实现统一配送、统一服务、统一管理、统一销售、统一品牌。

6. 工厂化生产模式

主要包括：基础设施及饲养设备的标准化，家兔品种的标准化，生产模式的标准化和高效化，饲料以及饲喂方式的标准化，环境控制的标准化，疾病预防控制体制的科学化等。通过集约化、工厂化核心技术的应用，实现家兔生产的高效率、高效益。

七、成立养兔专业合作社的条件和程序

1. 办理养殖专业合作社的程序

（1）到农民专业合作社所在地的工商所申请核准合作社的名称。

（2）到畜牧局办理动物防疫合格证。

（3）到工商所提交材料办理执照。

2. 到工商所办理养殖农民专业合作社所需材料

（1）农民专业合作社设立登记申请书（成员最低5人以上，其中农民成员需达80%以上）。

（2）全体设立人签名、盖章的设立大会纪要。

（3）所有理事、监事的任职文件（全体设立人签名，如果设立大会纪要中已含有任职说明则无需此文件）。

（4）全体设立人签名、盖章的农民专业合作社章程。

（5）法定代表人身份证明。

（6）全体出资成员签名、盖章的出资清单。

（7）法定代表人签署的成员名册。

（8）全部成员身份证明：身份证复印件及户口本复印件（农民身份证明——户口本上标注农业家庭户；户口本上个人职业标注农民或由村里提供证明）。

（9）住所使用证明。

（10）指定代表或者委托代理人的证明（必须由全体设立人签名）。

（11）名称预先核准通知书。

（12）动物防疫合格证。

注：凡复印件需标明“此件由本人提供，与原件一致”并签名；在农民专业合作社办理执照过程中需有一次成员全体到场。详细情况可参阅《中华人民共和国农民专业合作社法》。

第八章　信息发布

一、我国提供种兔和商品兔的兔场

目前，我国在许多地区都分布有不同性质的种兔场，经营范围包括伊拉兔、新西兰兔、日本大耳兔、獭兔、加利福尼亚兔、齐卡家兔配套系、伊高乐兔、长毛兔、齐卡兔、比利时兔、伊普吕兔等。具体可登录《国家种畜禽生产经营许可证管理系统》，点“种畜场”查询，然后根据要求选择相应的省、市、县和关键字（兔、獭兔、长毛兔等）进行查询。如滕州市青草源养兔场、河南玉兔兔业科技有限公司、青岛康大兔业发展有限公司、遂宁市博安养殖有限公司、乐山市市中区四方缘种兔养殖场、邵武市豪顺兔业发展有限公司、四川金富现代农业股份有限公司、资中县吉立种兔场、曲靖宏源兔业有限公司、绵阳市黎康生态农业发展有限责任公司、南京春强农业发展有限公司等。不同的公司，所销售的肉兔、獭兔、毛兔品种不同，请实地考察、询问同行及了解其信誉度后，再做选择，以免上当受骗。

二、兔饲料与兽药生产企业

目前，我国许多饲料、兽药企业都可以生产兔饲料和兽药。更多信息养殖户可以通过网络进行饲料和饲料添加剂生产许可信息查询，通过国家兽药基础信息查询系统查阅兽药企业信息及产品批准文号。查询到相关兔饲料、兽药产品后，可直接与企业或当地经销商联系，实地考察或了解口碑后，再决定是否购买，以免上当受骗。

三、养兔与兔病防治相关期刊

我国目前有家兔饲养与疫病防治方面的专业期刊——《中国养兔》杂志，还有一些杂志也刊登有关于养兔与兔病防治方面的内容，如《现代畜牧科技》、《黑龙江畜牧兽医》、《中国兽医杂志》、《畜牧兽医杂志》、《中国畜牧兽医》、《北方牧业》、《畜禽业》、《四川畜牧兽医》、《山东畜牧兽医》、《中国畜牧业》等。此外，还有各省、市、自治区的畜牧兽医方面的杂志和高等院校的学报等期刊。

四、了解肉兔、獭兔、兔产品价格行情的渠道

1.调查当地畜产品农贸市场或超市，了解肉兔、獭兔、兔毛、兔皮价格。

2.与当地养兔同行交流，或经常与销售肉兔、獭兔、兔毛、兔皮的经纪人联系，获取价格信息。

3.通过相关网站查询价格，如养兔123网、养殖致富网、中国养殖业网等。

4.与相关同行交流，如饲料、兽药、疫苗、畜牧器械等企业的人员，获取相关信息。

5.加入与肉兔、獭兔、兔毛、兔皮行情相关的QQ群或微信群。

五、养兔与兔病防治相关网站

兔e网、中国养殖信息网、中国兔业协会、东兔养兔论坛、中兔论坛、养兔123网、养兔与营销服务网、养兔专家咨询系统、兔专家咨询系统、中国獭兔网等。

参考文献

[1] 任永军.轻松学养肉兔.北京：中国农业科学技术出版社，2014.6.

[2] 李顺才，熊家军.高效养兔.北京：机械工业出版社，2014.7.

[3] 丁轲，薛帮群.兔场卫生防疫.郑州：河南科学技术出版社，2013.6.

[4] 叶达丰，叶红霞，刘文森等.科学养兔指南.第2版.北京：金盾出版社，2013.8.

[5] 谷子林.规模化生态养兔技术.北京：中国农业大学出版社，2013.1.

[6] 段栋梁，郭春燕.肉兔标准化规模养殖技术.北京：中国农业科学技术出版社，2013.10.

[7] 王福强.兔健康养殖技术.北京：中国农业大学出版社，2013.2.

[8] 王海荣.兔常见病诊断与防治.北京：金盾出版社，2014.3.

[9] 李贵兴.家畜疾病诊疗手册.上海：上海科学技术出版社，2009.6.

[10] 陆桂平，刘海霞，李巨银.肉兔生产配套技术手册.北京：中国农业出版社，2012.12.

[11] 中国兽药典委员会.兽药使用指南（化学卷、中药卷）.北京：中国农业出版社，2010.8.

[12] 中国知网. http://www.cnki.net/.

附本书中单位说明对照表：

单位名称	吨	千克	克	毫克	微克	米
对应国际标准符号	t	kg	g	mg	μg	m
单位名称	厘米	毫米	微米	纳米	转/每分	公顷
对应国际标准符号	cm	mm	μm	nm	r/min	hm^2
单位名称	平方米	平方厘米	立方米	升	毫升	天
对应国际标准符号	m^2	cm^2	m^3	L	mL	d
单位名称	小时	分钟	摄氏度	千焦	兆焦	国际单位
对应国际标准符号	h	min	℃	kJ	MJ	IU
单位名称	瓦	勒克斯				
对应国际标准符号	W	lx